高职高专规划教材

建设工程招标投标与合同管理

蓝 维 陈 列 主编

中国建筑工业出版社

图书在版编目（CIP）数据

建设工程招标投标与合同管理/蓝维，陈列主编.
北京：中国建筑工业出版社，2016.8
高职高专规划教材
ISBN 978-7-112-19586-2

Ⅰ．①建…　Ⅱ．①蓝…②陈…　Ⅲ．①建筑工
程-招标-高等职业教育-教材②建筑工程-投标-高等职
业教育-教材③建筑工程-合同-管理-高等职业教育-教
材　Ⅳ．①TU723

中国版本图书馆 CIP 数据核字（2016）第 152860 号

本书作为普通高等教育"十三五"国家级规划教材（高职高专教育），主要介绍我国现
阶段建设工程招标投标和合同管理基本知识，既有工程招标投标文件编制内容、编制方法，
又有招投标相关费用的计算方法和合同管理的工程价款支付方法等。

全书共分为十二章，主要内容包括：建设工程招标投标法律法规与政策体系简述、建
筑市场与管理、项目基本建设程序与管理模式、建设工程招标投标知识、投标人资格审查、
建设工程施工招标、建设工程施工投标、建设工程监理招标、建设工程勘察设计招标、特
许经营招标概述、建设工程施工合同管理、建设工程施工索赔。本书在编写过程中完全按
照实践需要出发，紧密结合实际工作岗位需要，具有较强的实用性和可操作性。

本书可作为普通高职高专建筑工程技术、工程管理专业等专业教材，也可以作为相关
人员的学习参考用书。

责任编辑：朱首明　赵云波
责任校对：王宇枢　党　蕾

高职高专规划教材
建设工程招标投标与合同管理
蓝　维　陈　列　主编
*
中国建筑工业出版社出版、发行（北京西郊百万庄）
各地新华书店、建筑书店经销
霸州市顺浩图文科技发展有限公司制版
北京同文印刷有限责任公司印刷
*
开本：787×1092 毫米　1/16　印张：17¼　字数：432 千字
2016 年 8 月第一版　2018 年 9 月第二次印刷
定价：**38.00** 元
ISBN 978-7-112-19586-2
（29110）

前　　言

　　建设工程招标投标是我国目前工程承发包的主要方式。自 2000 年 1 月 1 日起实施《中华人民共和国招标投标法》以来的多年实践充分证明，建设工程通过招标投标依法选择承包人，可以大大节约工程成本、提高经济效益和社会效益，同时能有效地防止工程腐败现象的发生；2012 年 2 月 1 日起实施的《中华人民共和国招标投标法实施条例》，进一步明确了我国工程建设项目招标投标的具体操作细则，全面规范了工程领域的招标投标行为，更加体现了《中华人民共和国招标投标法》的公开、公平、公正的原则。建设工程合同管理是现代化工程建设管理方式，是工程成本、质量、进度、安全控制的有效方法；合同管理水平的高低充分体现了建设经营者的工程建设管理能力；建设工程索赔是合同履约过程中一方为维护自身权利的一种合法手段。对于工程建设管理人员、造价人员、招投标岗位人员来说，掌握招投标知识、合同管理知识是十分必要的，也是迫切的，也符合社会发展趋势要求的。

　　本书由茂名职业技术学院的资深教师、企业二十多年工作经验的相关高管人员、政府管理机构人员、造价人员等组织编写。本书做到理论与实践结高度结合，具有理论性、实践性、可操作性，基本涵盖了建筑工程招投标基础知识。

　　本书作为"十三五"高职高专土建系列规划教材，适用于高职高专院校土木工程类专业的教学教材用书。

　　本书由蓝维、陈列、宋小军、李翠芬、杨彦超、李贵全、陈娜等共同编写，同时得到广东粤能工程管理有限公司、广东建禾建设集团有限公司的大力支持，在此表示感谢。

　　由于编者水平有限，书中不妥之处在所难免，希望读者批评指正。

编　者

2016 年 6 月

目　　录

第一章　建设工程招标投标法律法规与政策体系简述

学习目标

了解建设工程招标投标的法律体系的构成，熟悉工程建设项目招标投标的专业法律法规和相关法律法规。

能力目标

通过本章学习，掌握建设工程项目招标投标法律法规知识，并能运用法律法规知识来维护自身的合法权益、约束自身在招投标活动中的行为、履行工程管理岗位职责。

一、概述

建设工程项目一般都是投资相对较大，工期相对较长，往往对一个国家或一个地区的经济发展产生较大影响，对拉动社会经济起着至关重要的作用。为了维护正常的建设和经济发展秩序，进一步加强工程建设领域的管理，更好确保工程建设的质量和成本的控制，有效预防工程建设的腐败现象，有效维护国家利益、集体利益及相关利益人的合法权益。我国各层级管理部门相应制定了工程建设和工程招标投标的有关法律、法规和管理条例及地方性的相关管理办法。

我国于 1982 年在云南鲁布革水电站工程中首次采用工程招投标方式向世界公开招标，取得非常好的效果。2000 年 1 月 1 日《中华人民共和国招标投标法》（以下简称《招标投标法》）正式实施，标志着我国招投标法律制度正式确立。随后，国务院及有关部门也陆续颁布了一系列招标投标方面的法规和规章，各地方人民政府及其有关部门也相继结合地方的实际情况制定了地方性法规、规章和规范性文件，从而形成了比较完善的招标投标法律法规和政策体系（简称"招投标法律体系"）。

在招标投标法律法规及政策体系中要求：工程建设的勘察、设计、施工、监理，重要材料设备采购等领域必须实行招标制度；政府采购、机电设备进口以及医疗器械药品采购、科研项目服务采购等方面实行政府采购制度；政府公用设施项目的特许经营权的经营者、项目代建单位、评估咨询机构、贷款银行等也实行招投标或政府采购制度。

二、招投标法律体系的构成

招投标法律体系主要是指目前全部现行的与招投标（含政府采购）活动有关的法律法规和政策组成的有机整体，它可以从法律规范的渊源和法律规范内容来理解。

（一）法律规范的渊源

招投标法律体系由有关法律、法规、规章及行政性规范文件构成。

1. 法律。由国家制定或认可，并由国家强制力保证实施的，以规定当事人权利和义务为内容的具有普遍约束力的一种特殊行为规范。我国法律由全国人大及其常委会制定，经全国人民代表大会审议通过，通常以国家主席令的形式颁布。一般惯于法、决议、决定、条例、办法、规定等名称。

2. 法规。包含行政法规和地方性法规两种。

（1）行政法规。是指国务院为领导和管理国家各项行政工作，根据宪法和法律，按照行政法规规定的程序制定的各类法规的总称。行政法规由国务院制定，通常由国务院总理签署，国务院令公布。一般以条例、规定、办法、实施细则等为名称。

（2）地方性法规。由省、自治区、直辖市和较大的市的人民代表大会及其常务委员会，根据本行政区域的具体情况和实际需要，在不与宪法、法律、行政法规相抵触的前提下制定，通常以地方人大公告的方式公布。一般以条例、实施办法等为名称。

3. 规章。行政规章分为国务院部门规章和地方政府规章。

（1）国务院部门规章。是指国务院各组成部门以及具有行政管理职能的直属机构根据法律和国务院的行政法规、决定、命令，在本部门权限内按照规定程序制定的规范性文件的总称。通常以部委令的形式公布，一般以办法、规定等为名称。

（2）地方政府规章。是指省、自治区、直辖市以及较大的市的人民政府根据法律、行政法规、地方性法规所制定的普遍适用于本地区行政管理工作的规范性文件的总称。通常以地方人民政府令的形式公布。一般以规定、办法等为名称。

4. 行政规范性文件。是指地方各级行政机关在其法定权限范围内，依据法律、法规和规章和程序制定的发布的具有普遍约束力的具体规定。通常以机关的名义发布，一般以通知、意见、规定等为名称。

（二）招标投标法律法规规范内容

招标投标法律体系包含招投标专业法律法规规范和相关法律法规规范两方面内容。

1. 招投标专业法律法规规范。主要是针对规范招投标活动及行为而制定的法律、法规、规章及有关政策性文件。如《中华人民共和国招标投标法》、《中华人民共和国招标投标法实施条例》、国务院各部门规章、地方政府地方性法规和政府规章等。

2. 相关法律法规规范。招标投标活动属于一种工程货物交易的市场行为的民事活动，因此，必须遵守《中华人民共和国民法通则》、《中华人民共和国合同法》、《中华人民共和国建筑法》、《建设工程质量管理条例》、《建设工程安全生产管理条例》等相关规定。

三、招标投标专业法律法规

1. 《中华人民共和国招标投标法》以下简称《招标投标法》

我国《招标投标法》于2000年1月1日起施行。《招标投标法》共有6章68条。其中第一章阐述了立法的目的、规定了该法的适用范围、工程必须招投标的范围、招投标活动应遵循的基本原则和应当接受的监督；第二章对招标的条件等有关事项做了规定；第三章对参加投标的条件等有关事项做了具体规定；第四章具体规定了开标、评标、中标行为要求等内容；第五章法律责任，规定了参与招投标活动的单位、个人违法责任；第六章附则，规定了《招标投标法》的例外适用情形等内容。

2. 《中华人民共和国招标投标法实施条例》以下简称《招标投标法实施条例》

《招标投标法实施条例》（国务院令第613号）于2012年2月1日起施行，共有7章85条。条例针对当前建设工程招投标活动突出问题，将《招标投标法》的法律规定进一步具体化，增强可操作性。

3. 建设工程招投标类型及其法律法规

建设工程招标投标类型主要包含工程、货物和服务招投标三种类型。国家对三种类型招投标均作出相应的法律规定。

（1）工程类招投标的法律规定

1）2013 年《工程建设项目施工招标投标办法》（八部委令），规定了招投标程序、招标条件、邀请招投标、资格审查、资格预审文件和招标文件、招标代理机构的义务、联合体投标、评标、定标、废标、招标情况书面报告及有关违法行为的责任处罚等内容。

2）《〈标准施工招标资格预审文件〉和〈标准施工招标文件〉试行规定》（国家发改委令第 56 号），鼓励采用招标（资格预审）文件，有利于统一标准和规范招投标行为，减少不必要的行为错误和违法行为。

3）2001 年《房屋建筑和市政基础设施工程施工招标投标管理办法》（建设部令第 89 号），具体规定了房屋建筑和市政基础设施工程施工招标投标的招标、投标、开标、评标和中标及罚则等内容。

4）根据建设工程管理权属及权限职责范围，交通部、水利部、信息产业部、农业部、国家民航总局、国家广电总局等部委（部局）分别制定了：

①《公路工程施工招标资格预审办法》（交通部交公路发［2006］57 号），规定了资格预审程序和要求、资格预审申请、资格评审标准与方法、资格评审报告等内容。《公路工程施工招标投标管理办法》（交通部令 2006 年第 7 号），规定了公路工程施工招标的基本程序、招标、投标、评标标准和方法、废标与重新招标、监督管理及违法处罚等内容。

②《水利工程建设项目施工招标投标管理规定》（水利部令第 14 号），规定了水利工程施工招标的基本程序、招标、投标、评标标准和方法、废标与重新招标、监督管理及违法处罚等内容。

③ 2000 年《通信建设项目招标投标管理暂行办法》（信息产业部令第 2 号），规定了通信建设项目招标投标的基本程序、招标、投标、评标标准和方法、废标与重新招标、监督管理及违法处罚等内容。

④ 2004 年《农业基本建设项目招标投标管理暂行规定》（农计发［2004］10 号），具体规定了农业基本建设项目必须招标的范围、招标条件、招投标程序、废标情形、评审内容和评标方法、中标条件及违法处罚等内容。

⑤ 2007 年《民航专业工程及货物招标投标管理办法》（AP-129-CA-03 号）。

（2）货物类招投标的法律规定

1）2013 年八部委联合制定修订了《工程建设项目货物招标投标办法》（发改委令第 27 号），具体规定了货物招标投标的基本程序、货物招标的条件、属总承包中标后的货物招标、资格审查、投标人资格限定及两阶段招标等内容

2）《政府采购货物和服务招标投标管理办法》（财政部令［2004］第 18 号），规定了货物和服务采购招标方式、供应商限制、回避制度和政府采购应当支持民族工业和中小企业等基本原则，政府采购招投标基本程序、电子招标文件、联合体投标、评标委员会义务、评标方法（最低评标价法、综合评分法、性价比法）及有关法律责任等内容。

3）《机电产品国际招标投标实施办法》（商务部令［2014］第 13 号）规定了机电产品必须进行国际招标的范围、招投标程序、招标文件编制、评标方法、评标专家选择、评标方法、公示及质疑处理、中标及有关法律责任等内容。

《进一步规范机电产品国际招标投标获得有关规定》（商产发［2007］395 号）、《机电产品国际招标综合评价法实施规范（试行）》（商产发［2008］311 号），对《机电产品国

际招标投标实施办法》进行了补充。

　　4）《水利工程机电设备招标投标管理办法》（交通部令第 9 号）、《铁路建设项目物资设备管理办法》（铁建设〔2006〕3 号）、《水利工程建设项目重要设备材料采购招标投标管理办法》（水建管〔2002〕585 号），规定了相关物资采购招标投标的基本程序、招投标方法等内容。

　　（3）服务类招投标的法律规定

　　服务主要是指除工程、货物以外的智商服务行为。包括工程勘察设计、监理、造价咨询、评估咨询、财务、代建机构、特许经营者、科研课题、物业管理、金融保险等。

　　1）工程勘察设计招投标规定

　　①《工程建设项目勘察设计招标投标办法》（八部委令〔2013〕第 2 号）规定了勘察设计招标的条件、基本程序、国外设计企业投标的条件、废标、未中标设计方案补偿及重新招标等内容。

　　②《建设工程设计招标投标管理办法》2000 建设部令第 82 号，进一步明确了各类房屋建筑工程设计招标的监管部门，详细规定了建筑工程设计招投标的程序及各环节的内容。

　　③《建筑工程方案设计招标投标管理办法》建市〔2008〕63 号，明确建筑工程设计应按照科学、适用、经济的基本原则，将建筑设计方案招标划分为概念性设计方案招标和实施性方案设计招标两种类型，同时具体规定了建筑工程建筑方案设计招标的条件、招标文件内容、平标定标以及知识产权等有关内容。

　　2）科技项目和课题成果等方面招标投标的规定

　　①《科技项目招标投标管理暂行办法》（国科发计字〔2000〕589 号），该规定明确要求政府投资为主体的科技项目应当通过招标投标方式进行发包，同时具体规定了监督管理部门、招标条件、招标文件编制内容等。

　　②《国家科研计划课题招标投标管理暂行办法》（国科发财字〔2002〕165 号），该规定要求国家科研计划课题应明确研究目标、研究内容和完成时间，规定招标投标活动的监督部门、招标文件编制内容、评审标准和方法等内容。

　　3）特许经营招标投标的规定

　　2004 年《市政公用事业特许经营管理办法》（建设部令第 126 号），规定了特许经营方式、特许经营权投标者的条件、招标程序、特许经营协议的主要内容、特许经营期及违法行为处罚等内容。

　　4. 招标投标综合性规定

　　（1）必须招标制度的规定。《工程建设项目招标范围和规模标准规定》（原国家计委令第 3 号），同时授权省、自治区、直辖市人民政府可以根据实际情况，制定本地区必须招标的具体范围和规模标准。

　　（2）建设项目招标方案核准制度的规定

　　《国务院办公厅印发国务院有关部门实施招投标活动行政监督的职责分工意见的通知》规定，项目的招标方式（委托招标或自行招标）和政府投资项目的招标范围在报送可行性研究报告时进行核准。2010 年《工程建设项目可行性研究报告增加招标内容和核准招标事项暂行规定》（国家计委令第 5 号）和《工程建设项目招标试行办法》分别就依法必须进行招标的项目申报招标方式及招标范围核准书面材料。

（3）招标公告发布制度的规定

1）《招标投标法》第 16 条规定，要求依法必须招标的项目的招标公告应当通过国家制定的报刊、信息网络或其他媒介发布。

2）2000 年《招标公告发布制度暂行办法》（国家计委令第 4 号）、2000 年《关于指定发布依法必须招标项目招标公告的媒介的通知》（计政策［2000］868 号）确定了国家发布招标公告的媒介，同时规定各地方政府在权限内指定招标公告发布的媒介。

3）《政府采购法》第 11 条规定，政府采购信息应当在政府采购监督管理部门规定的媒介上及时向社会公开发布。

4）2004《政府采购信息公告管理办法》（财政部令第 19 号）规定政府采购信息公告办法及公告发布媒介。

5. 评标专家和评标专家库管理规定

（1）2013 年《评标专家和评标专家库管理暂行办法》（国家计委令第 29 号）规定了评标专家的条件、专家的权利义务、专家库的组成与管理等内容。

（2）2003 年《政府采购评审专家管理办法》（财库［2003］119 号）具体规定了评审专家的条件、权利义务及违规处罚等内容。

6. 招标投标行政监督的规定

（1）2004 年七部委《工程建设项目招标投标活动投诉处理办法》（国家计委令第 11 号），规定了招投标当事人或利益关系人投诉时限、投诉书的形式和内容，行政监督管理部门处理投诉的内容。

（2）2004 年《政府采购供应商投诉处理办法》（财政部令第 20 号），规定了投诉受理程序、时限、投诉处理等内容。

四、招投标活动相关法律法规

（一）规范市场交易活动的法律法规

招投标交易活动属于经济民事行为，其民事法律行为受《中华人民共和国合同法》、《中华人民共和国民法通则》和《中华人民共和国担保法》的约束。

1. 《中华人民共和国合同法》，以下简称《合同法》

《合同法》主要是调整市场交易活动主体之间平等的交易关系及交易行为，详细规范了交易合同的订立、合同的履行、变更、解除、保全、违约责任、合同的效力与生效等事项。招标人与中标人只有通过签订合同来实现工程的承发包交易活动。

2. 《中华人民共和国民法通则》，以下简称《民法通则》

《民法通则》主要规范民事法律关系及行为。招标投标活动属于平等民事主体之间的平等交易活动，应当遵守《民法通则》的基本原则，如"公开、公平、公正和诚实信用"原则。

3. 《中华人民共和国担保法》，以下简称《担保法》

《担保法》主要规定了各类经济活动设定的担保原则、担保方式和实现担保等内容。在招投标活动中招标人可以依法要求投标人提交投标担保、履约担保。

（二）规范政府采购活动的法律法规

1. 《中华人民共和国政府采购法》，以下简称《政府采购法》

《政府采购法》于 2003 年 1 月 1 日起施行。《政府采购法》共有 9 章 88 条。阐述了立法的目的，规定了政府采购的范围、政府采购当事人和采购方式、政府采购的程序和采购合同、对采购行为活动的质疑与投诉、采购活动接受监督检查和违法行为的法律责任等内容。

2. 政府采购制度的综合性法规

（1）《政法采购货物和服务招标投标管理办法》，规范了政府采购原则、程序。

（2）《政府采购信息公告管理办法》，规范了政府采购信息公告发布。

（3）《政府采购供应商投诉处理办法》，规范了供应商向财政部门投诉，财政部门受理、作出处理决定的活动。

3. 政府采购节能环保产品制度的规定

（1）《关于建立政府强制采购节能产品制度的通知》（国发办发 ［2007］ 51 号），具体规定了政府采购节能产品的要求、科学制度节能产品政府采购清单，规范了节能产品政府采购清单管理和加强监督检查等内容。

（2）《关于印发〈节能产品政府采购实施意见〉的通知》（财库 ［2004］ 185 号），明确要求各级国家机关、事业单位和团体组织使用财政性资金进行采购的，要求在性能、服务等指标同等条件下，应当优先采购节能清单所列的节能产品。

（3）《关于环境标志产品政府采购实施的意见》（财库 ［2006］ 90 号），要求在性能、服务等指标同等条件下，应当优先采购环境标志产品政府采购清单中所列的产品。

（4）《政府采购进口产品管理办法》（财库 ［2007］ 119 号）、《关于政府采购进口产品管理有关问题的通知》（财办库 ［2008］ 248 号），明确规定了使用财政性资金采购进口产品实行审核管理制度、采购方式、采购文件内容及监管检查等内容。

（三）规范建设工程管理的法律法规

1. 《中华人民共和国建筑法》，以下简称《建筑法》

《建筑法》于 1998 年 3 月 1 日起施行，2011 年进行了修订。《建筑法》共有 8 章 85 条。阐明了立法的目的，规定了建筑活动的监督管理部门、建筑许可与从业资格、建筑工程发包与承包、建筑工程监理、建筑工程安全生产管理、建筑工程质量管理及相关法律责任等内容。

2. 建设工程质量管理方面的制定规定

（1）《国务院办公厅关于加强基础设施工程质量管理的通知》（国办发 ［1999］ 16 号），规定了基础设施工程质量管理的措施。

（2）《建设工程质量管理条例》于 2000 年 1 月 10 日国务院第 25 次常务会议通过，现予发布，自发布之日起施行。该条例规定了建设单位、勘察设计单位、施工单位、监理单位等参与工程建设各方主体的责任和义务，建设工程质量保修、监督管理，相关违法行为的法律责任等内容。

（3）2000 年《房屋建筑工程质量保修办法》（建设部令第 80 号），规定了各类房屋建筑工程质量保修的范围、保修期限和保修责任等内容。

3. 建设工程安全管理方面的规定

《建设工程安全生产管理条例》，已经 2003 年 11 月 12 日国务院第 28 次常务会议通过，现予公布，自 2004 年 2 月 1 日起施行。

该条例规定了建设单位、勘察设计单位、施工单位、监理单位的安全责任，监督管理以及生产安全事故的应急救援和调查处理、有关违法行为的法律责任等内容。

4. 建筑工程施工许可管理的规定

《建筑工程施工许可管理办法》已经第 13 次部常务会议审议通过，现予发布，自 2014 年 10 月 25 日起施行。该办法规定了需要领取施工许可证的项目类型、规模，领取施工许可证的条件、程序及有关违法行为的法律责任等内容。

5. 建设工程强制性标准的规定

《实施建设工程强制性标准监督规定》（2000 年建设部令第 81 号），规定了在中国境内从事工程新建、扩建、改建等工程活动必须执行工程建设强制性标准。

6. 建筑企业资质管理方面的规定

（1）《建筑业企业资质管理规定》（住建部［2015］第 22 号），规定了建筑业企业资质分类等级、资质申请和审批程序、监督管理措施以及有关违法行为的罚则等内容。

（2）《建筑业企业资质等级标准》（住建部［2015］82 号）、《施工总承包企业特级资质标准》（建市［2007］72 号）、《建筑智能化工程设计与施工资质标准》（建市［2006］40 号）、《工程监理企业资质管理规定》（建设部令第 158 号）、《工程监理企业资质标准》（建市［2007］131 号）、《工程造价咨询企业管理办法》（2006 建设部令第 149 号）、《建设工程勘察设计管理条例》（国务院令［2015］第 293 号）、《建设工程勘察设计资质管理规定》（建市［2006］第 114 号）等规定，具体规定了各类建筑业企业的资质等级和分类标准。

7. 建设工程发包承包和结算方面的规定

（1）《建筑工程施工发包与承包计价管理办法》（2014 住建部令第 16 号），规定了建筑工程发包与承包计价的方法、投标报价的要求、合同价方式及竣工决（结）算等方面的要求。

（2）《建设工程价格结算暂行办法》（财建［2004］309 号），规定了建设工程合同价款的约定与调整、价款结算与争议处理、价款监督管理等内容。

复习思考题

一、法律、行政法规、地方性法规有何关系？

二、建设工程强制性标准的作用有哪些？

第二章　建筑市场与管理

学习目标

了解建筑市场体系的构成及其特点；熟悉建筑工程（公共资源）交易中心的功能与作用及其运行规则；熟悉建筑资质管理制度和管理的内容。

能力目标

通过本章学习，掌握从业企业（或人员）的资质（或资格）标准和从业范围，能够根据工程项目特点及其需要来确定投标人资质条件、项目负责人应具备的资格条件；具有办理工程项目招投标前期工作的基本技能。

第一节　建　筑　市　场

一、建筑市场的概念

建筑市场是指以工程发包方、承包方根据法定程序实现工程发承包交易活动的一种特殊交易场所。目前，我国的建筑市场主要指各地市级以上的附属于建设行政主管部门的建设工程（公共资源）交易中心。

建筑市场有广义的市场和狭义的市场之分。狭义的市场一般指有形建筑市场，有固定的交易场所，工程项目招投标主体通过招标投标形式在建设工程（公共资源）交易中心完成建筑产品的初步交换关系。

广义的建筑市场既包括有形市场，也包含无形市场。无形市场即为工程建设提供专业服务的中介组织，如建筑勘察设计、工程监理、工程招投标代理、造价咨询等智力劳动服务市场。

二、建筑市场体系

1. 建筑市场体系概念

由于建筑产品具有生产周期长、价值量大、生产过程的不同阶段对承包的能力和特点要求不同等特点，决定了建筑市场交易贯穿于建筑产品生产的整个过程。从工程建设的决策、设计、施工一直到工程竣工、保修期结束，发包人与承包商、分包商进行的各种交易以及相关的建筑材料、设备的交易和建筑机械租赁等活动都是在建筑市场中进行的，生产活动和交易活动交织在一起，形成了建筑市场与其他产品市场不同的建筑市场体系。

建筑市场体系包括由发包人、承包人、咨询服务机构和市场组织管理机构组成市场主体；以建筑产品和建筑生产过程为对象组成市场客体；以招标投标为主要交易形式的市场竞争机制；以资质管理为主要内容的市场监督管理体系。

建筑市场中的主体与客体的有效组合形成了完整的市场体系。建筑市场体系如图 2-1 所示。

2. 建筑市场体系的特点

建筑市场同样属于经济市场的范畴，既具有一般市场运行的普遍规律，又具有其自有

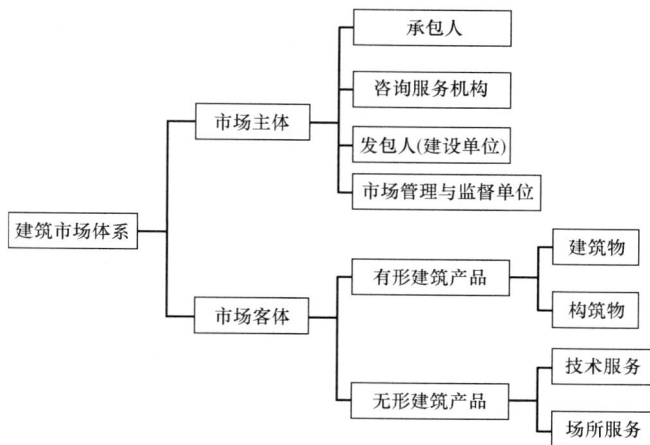

图 2-1　建筑市场体系

的规律和特点，主要表现在以下几方面。

（1）建筑工程市场有严格的市场准入制度。为了维护建设市场的交易秩序，保障交易双方和其他利害人的合法权益，国家法律法规、政府行政主管部门、相应行业协会都制定了相应的市场准入制度和相关规则，以规范、约束市场主体的交易、生产经营行为。

（2）建筑工程的承发包的交易活动主要在供求双方之间直接进行，不存在中间倒卖行为，整个交易过程接受政府行政管理机构的监督；

（3）发包方与承包方合同的签订是在建筑产品未生产之前；

（4）建筑产品的特性决定建筑市场的地域性。建筑产品交易过程除要遵循国家的法律、法规及有关制度外，还要遵循地方性行政法规及管理办法。

（5）建筑市场的竞争相对激烈。主要表现在生产者之间的竞争，表现在各承包商之间技术力量、设备能力、经济实力和价格之间的竞争。

三、建设工程（公共资源）交易中心

（一）建设工程（公共资源）交易中心的性质与作用

1. 建设工程（公共资源）交易中心的性质

建设工程（公共资源）交易中心是经各级政府批准的服务性机构，不是政府管理部门，也不是政府授权的监督机构，本身并不具备监督管理职能。但建设工程（公共资源）交易中心又不是一般意义上的服务机构，其设立须得到政府或政府授权主管部门的批准，并非任何单位和个人可随意成立；它不以营利为目的，旨在为建立公开、公正、平等竞争的招标投标制度服务，只可经批准收取一定的服务费，工程交易行为不能在场外发生。

2. 建设工程（公共资源）交易中心的作用

建设工程（公共资源）交易中心的主要任务是依法组织房屋建筑、市政和专业工程总承包、专业承包、劳务分包，以及设计、监理、工程设备材料采购等项目及相关服务的招标投标交易活动，为建设工程交易提供场所、信息、咨询和见证服务。

负责统一发布招标投标的有关信息、见证招标投标过程、管理评标专家库、确认中标通知书、建立计算机交易网络信息系统、保存招标过程的相关资料档案备查、管理场内招标投标活动秩序。

建设工程（公共资源）交易中心的设立，对国有投资的监督制约机制的建立，规范建设工程承发包行为，将建筑市场纳入法制化的管理轨道有着重要的作用。

（二）建设工程（公共资源）交易中心的基本功能

1. 向建设工程招投标单位提供信息服务功能

信息服务功能包括收集、存储和发布各类工程信息、法律法规、造价信息、建材价格、承包商信息、咨询单位和专业人士信息等。在设施上配备有大型电子墙、计算机网络工作站，为承发包交易提供广泛的信息服务。

2. 向建设工程招投标单位提供场所服务功能

对于政府部门、国有企业、事业单位的投资项目，我国明确规定，一般情况下都必须进行公开招标，只有特殊情况下才允许采用邀请招标。所有建设项目进行招标投标必须在有形建筑市场内进行，必须由有关管理部门进行监督。按照这个要求，工程建设交易中心必须为工程承发包交易双方提供包括建设工程的招标、评标、定标、合同谈判等设施和场所的服务。

住建部《建设工程（公共资源）交易中心管理办法》规定：建设工程（公共资源）交易中心应具备信息发布大厅、洽谈室、开标室、会议室及相关设施以满足业主和承包商、分包商、设备材料供应商之间的交易需要。同时要为政府有关管理部门进驻集中办公，办理有关手续和依法监督招标投标活动提供场所服务。

（三）建设工程（公共资源）交易中心的运行原则

为保证建设工程（公共资源）交易中心能够有良好的运行秩序和市场功能的充分发挥，必须坚持市场运行的一些本原则，主要原则如下：

1. 信息公开原则

建设工程（公共资源）交易中心必须充分掌握政策法规、工程发包、承包商和咨询单位的资质，造价指数、招标规则、评标标准、专家评委库等各项信息，并保证市场各方主体都能及时获得所需要的信息资料。

2. 依法管理原则

建设工程（公共资源）交易中心应严格按照法律法规开展工作，尊重建设单位依照法律规定选择投标单位和选定中标单位的权利。尊重符合资质条件的建筑业企业提出的投标要求和接受邀请参加投标的权利。任何单位和个人不得非法干预交易活动的正常进行。行政监督管理部门应当进驻建设工程（公共资源）交易中心实施监督。

3. 公平竞争原则

建立公平竞争的市场秩序是建设工程（公共资源）交易中心的一项重要原则。行政监督管理部门应严格监督招标投标单位的行为，防止地方保护、行业和部门垄断等各种不正当竞争，不得侵犯交易活动各方的合法权益。

4. 属地进入原则

按照我国有形建筑市场的管理规定，建设工程交易实行属地进入原则。每个城市原则上只能设立一个建设工程（公共资源）交易中心，特大城市可以根据需要设立区域性分中心，在业务上受中心领导。对于跨省、自治区、直辖市的铁路、公路、水利等工程，可在政府有关部门的监督下，通过公告由项目法人组织招标投标。

5. 办事公正原则

建设工程（公共资源）交易中心是政府建设行政主管部门批准建立的服务性机构，须建立监督制约机制，公开办事规则和程序，制定完善的规章制度和工作人员守则，发现建设工程交易活动违法违规行为，应当向政府有关管理部门报告，并协助进行处理。

第二节　建筑市场管理

由于建筑产品生产周期长，受周围环境因素影响较大，生产过程中容易引起工程质量、安全事故的发生，危及生命财产安全，要求建筑活动的承包企业必须具有相应工程的企业规模、经济、设备、技术、人员等力量。为此，我国对建筑从业企业，从业技术、管理人员实行了市场准入制度。

《中华人民共和国建筑法》规定，政府建设行政主管部门对从事建筑活动的工程勘察单位、设计单位、施工单位和工程咨询单位实行资质管理。

《建设工程勘察设计管理条例》（国务院令［2015］第 293 号）、《建设工程勘察设计资质管理规定》（建市［2006］第 114 号）对工程勘察设计从业企业的管理办法、资质等级、业务范围和分类标准做出了具体规定。

《工程监理企业资质管理规定》（建设部令第 158 号）、《工程监理企业资质标准》（建市［2007］131 号）对工程监理从业企业的管理办法、资质等级、业务范围和分类标准做出了具体规定。

《建筑业企业资质等级标准》（住建部［2015］82 号）、《施工总承包企业特级资质标准》（建市［2007］72 号）、《建筑智能化工程设计与施工资质标准》（建市［2006］40 号）对工程施工从业企业的管理办法、资质等级、业务范围和分类标准做出了具体规定。

《工程造价咨询企业管理办法》（2006 建设部令第 149 号）对工程造价从业企业的管理办法、资质等级、业务范围和分类标准做出了具体规定。

根据《中华人民共和国招标投标法》、《中华人民共和国招标投标法实施条例》相关规定，建设工程招标投标活动过程中，除了招投标参与主体的自觉履行、遵守法律法规外，同时需要相关行政主管部门对建设工程招标投标活动依法进行监督管理，确保招投标的公平、公正、公开，有效防止工程腐败现象的发生。

一、建筑企业的资质管理

《中华人民共和国建筑法》规定，政府建设行政主管部门对从事建筑活动的工程勘察设计单位、施工企业和工程咨询机构实行资质管理。各企业必须在核定的资质等级范围内从事相关的经营活动。

（一）工程勘察企业资质管理

1. 工程勘察资质分类和分级

根据住房和城乡建设部制定的《工程勘察资质标准》，工程勘察资质分为工程勘察综合资质、工程勘察专业资质、工程勘察劳务资质。

（1）工程勘察综合资质

工程勘察综合资质是指包括全部工程勘察专业资质的工程勘察资质。工程勘察综合资质只设甲级。

（2）工程勘察专业资质

工程勘察专业资质包括：岩土工程专业资质、水文地质勘察专业资质和工程测量专业资质等共8个专业资质；其中，岩土工程专业资质包括：岩土工程勘察、岩土工程设计、岩土工程物探测试检测监测和岩土工程咨询等岩土工程（分项）专业资质。

工程勘察专业资质原则上设甲、乙两个级别，确有必要的，经批准也可设置专业类丙级。根据工程性质和实际需要，岩土工程咨询专业资质只设甲级，岩土工程勘察、水文地质勘察、工程测量专业资质设丙级。

（3）工程勘察劳务资质

工程勘察劳务资质包括：工程钻探、凿井和岩土工程治理。工程勘察劳务资质不分等级。

2. 工程勘察资质业务范围

建设工程勘察企业应当按照其拥有的注册资本、专业技术人员、技术装备和勘察业绩等条件申请资质，经审查合格，取得建设工程勘察资质证书后，方可在资质等级许可的范围内从事建设工程勘察活动。

工程勘察企业应在资质证书核定许可的业务范围内承揽工程，不得超资质许可范围承揽业务，不得出借其资质。

（1）取得工程勘察综合资质的企业，可以承接各专业（海洋工程勘察除外）、各等级工程勘察业务；

（2）取得工程勘察专业资质的企业，可以承接相应等级相应专业的工程勘察业务；

（3）取得工程勘察劳务资质的企业，可以承接岩土工程治理、工程钻探、凿井等工程勘察劳务业务。

3. 工程勘察规模标准划分

岩土工程、水文地质勘察、工程测量工程划分为甲级、乙级、丙级三种规模标准。具体详见表2-1、表2-2、表2-3。

勘察甲级工程项目划分表　　　　　　　　　　　表2-1

岩土工程	水文地质勘察	工程测量
1. 具有重大意义或影响的国家重点项目； 2. 场地等级为一、二级，抗震设防烈度高于8度的强震区，存在其他复杂环境岩土工程问题的地区，以及岩土工程条件复杂的工程项目； 3. 按《地基基础设计规范》DGJ08-11-2010、《岩土工程勘察规范》DGJ08-37-2002等有关规范规定的一级建筑物； 4. 需要采取特别处理措施的极软弱的或非均质地层，极不稳定的地基；建于不良的特殊性土上的大、中型项目； 5. 有强烈地下水运动干扰或有特殊要求的深基开挖工程，有特殊工艺要求的超精密设备基础工程；大型深埋过江（河）地下管线、涵洞、核废料等深埋处理、高度超过100m的高耸构筑物基础，大于100m的高边坡工程，特大桥、大桥、大型立交桥、大型竖井、巷道、平洞、隧道、地下铁道、地下洞室、地下储库工程，深埋工程，超重型设备，大型基础托换、基础补强工程； 6. 大深沉井、沉箱，大于30m的超长桩基、墩基，特大型、大型桥基，架空索道基础； 7. 复杂程度按有关规范规程划分为中等或复杂的岩土工程设计； 8. 其他行业设计规模为大型的建设项目的工程勘察	1. 大、中城市规划和大、中型企业供水水源可行性研究及水资源评价； 2. 国家重点工程、国外投资或中外合资水源勘察和评价； 3. 供水量10000m³/d以上的水源工程勘察和评价； 4. 水文地质文件复杂的水资源勘察和评价； 5. 干旱地区、贫水地区、未开发地区水资源评价	1. 50km²以上大比例尺大、中型城乡规划测量；大型线路测量，大型水上测量； 2. 10km²以上大比例尺大、中型工厂、矿山测量； 3. 1km²以上改扩建竣工图和现状图测量，地籍测量； 4. 大型市政工程、线路、桥梁、隧道、交通、地铁、地下管网及建（构）筑物施工测量等工程测量； 5. 国家级重点工程、大中型国外投资和中外合资项目工程测量。整体性的三等以上平面控制测量与二等以上的高程控制测量； 6. 一、二等建（构）筑物变形测量，其他精密与特殊工程测量

勘察乙级工程项目划分表　　　　　　　　　　　　　　表 2-2

岩土工程	水文地质勘察	工程测量
1. 根据单位技术人员和设备的实际情况，仅限于岩土工程勘察、设计、测试监测（不含岩土工程咨询监理）； 2. 按《地基基础设计规范》DGJ08-11-2010、《岩土工程勘察规范》DGJ08-37-2002 等有关规范规定的二级及二级以下建筑物；中小型线路工程、岸边工程； 3. 场地等为三级，但抗震设防烈度不高于 8 度的地区，没有其他复杂环境岩土工程问题的场地； 4. 20 层以下的一般高层建筑，体型复杂的 14 层以下的高层建筑；单柱承受荷载 4000kN 以下的建筑及高度低于 100m 的高耸建筑物； 5. 小于 30m 长的桩基、墩基、中小型竖井、巷道、平洞、隧道、桥基、架空索道、边坡及挡土墙工程； 6. 建筑工程勘察设计资质分级标准规定的二级及以下一般公共建筑； 7. 岩土工程治理设计按有关规范规程划分复杂程度为简单的； 8. 其他行业设计规模为中型的建设项目的岩土工程	1. 小城市规划和中型企业供水源可行性研究及水资源评价； 2. 供水量 10000m³/d 以下的企业与城镇供水水源勘察及评价； 3. 水文地质条件中等复杂的水资源勘察和评价； 4. 其他行业设计规模为中型的建设项目的水文地质勘察	1. 50km² 以下的城乡规划测量、中型线路、水上测量； 2. 10km² 以下大比例尺小型工厂、矿山测量； 3. 1km² 以下工业企业改扩建竣工图及现状图测量、地质测量； 4. 中型市政、线路、桥梁、隧道、地下管网及建（构）筑物施工测量与二、三级的建（构）筑物变形测量等工程测量； 5. 其他行业设计规模为中型的建设项目的工程测量

勘察丙级工程项目划分表　　　　　　　　　　　　　　表 2-3

岩土工程	水文地质勘察	工程测量
1. 只限于承担岩土工程勘察，不含岩土工程设计、咨询监理； 2. 按《地基基础设计规范》DGJ08-11-2010、《岩土工程勘察规范》DGJ08-37-2002 等有关规范规定的三级建筑场地；七层以下的住宅建筑；小型公共建筑及小型工业厂房场地的勘察； 3. 岩土工程条件简单的场地勘察； 4. 抗震设防烈度 7 度及以下地区，无环境岩土工程问题的场地的勘察； 5. 其他行业设计规模为小型的建设项目的岩土工程勘察	1. 水文地质条件简单，供水量 2000m³/d 以下的工业企业供水水源勘察； 2. 其他行业设计规模为小型的建设项目的水文地质勘察	1. 5km² 以下小城镇规划测量、市政等工程测量； 2. 小面积控制测量与地形测量； 3. 小型建（构）筑物施工测量、地籍测量； 4. 其他行业设计规模为小型的建设项目的工程测量

注：乙级企业资质只能承担相应专业乙级以下工程项目勘察业务；丙级企业资质只能承担相应专业丙级工程项目勘察业务。

（二）工程设计企业资质管理

1. 工程设计资质分类和分级

根据住房和城乡建设部制定的《工程设计资质标准》，工程设计资质分为工程设计综合资质、工程设计行业资质、工程设计专业资质和工程设计专项资质四个序列。

（1）工程设计综合资质

工程设计综合资质是指涵盖 21 个行业的设计资质；工程设计综合资质只设甲级。

（2）工程设计行业资质

工程设计行业资质是指涵盖某个行业资质标准中的全部设计类型的设计资质；工程设计行业资质设甲、乙两个级别；根据行业需要，建筑、市政公用、水利、电力（限送变电）、农林和公路行业设立工程设计丙级资质。

（3）工程设计专业资质

工程设计专业资质是指某个行业资质标准中的某一个设计类型的设计资质；工程设计专业资质设甲、乙两个级别。

根据行业需要，建筑、市政公用、水利、电力（限送变电）、农林和公路行业设立工程设计丙级资质，建筑工程设计专业资质设丁级。

（4）工程设计专项资质

工程设计专项资质是指为适应和满足行业发展的需求，对已形成产业的专项技术独立进行设计以及设计、施工一体化而设立的资质。

工程设计专项资质根据需要设置等级。

2. 工程设计资质业务范围

建设工程设计企业应当按照其拥有的注册资本、专业技术人员、技术装备和设计业绩等条件申请资质，经审查合格，取得建设工程勘察、设计资质证书后，方可在资质等级许可的范围内从事建设工程设计活动。

工程设计企业应在资质证书核定许可的业务范围内承揽工程，不得超资质许可范围承揽业务，不得出借其资质。

（1）工程设计综合资质（甲级）

可承担各行业建设工程项目主体工程及其配套工程的设计，其范围和规模不受限制。

（2）工程设计行业资质

1）甲级　可承担本行业建设工程项目主体工程及其配套工程的设计，其范围和规模不受限制。

2）乙级　可承担本行业中、小型建设工程项目的主体工程及其配套工程的工程设计业务。

3）丙级　可承担本行业小型建设项目的工程设计任务。

（3）工程设计专业资质

1）甲级　可承担行业相应设计类型建设工程项目主体工程及其配套工程的设计，其范围和规模不受限制。

2）乙级　可承担行业相应设计类型中、小型建设工程项目的主体工程及其配套工程的工程设计任务。

3）丙级　可承担相应行业设计类型小型建设项目的工程设计任务。

（4）工程设计专项资质

承担规定的专项工程设计或设计任务，具体规定见有关专项资质标准。

3. 建筑工程设计规模划分

（1）民用建筑工程设计规模划分根据建筑物的面积、高度和复杂程度划分为大型、中型、小型三种规模标准，见表2-4。

（2）市政工程设计规模划分根据各专业工程规模等划分为大型、中型、小型三种规模标准，见表2-5。

民用工程项目设计规模划分表

表 2-4

序号	建设项目	工程等级特征	大型	中型	小型
1	一般公共建筑	单体建筑面积	20000m² 以上	5000～20000m²	≤5000m²
		建筑高度	≥50m	24～50m	≤24m
		复杂程度	1. 大型公共建筑工程	1. 中型公共建筑工程	1. 功能单一、技术要求简单的小型公共建筑工程
			2. 技术要求复杂或具有经济、文化、历史等意义的省(市)级中小型公共建筑工程	2. 技术要求复杂或有地区性意义的小型公共建筑工程	2. 高度＜24m 的一般公共建筑工程
			3. 高度≥50m 的公共建筑工程	3. 高度 24～50m 的一般公共建筑工程	3. 小型仓储建筑工程
			4. 相当于四、五星级饭店标准的室内装修、特殊声学装修工程	4. 仿古建筑、一般标准的古建筑、保护性建筑以及地下建筑工程	4. 简单的设备用房及其他配套用房工程
			5. 高标准的古建筑、保护性建筑与地下建筑工程	5. 大中小型仓储建筑工程	5. 简单的建筑环境设计及室外工程
			6. 高标准的建筑环境设计和室外工程	6. 一般标准的建筑环境设计和室外工程	6. 相当于一星级饭店及以下标准的室内装修工程
			7. 技术要求复杂的工业厂房	7. 跨度小于 30m、吊车吨位小于 30t 的单层厂房或仓库；跨库小于 12m、6 层以下的多层厂房或仓库	7. 跨度小于 24m、吊车吨位小于 10t 的单层厂房或仓库；跨度小于 6m、楼盖无动荷载的 3 层以下的多层厂房或仓库
			8. 相当于二、三层级饭店标准的室内装修工程		
2	住宅宿舍	层数	＞20 层	12～20 层	≤12 层(其中砌块建筑不得超过抗震规范层数限值要求)
		复杂程度	20 层以上居住建筑和 20 层及以下商标准居住建筑工程	20 层及以下一般标准的居住建筑工程	
3	住宅小区工厂生活区	总建筑面积	＞30 万 m² 规划设计	≤30 万 m² 规划设计	单体建筑按上述住宅或公共建筑标准执行
4	地下工程	地下空间(总建筑面积)	＞1 万 m²	≤1 万 m²	
		附建式人防(防护等级)	四级及以上	五级及以下	人防疏散干道、支干道及人防连接通道等人防配套工程

市政工程设计等级分类表 表 2-5

序号	建设项目		单位	大型	中型	小型	备注
1	给水工程	净水厂	万 m³/d	≥10	10~5	<5	地表水或地下水取水,如需处理才可供水,按净水厂规模确定;如不需处理,直接取地下水,按泵站规模确定。给水工程专业丙级资质设计任务范围仅限管道工程。给水工程含再生水利用工程
		管网 泵站	万 m³/d	≥20	20~5	<5	
		管网 管道	管径(mm)	≥1600	1600~1000	<1000	
2	排水工程	处理厂	万 m³/d	≥8	8~4	<4	排水工程专业丙级资质设计任务范围仅限管道工程。排水工程含再生水利用工程
		管网 泵站	万 m³/d	≥10	10~5	<5	
		管网 管道	管径(mm)	≥1500	1500~1000	≤1000	
3	燃气工程	城市燃气输配系统	万 m³/a	≥10000(高、次高、中、低压)	<10000(次高、中、低压)	小区管网及户内管(中、低压)	门站、储备站、调压站、各级压力管网系统的整体项目均属大型项目
		人工气源厂	万 m³/d	≥30	<30	—	含燃气汽车加气站
		城市液化石油气储备站	瓶/日罐装能力	≥4000	1000~4000	<1000	
4	热力工程	热源厂	MW	热水锅炉,≥3×58	热水锅炉,3×14~3×58	—	以供热、制冷为主,单台≤25MW 的小型热电厂也属大型项目
		热源厂	t/h	蒸气锅炉,≥3×75	蒸气锅炉,3×20~3×75	—	
		热网系统	mm	城市供热一级网,DN≥800mm;热力站	城市供热一级网,DN<800mm	城市供热二级网,DN≤400mm	
		供热面积	万 m²	≥500	150~500	<150	
5	道路工程		等级	城市快速路、主干道、全苜蓿叶型、双喇叭型、枢纽型等独立的互通式立体交叉工程(含交通工程设施)	城市次干路、简单立体交叉工程(含交通工程设施)	城市支路(含交通工程设施)	道路工程等级标准参见《城市道路设计规范》CJJ37—2012

序号	建设项目		单位	大型	中型	小型	备注
6	桥梁工程		m	单跨≥40m、总长≥100m的桥梁	单跨<40m、总长<100m的桥梁	—	
7	城市隧道工程		—	—	—	—	城市隧道工程均属大型项目
8	公共交通工程	快速公交系统（BRT）	—	—	—	—	快速公交系统（BRT）工程均属大型项目
		电车系统	—	—	—	—	电车系统工程含机电设备系统、轨道系统,均属大型项目
		公共交通专用道	—	—	—	—	公共交通专用道工程均属大型项目
		公交场站	m²	≥6000	<6000	—	
		公交枢纽	—	—	—	—	公交枢纽工程均属大型项目
9	轨道交通工程		—	—	—	—	轨道交通工程均属大型项目
10	环境卫生工程（含固体废弃物处理工程）	生活垃圾焚烧工程（含热能利用）	—	—	—	—	生活垃圾焚烧均属大型项目
		卫生填埋	t/d	≥500	200~500	<200	
		堆（制）肥工程	t/d	≥300	<300	—	
		转运站	t/d	≥400	150~400	<150	
		危险废弃物处理	—	—	—	—	危险废弃物处理工程均属大型项目
		医疗废弃物	t/d	≥5	<5	—	

（三）建筑施工企业资质管理

根据《建筑业企业资质管理规定》（住建部令第22号），建筑业企业是指从事土木工程、建筑工程、线路管道及设备安装工程、装修工程的新建、扩建、改建活动的企业。我国的建筑施工企业分为施工总承包企业、专业承包企业和劳务分包企业三个序列。

施工总承包企业：施工总承包企业又按工程性质分为房屋、公路、铁路、港口、水利、电力、矿山、冶金、化工石油、市政公用、通信、机电12个行业类别；

专业承包企业：专业承包企业又根据工程性质和技术特点划分为60个专业类别；

劳务分包企业：劳务分包企业按技术特点划分为13个标准。

1. 房屋建筑施工企业资质等级与分类

（1）建筑工程施工总承包企业

工程施工总承包企业资质等级分为特级、一级、二级、三级；

其承包工程范围：

一级企业：可承担下列房屋建筑工程的施工：

1）40 层及以下、各类跨度的房屋建筑工程；

2）高度 240m 及以下的构筑物；

3）建筑面积 20 万 m^2 及以下的住宅小区或建筑群体。

二级企业：可承担下列房屋建筑工程的施工：

1）28 层及以下、单跨跨度 36m 及以下的房屋建筑工程；

2）高度 120m 及以下的构筑物；

3）建筑面积 12 万 m^2 及以下的住宅小区或建筑群体。

三级企业：可承担单项建安合同额不超过企业注册资本金 5 倍的下列房屋建筑工程的施工：

1）14 层及以下、单跨跨度 24m 及以下的房屋建筑工程；

2）高度 70m 及以下的构筑物；

3）建筑面积 6 万 m^2 及以下的住宅小区或建筑群体。

注：房屋建筑工程是指工业、民用与公共建筑（建筑物、构筑物）工程。工程内容包括地基与基础工程，土石方工程，结构工程，屋面工程，内、外部的装修装饰工程，上下水、供暖、电器、卫生洁具、通风、照明、消防、防雷等安装工程。

（2）建筑工程施工专业承包企业

建筑工程施工专业承包企业资质等级分为一级、二级、三级；下面列举部分工程施工专业承包企业资质等级标准：

1）地基与基础工程专业承包企业资质等级标准

地基与基础工程专业承包企业资质分为一级、二级、三级。

其承包工程范围：

一级企业：可承担各类地基与基础工程的施工。

二级企业：可承担工程造价 1000 万元及以下各类地基与基础工程的施工。

三级企业：可承担工程造价 300 万元及以下各类地基与基础工程的施工。

2）土石方工程专业承包企业资质等级标准

土石方工程专业承包企业资质分为一级、二级、三级。

其承包工程范围：

一级企业：可承担各类土石方工程的施工。

二级企业：可承担单项合同额不超过企业注册资本金 5 倍且 60 万 m^3 及以下的土石方工程的施工。

三级企业：可承担单项合同额不超过企业注册资本金 5 倍且 15 万 m^3 及以下的土石方工程的施工。

3）建筑幕墙工程专业承包企业资质等级标准

建筑幕墙工程专业承包企业资质分为一级、二级、三级。

其承包工程范围：

一级企业：可承担各类型建筑幕墙工程的施工。

二级企业：可承担单项合同额不超过企业注册资本金 5 倍且单项工程面积在 8000m^2 及以下、高度 80m 及以下的建筑幕墙工程的施工。

三级企业：可承担单项合同额不超过企业注册资本金 5 倍且单项工程面积在 3000m^2

及以下、高度30m及以下的建筑幕墙工程的施工。

注：建筑幕墙包括：①全隐框玻璃幕墙、半隐框玻璃幕墙、明框玻璃幕墙、无框玻璃幕墙；②各类金属板、人造板、石材幕墙；③其他各类建筑幕墙。

（3）劳务分包企业

劳务分包企业资质等级分为一级、二级。下面列举部分劳务承包企业资质等级标准：

1）木工作业分包企业资质等级标准

木工作业分包企业资质分为一级、二级。

作业分包范围：

一级企业：可承担各类工程的木工作业分包业务，但单项业务合同额不超过企业注册资本金的5倍。

二级企业：可承担各类工程的木工作业分包业务，但单项业务合同额不超过企业注册资本金的5倍。

2）钢筋作业分包企业资质等级标准

钢筋作业分包企业资质分为一级、二级。

作业分包范围：

一级企业：可承担各类工程钢筋绑扎、焊接作业分包业务，但单项业务合同额不超过企业注册资本金的5倍。

二级企业：可承担各类工程钢筋绑扎、焊接作业分包业务，但单项业务合同额不超过企业注册资本金的5倍。

2. 市政工程施工企业资质等级与分类

市政公用工程施工总承包企业资质等级标准

市政公用工程施工总承包企业资质分为特级、一级、二级、三级。

其承包工程范围：

一级企业：可承担各类市政公用工程的施工。

二级企业：可承担下列市政公用工程的施工：

1）城市道路工程；单跨跨度40m以内桥梁工程；断面20m² 及以下隧道工程；公共广场工程；

2）10万吨/日及以下给水厂；5万吨/日及以下污水处理工程；3m³/s 及以下给水、污水泵站；15m³/s 及以下雨水泵站；各类给排水管道工程；

3）总贮存容积1000m³ 及以下液化气贮罐场（站）；供气规模15m³/d 燃气工程；中压及以下燃气管道、调压站；供热面积150万 m² 热力工程；

4）各类城市生活垃圾处理工程。

三级企业：可承担下列市政公用工程的施工：

1）城市道路工程（不含快速路）；单跨跨度20m以内桥梁工程；公共广场工程；

2）2万吨/日及以下给水厂；1万吨/日及以下污水处理工程；1m³/s 及以下给水、污水泵站；5m³/s 及以下雨水泵站；直径1米以内供水管道；直径1.5m以内污水管道；

3）总贮存容积500m³ 及以下液化气贮罐场（站）；供气规模5万 m³/d 燃气工程；2kg/cm² 及以下中压、低压燃气管道、调压站；供热面积50万 m² 及以下热力工程；直径0.2m以内热力管道；

4）生活垃圾转运站。

（四）工程咨询单位资质管理

工程咨询是指通过智力、脑力为客户提供服务的一种高智商技能活动。

工程咨询单位是指依法设立，具有独立法人资格的开展咨询业务的中介组织。我国建筑工程领域工程咨询，目前主要有工程监理、工程招标代理、工程造价咨询等机构组织。

我国对工程咨询单位实行资质管理，确保咨询服务的服务质量和各方权益。

1. 工程监理企业

工程监理企业资质分为综合资质、专业资质和事务所三个序列。综合资质只设甲级；专业资质原则上分为甲、乙、丙三个级别，并按照工程性质和技术特点划分为 14 个专业工程类别；除房屋建筑、水利水电、公路和市政公用四个专业工程类别设丙级资质外，其他专业工程类别不设丙级资质；事务所不分等级。

工程监理企业业务范围：

综合资质：可以承担所有专业工程类别建设工程项目的工程监理业务，以及建设工程的项目管理、技术咨询等相关服务。

专业甲级资质：可承担相应专业工程类别建设工程项目的工程监理业务（见表 2-6），以及相应类别建设工程的项目管理、技术咨询等相关服务。

专业乙级资质：可承担相应专业工程类别二级（含二级）以下建设工程项目的工程监理业务（见表 2-6），以及相应类别和级别建设工程的项目管理、技术咨询等相关服务。

专业丙级资质：可承担相应专业工程类别三级建设工程项目的工程监理业务（见表 2-6），以及相应类别和级别建设工程的项目管理、技术咨询等相关服务。

专业工程类别和等级表 表 2-6

序号	工程类别		一级	二级	三级
一	房屋建筑工程	一般公共建筑	28 层以上；36m 跨度以上（轻钢结构除外）；单项工程建筑面积 3 万 m² 以上	14～28 层；24～36m 跨度（轻钢结构除外）；单项工程建筑面积 1 万～3 万 m²	14 层以下；24m 跨度以下（轻钢结构除外）；单项工程建筑面积 1 万 m² 以下
		高耸构筑工程	高度 120m 以上	高度 70～120m	高度 70m 以下
		住宅工程	小区建筑面积 12 万 m² 以上；单项工程 28 层以上	建筑面积 6 万～12 万 m²；单项工程 14～28 层	建筑面积 6 万 m² 以下；单项工程 14 层以下
二	水利水电工程	水库工程	总库容 1 亿 m³ 以上	总库容 1000 万～1 亿 m³	总库容 1000 万 m³ 以下
		水力发电站工程	总装机容量 300MW 以上	总装机容量 50～300MW	总装机容量 50MW 以下
		其他水利工程	引调水堤防等级 1 级；灌溉排涝流量 5m³/s 以上；河道整治面积 30 万亩以上；城市防洪人口 50 万人以上；围垦面积 5 万亩以上；水土保持综合治理面积 1000km² 以上	引调水堤防等级 2、3 级；灌溉排涝流量 0.5～5m³/s；河道整治面积 3 万～30 万亩；城市防洪人口 20 万～50 万人；围垦面积 0.5 万～5 万亩；水土保持综合治理面积 100～1000km²	引调水堤防等级 4、5 级；灌溉排涝流量 0.5m³/s 以下；河道整治面积 3 万亩以下；城市防洪人口 20 万人以下；围垦面积 0.5 万亩以下；水土保持综合治理面积 100km² 以下

续表

序号	工程类别		一级	二级	三级
三	电力工程	火力发电站工程	单机容量 30 万 kW 以上	单机容量 30 万 kW 以下	
		输变电工程	330kV 以上	330kV 以下	
		核电工程	核电站;核反应堆工程		
四	农林工程	林业局（场）总体工程	面积 35 万公顷以上	面积 35 万公顷以下	
		林产工业工程	总投资 5000 万元以上	总投资 5000 万元以下	
		农业综合开发工程	总投资 3000 万元以上	总投资 3000 万元以下	
		种植业工程	2 万亩以上或总投资 1500 万元以上	2 万亩以下或总投资 1500 万元以下	
		兽医/畜牧工程	总投资 1500 万元以上	总投资 1500 万元以下	
		渔业工程	渔港工程总投资 3000 万元以上;水产养殖等其他工程总投资 1500 万元以上	渔港工程总投资 3000 万元以下;水产养殖等其他工程总投资 1500 万元以下	
		设施农业工程	设施园艺工程 1 公顷以上;农产品加工等其他工程总投资 1500 万元以上	设施园艺工程 1 公顷以下;农产品加工等其他工程总投资 1500 万元以下	
		核设施退役及放射性三废处理处置工程	总投资 5000 万元以上	总投资 5000 万元以下	
五	公路工程	公路工程	高速公路	高速公路路基工程及一级公路	一级公路路基工程及二级以下各级公路
		公路桥梁工程	独立大桥工程;特大桥总长 1000m 以上或单跨跨径 150m 以上	大桥、中桥桥梁总长 30～1000m 或单跨跨径 20～150m	小桥总长 30m 以下或单跨跨径 20m 以下;涵洞工程
		公路隧道工程	隧道长度 1000m 以上	隧道长度 500～1000m	隧道长度 500m 以下
		其他工程	通信、监控、收费等机电工程;高速公路交通安全设施、环保工程和沿线附属设施	一级公路交通安全设施、环保工程和沿线附属设施	二级及以下公路交通安全设施、环保工程和沿线附属设施

续表

序号	工程类别		一级	二级	三级
六	港口与航道工程	港口工程	集装箱、件杂、多用途等沿海港口工程 20000t 级以上；散货、原油沿海港口工程 30000t 级以上；1000t 级以上内河港口工程	集装箱、件杂、多用途等沿海港口工程 20000t 级以下；散货、原油沿海港口工程 30000t 级以下；1000t 级以下内河港口工程	
		通航建筑与整治工程	1000t 级以上	1000t 级以下	
		航道工程	通航 30000t 级以上船舶沿海复杂航道；通航 1000t 级以上船舶的内河航运工程项目	通航 30000t 级以下船舶沿海航道；通航 1000t 级以下船舶的内河航运工程项目	
		修造船水工工程	10000t 位以上的船坞工程；船体重量 5000t 位以上的船台、滑道工程	10000t 位以下的船坞工程；船体重量 5000t 位以下的船台、滑道工程	
		防波堤、导流堤等水工工程	最大水深 6m 以上	最大水深 6m 以下	
		其他水运工程项目	建安工程费 6000 万元以上的沿海水运工程项目；建安工程费 4000 万元以上的内河水运工程项目	建安工程费 6000 万元以下的沿海水运工程项目；建安工程费 4000 万元以下的内河水运工程项目	
七	通信工程	有线、无线传输通信工程，卫星、综合布线	省际通信、信息网络工程	省内通信、信息网络工程	
		邮政、电信、广播枢纽及交换工程	省会城市邮政、电信枢纽	地市级城市邮政、电信枢纽	
		发射台工程	总发射功率 500kW 以上短波或 600kW 以上中波发射台；高度 200m 以上广播电视发射塔	总发射功率 500kW 以下短波或 600kW 以下中波发射台；高度 200m 以下广播电视发射塔	
八	市政公用工程	城市道路工程	城市快速路、主干路，城市互通式立交桥及单孔跨径 100m 以上桥梁；长度 1000m 以上的隧道工程	城市次干路工程，城市分离式立交桥及单孔跨径 100m 以下的桥梁；长度 1000m 以下的隧道工程	城市支路工程、过街天桥及地下通道工程
		给水排水工程	10 万 t/d 以上的给水厂；5 万 t/d 以上污水处理工程；3m³/s 以上的给水、污水泵站；15m³/s 以上的雨泵站；直径 2.5m 以上的给排水管道	2 万～10 万 t/d 的给水厂；1 万～5 万 t/d 污水处理工程；1～3m³/s 的给水、污水泵站；5～15m³/s 的雨泵站；直径 1～2.5m 的给水管道；直径 1.5～2.5m 的排水管道	2 万 t/d 以下的给水厂；1 万 t/d 以下污水处理工程；1m³/s 以下的给水、污水泵站；5m³/s 以下的雨泵站；直径 1m 以下的给水管道；直径 1.5m 以下的排水管道

续表

序号	工程类别		一级	二级	三级
八	市政公用工程	燃气热力工程	总储存容积 1000m³ 以上液化气贮罐场(站);供气规模 15 万 m³/d 以上的燃气工程;中压以上的燃气管道、调压站;供热面积 150 万 m² 以上的热力工程	总储存容积 1000m³ 以下的液化气贮罐场(站);供气规模 15 万 m³/d 以下的燃气工程;中压以下的燃气管道、调压站;供热面积 50 万~150 万 m² 的热力工程	供热面积 50 万 m² 以下的热力工程
		垃圾处理工程	1200t/d 以上的垃圾焚烧和填埋工程	500~1200 吨/日的垃圾焚烧及填埋工程	500 吨/日以下的垃圾焚烧及填埋工程
		地铁轻轨工程	各类地铁轻轨工程		
		风景园林工程	总投资 3000 万元以上	总投资 1000 万~3000 万元	总投资 1000 万元以下
九	机电安装工程	机械工程	总投资 5000 万元以上	总投资 5000 万以下	
		电子工程	总投资 1 亿元以上;含有净化级别 6 级以上的工程	总投资 1 亿元以下;含有净化级别 6 级以下的工程	
		轻纺工程	总投资 5000 万元以上	总投资 5000 万元以下	
		兵器工程	建安工程费 3000 万元以上的坦克装甲车辆、炸药、弹箭工程;建安工程费 2000 万元以上的枪炮、光电工程;建安工程费 1000 万元以上的防化民爆工程	建安工程费 3000 万元以下的坦克装甲车辆、炸药、弹箭工程;建安工程费 2000 万元以下的枪炮、光电工程;建安工程费 1000 万元以下的防化民爆工程	
		船舶工程	船舶制造工程总投资 1 亿元以上;船舶科研、机械、修理工程总投资 5000 万元以上	船舶制造工程总投资 1 亿元以下;船舶科研、机械、修理工程总投资 5000 万元以下	
		其他工程	总投资 5000 万元以上	总投资 5000 万元以下	

事务所资质:可承担三级建设工程项目的工程监理业务,以及相应类别和级别建设工程项目管理、技术咨询等相关服务。但是,国家规定必须实行强制监理的建设工程监理业务除外。

2. 工程招标代理机构

工程招标代理企业必须取得招标代理相应等级的资质证书后,在其资质等级许可的范围内从事工程监理活动。工程招标代理企业资质等级划分甲级、乙级和暂定级三个资质等级类别。

(1)获得工程招标代理甲级资质企业可以承担各类工程招标代理业务。

(2)获得工程招标代理乙级资质企业可承担工程投资额(不含征地费、大市政配套费与拆迁补偿费)1 亿元人民币以下的工程招标代理业务,地区不受限制。

(3)获得工程招标代理暂定级资质企业,只能承担工程总投资 6000 万元人民币以下的工程招标代理业务。

3. 工程造价咨询机构

工程造价咨询企业必须取得造价咨询相应等级的资质证书后，在其资质等级许可的范围内从事工程造价咨询活动。工程造价咨询企业资质等级划分甲级、乙级。

根据建设部 2006 年的《工程造价咨询企业管理办法》规定，工程造价咨询企业依法从事工程造价咨询活动，不受行政区域限制。

甲级：甲级工程造价咨询企业可以从事各类建设项目的工程造价咨询业务。

乙级：乙级工程造价咨询企业可以从事工程造价 5000 万元人民币以下的各类建设项目的工程造价咨询业务。

二、技术从业人员的资格管理

目前我国对从事工程建设活动的工程专业技术人员实行技术职称评定，执业注册资格并行的评聘分离的管理制度。

1. 工程技术人员如果符合考试条件的，只有参加全国统一执业资格考试，成绩合格即取得执业资格；

2. 取得执业资格证书的人员，应受聘于一个具有建设工程勘察、设计、施工、监理、招标代理、造价咨询等一项或多项资质的单位，经注册后方可从事相应的执业活动。

《中华人民共和国质量管理条例》规定，建设工程实行质量负责制，工程项目的负责人应当由取得相应执业资格的注册执业人员担任。

（1）工程勘察项目应当由取得相关专业注册工程师资格的并在本单位注册的工程师担任项目负责人；

（2）工程设计项目应当由取得注册建筑师或注册结构工程师资格的并在本单位注册建筑师或注册结构工程师担任项目负责人；

（3）工程监理项目应当由取得注册监理工程师资格的并在本单位注册监理工程师担任项目负责人（项目总监）；

（4）工程施工项目应当由取得注册注册建造工程师资格的并在本单位建造工程师担任项目负责人。注册建造工程师分一级注册建造工程师、二级注册建造工程师。

一级注册建造师可担任大、中、小型工程施工项目负责人，二级注册建造师可以承担中、小型工程施工项目负责人。

房屋建筑、市政工程各专业大、中、小型工程分类标准按《关于印发〈注册建造师执业工程规模标准〉（试行）的通知》见（建市〔2007〕171 号）执行。见注册建造师执业工程规模标准（表 2-7）。

三、行政监督管理

为了维护国家利益、社会公共利益和当事人的合法权益，依法规范和对市场的行为进行监督，是市场经济条件下的国家行政主管部门的一项重要职能。《中华人民共和国招标投标法》第七条规定：招标投标活动及其当事人应当接受依法实施的监督。有关行政监督部门依法对招投标活动实施监督、依法查处招投标活动中的违法行为。《中华人民共和国招标投标法实施条例》对招投标参与主体的违法行为作出了具体的处罚规定。

（一）行政监督的职责分工

我国招投标行政监督体制是由法律授权，实行分级、分部门管理的一种监督管理体制。由于建设工程招投标涉及的领域众多，行业之间的特点不同，专业性也比较强，这样不可能由一个部门对众多行业统一进行监督管理，需要由相关行业主管部门在各自的职权范围内分别依法进行本行业工程招投标的监督管理。然而各行业部门职责分工又相对复杂，《中华人民共和国招标投标法》（以下简称《招标投标法》）第七条做出了法律授权规定："对招标投标活动的行政监督及有关部门的具体职权划分，由国务院规定"。国务院根据这一授权，具体规定了国务院各部门的职责分工，同时，又授权"各省、自治区、直辖市人民政府可根据《招标投标法》的规定，从本地实际出发，制定招投标管理办法"，据此，各省级政府相继出台了一些相关规定，逐级确定有关职责分工。

1. 指导协调部门

由于建设工程兴业众多，招标投标行政监督部门也较多，为了加强各行业行政监督部门之间的协调，保障政令统一，根据国务院的分工，国家发展改革委员会负责指导和协调全国招标投标工作，会同有关行政主管部门根据《招标投标法》拟定招投标相关的管理办法、实施细则等，并报国务院批准实施；指定发布招标公告的报刊、信息网络或其他合法媒介。

同时确定必须进行招标的建设项目的具体范围、规模标准以及不适宜进行招标的项目等的职能，并对对国家重大建设项目建设过程中的工程招标投标进行监督检查的职能。

2. 行业行政监督部门

根据国务院的行政职能分工，交通部、铁道部、民航总局、工业和信息化部、水利部分别对口负责相关行业和产业项目的招标投标活动的监督执法；商务部行政主管部门负责对进口机电设备采购项目的招投标活动的监督执法；建设行政主管部门负责对各类房屋建筑及其附属设施的建造和与其配套的线路、管道、设备的安装项目和市政工程项目的招投标活动的监督执法。

根据《政府采购法》，各级财政部门依法履行对政府采购的监督执法。

监察部门依据《中华人民共和国行政监察法》的规定，对有关行政监督部门及其工作人员实施招标投标进行行政监察。

（二）行政监督的内容

《招标投标法》第七条规定，招标投标活动及其当事人应当接受依法实施的监督。有关行政监督部门依法对招标投标活动实施监督，依法查处招标投标活动中的违法行为。政府针对招标投标活动实施行政监督主要分为程序监督和实体监督两个方面。所谓程序监督是指政府针对招投标活动是否严格执行了法定的程序而实施的监督；所谓实体监督是指政府针对投标活动是否符合《招标投标法》、《中华人民共和国招标投标法实施条例》及有关配套规定的实体性要求而实施的监督。具体内容可以从以下方面理解：

1. 依法必须进行招标项目的招标方案（招标范围、招标组织形式、招标方式）是否经过项目审批部门核准。

2. 招标人、招标项目是否具备相应的招标条件。

3. 依法必须招标项目是否存在以化整为零或其他任何方式规避招标等违法行为。

4. 招标人对投标人的资格条件是否降低（提高）了资质标准、是否降低（提高）执业人员资格标准或其他条件等违法行为。

5. 招标人是否存在以不合理的条件限制或排斥潜在投标人，或者对潜在投标人实行歧视待遇，强制要求投标人组成联合体投标等违法行为。

6. 公开招标的项目的招标公告是否在国家制定的媒体（报纸、网络）上发布。

7. 招标人（或招标代理机构）是否存在泄露应当保密的与招投标活动有关情况和资料，或者与投标人相互串通损害国家利益、社会公共利益或者其他利害关系人的合法权益等违法行为。

8. 招标人（或招标代理机构）是否存在向他人透露已获取招标文件的潜在投标人名称、数量或可能影响公平竞争的有关招投标的其他行为，或泄露标底（如有），或与投标人就投标价格、投标实施方案等实质性内容进行预先谈判等的违法行为。

9. 投标人是否存在相互串通投标或与招标人串通投标、是否有向招标人或评标委员会成员以行贿手段谋取中标、是否以他人名义投标或以其他方式弄虚作假骗取中标等违法行为。

10. 评标委员会的组成是否符合法律法规的规定。

11. 开标活动是否符合法律法规的规定和招标文件的合法规定。

12. 评标活动是否保密进行、是否按照招标文件预先确定的评标方法和标准进行。

13. 招标人是否对评标委员会推荐的中标候选人进行依法公示；有无在中标候选人以外确定中标人等违法行为。

14. 招标人与中标人签订的合同是否与招标文件和投标文件相符，是否订立违背合同实质性内容的其他协议。

15. 招标投标的整个程序、时限是否符合法律法规及配套管理办法的规定。

（三）行政监督的方式

招标投标行政主管部门对招标投标活动实施监督的方式主要有：核准招标方案、招标备案审查、招标投标现场的监督、受理投诉举报、招投标情况书面报告、监督检查、稽查、行政处罚等方式。

1. 核准招标方案

中华人民共和国国家发展计划委员会令第 9 号关于《建设项目可行性研究报告增加招标内容以及核准招标事项暂行规定》中做出相关规定：

第三条：依法必须进行招标的工程建设项目中，按照工程建设项目审批管理规定，凡应报送项目审批部门审批的，必须在报送的项目可行性研究报告中增加有关招标的内容。

第四条：在项目可行性研究报告中增加的招标内容包括：

（1）建设项目的勘察、设计、施工、监理以及重要设备、材料等采购活动的具体招标范围（全部或者部分招标）。

（2）建设项目的勘察、设计、施工、监理以及重要设备、材料等采购活动拟采用的招标组织形式（委托招标或者自行招标）；拟自行招标的，还应按照《工程建设项目自行招标试行办法》（国家发展计划委员会令第 5 号）规定报送书面材料。

（3）建设项目的勘察、设计、施工、监理以及重要设备、材料等采购活动拟采用的招标方式（公开招标或者邀请招标）；国家发展计划委员会确定的国家重点项目和省、自治区、直辖市人民政府确定的地方重点项目，拟采用邀请招标的，应对采用邀请招标的理由作出说明。

注册建造师执业工程规模标准
（市政公用工程）

表 2-7

序号	工程类别	项目名称	单位	规模			备注
				大型	中型	小型	
1	城市道路	路基工程		城市快速路、主干道路基工程≥5km，单项工程合同额≥3000万元	城市快速路、主(次)干道路基工程2～5km，单项工程合同额1000万～3000万元	城市次干道路基工程<2km，单项工程合同额<1000万元	含城市快速路、城市环路，不含城际间公路
		路面工程		高等级路面≥10万 m²，单项工程合同额≥3000万元	高等级路面5万～10万 m²，单项工程合同额1000万～3000万元	次高等级路面，单项工程合同额<1000万元	
2	城市公共广场	广场工程		广场面积≥5万 m²，单项工程合同额≥3000万元	广场面积2万～5万 m²，单项工程合同额1000万～3000万元	单项工程合同额<1000万元	含体育场
3	城市桥梁	桥梁工程		单跨跨度≥40m；单项工程合同额3000万元	单跨的跨度20～40m；单项工程合同额1000万～3000万元	单跨跨度<20m；单项工程合同额<1000万元	含过街天桥
4	地下交通	隧道工程		内径（宽或高）≥5m或单洞洞长单洞洞长≥1000m，单项工程合同额≥3000万元	内径（宽或高）3～5m，单项工程合同额1000万～3000万元	内径（宽或高）<3m，单项工程合同额<1000万元	含地下过街通道；小型工程不含盾构施工
		车站工程		单项工程合同≥3000万元	单项工程合同<3000万元		小型工程不含车站工程
5	城市供水	供水厂		日处理量≥5万 t，单项工程合同额≥3000万元	日处理量3万～5万 t，单项工程合同额1000万～3000万元	日处理量<3万 t，单项工程合同额<1000万元	含中水工程，加压站工程
		供水管道		管径≥1.5m，单项工程合同额≥3000万元	管径0.8～1.5m，单项工程合同额1000万～3000万元	管径<0.8m，单项工程合同额<1000万元	含中水工程，本表中的管径为公称直径 DN
6	城市排水	污水处理厂		日处理量≥5万 t，单项工程合同额≥3000万元	日处理量3～5万 t，单项工程合同额1000万～3000万元	日处理量<3万 t，单项工程合同额<1000万元	含泵站
		排水管道工程		管径≥1.5m，单项工程合同额≥3000万元	管径0.8～1.5m，单项工程合同额1000万～3000万元	管径<0.8m，单项工程合同额<1000万元	含小型泵站，本表中的管径为公称直径 DN

续表

序号	工程类别	项目名称	单位	规模			备注
				大型	中型	小型	
7	城市供气	燃气源工程		日产气量≥30万m³，单项工程合同额≥3000万元	日产气量10万～30万m³，单项工程合同额1000万～3000万元	日产气量<10万m³，单项工程合同额<1000万元	
		燃气管道工程		高压以上管道，单项工程合同额≥3000万元	次高压管道，单项工程合同额1000万～3000万元	中压以下管道，单项工程合同额<1000万元	
		储备厂(站)工程		设计压力＞2.5MPa或总贮存容积＞1000m³的液化石油气或＞400m³的液化天然气贮罐厂(站)或供气规模＞15万m³/d的燃气工程，单项合同额3000万元的工程	设计压力2.0～2.5MPa或总贮存容积500～1000m³的液化石油气或200～400m³的液化天然气贮罐厂(站)或供气规模5万～15万m³/d的燃气工程，单项合同额≥1000万～3000万元的工程	设计压力＜2.0MPa或总贮存容积＜500的m³液化石油气或＜200m³的液化天然气贮罐厂(站)或供气规模＜5万m³/d的燃气工程，单项合同额＜1000万元的工程	含调压站、混气站、气化站、压缩天然气站、汽车加气站等
8	城市供热	热源工程		产热量≥250t/h或供热面积＞30万m²，单项工程合同额≥3000万元	产热量80～250t/h或供热面积10万～30万m²，单项工程合同额1000～3000万元	产热量＜80t/h或供热面积＜10万m²，单项工程合同额＜1000万元	
		管道工程		管径≥500mm，单项工程合同额≥3000万元	管径200～500mm，单项工程合同额1000～3000万元	管径＜200mm，单项工程合同额＜1000万元	本表中的管径为公称直径DN
9	生活垃圾	填埋场工程		日处理量≥800t，单项工程合同额≥3000万元	日处理量400～800t，单项工程合同额1000万～3000万元	日处理量＜400t，单项工程合同额＜1000万元	填埋面积应折成处理量计
		焚烧厂工程		日处理量≥300t，单项工程合同额≥3000万元	日处理量100～300t，单项工程合同额1000万～3000万元	日处理量＜100t，单项工程合同额＜1000万元	
10	交通安全设施	交通安全防护工程		单项工程合同额≥500万元	单项工程合同额200万～500万元	单项工程合同额＜200万元	含护栏、隔离带、防护墩
11	机电系统	机电设备安装工程		单项工程合同≥1000万元	单项工程合同额500万～1000万元	单项工程合同额＜500万元	

续表

序号	工程类别	项目名称	单位	规模			备注
				大型	中型	小型	
12	轻轨交通	路基工程		路基工程≥2km,单项工程合同额≥3000万元	路基工程1~2km,单项工程合同1000万~3000万元	路基工程<1km,单项工程合同额<1000万元	不含轨道铺设
		桥涵工程		单跨跨度≥40m,单项工程合同额≥3000万元	单跨的跨度20~40m,单项工程合同额1000万~3000万元	单跨跨度<20m,单项工程合同额<1000万元	不含轨道铺设
13	城市园林	庭院工程		单项工程合同额≥1000万元	单项工程合同额500万~1000万元	单项工程合同额<500万元	含厅阁、走廊、假山、草坪、广场、绿化、景观
		绿化工程		单项工程合同额≥500万元	单项工程合同额300万~500万元	单项工程合同额<300万元	

（房屋建筑工程）

序号	工程类别	项目名称	单位	规模			备注
				大型	中型	小型	
1	一般房屋建筑工程	工业、民用与公共建筑工程	层	≥25	5~25	<5	建筑物层数
			米	≥100	15~100	<15	建筑物高度
			米	≥30	15~30	<15	单跨跨度
			平方米	≥30000	3000~30000	<3000	单体建筑面积
		住宅小区或建筑群体工程	平方米	≥100000	3000~100000	<3000	建筑群建筑面积
		其他一般房屋建筑工程	万元	≥3000	300~3000	<300	单项工程合同额
2	高耸构筑物工程	冷却塔及附属工程	平方米	>3500	2000~3500	<2000	淋水面积
		高耸构筑物工程	米	≥120	25~120	<25	构筑物高度
		其他高耸构筑物工程	万元	≥3000	300~3000	<300	单项工程合同额
3	地基与基础工程	房屋建筑地基与基础工程	层	≥25	5~25	<5	建筑物层数
		构筑物地基与基础工程	米	≥100	25~100	<25	构筑物高度
		基坑围护工程	米	≥8	3~8	<3	基坑深度
		软弱地基处理工程	米	≥13	4~13	<4	地基处理深度
		其他地基与基础工程	万元	≥1000	100~1000	<100	单项工程合同额

序号	工程类别	项目名称	单位	规模			备注
				大型	中型	小型	
4	土石方工程	挖方或填方工程	万立方米	≥60	15～60	<15	土石方量
		其他挖方或填方工程	万元	≥3000	300～3000	<300	单项工程合同额
5	园林古建筑工程	仿古建筑工程、园林建筑工程	平方米	≥800	200～800	<200	单体建筑面积
		国家级重点文物保护单位的古建筑修缮工程	平方米	≥200	<200	无	修缮建筑面积
		省级重点文物保护单位的古建筑修缮工程	平方米	≥300	100～300	<100	修缮建筑面积
		其他园林古建筑工程	万元	≥1000	200～1000	<200	单项工程合同额
6	钢结构工程	钢结构建筑物或构筑物工程（包括轻钢结构工程）	米	≥30	10～30	<10	钢结构跨度
			吨	≥1000	100～1000	<100	总重量
			平方米	≥20000	3000～20000	<3000	单体建筑面积
		网架结构的制作安装工程	米	≥70	10～70	<10	网架工程边长
			吨	≥300	50～300	<50	总重量
			平方米	≥6000	200～6000	<200	单体建筑面积
		其他钢结构工程	万元	≥3000	300～3000	<300	单项工程合同额
7	建筑防水工程	各类房屋建筑防水工程	万元	≥200	50～200	<50	单项工程合同额
8	防腐保温工程	各类防腐保温工程	万元	≥200	50～200	<50	单项工程合同额
9	附着升降脚手架	各类附着升降脚手架设计、制作、安装工程	米	≥80	15～80	<15	高度
10	金属门窗工程	铝合金、塑钢等金属门窗工程	层	≥25	5～25	<5	建筑物层数
			米	≥80	15～80	<15	建筑物高度
			平方米	≥8000	1000～8000	<1000	单体建筑面积
			万元	≥500	100～500	<100	单项工程合同额
11	预应力工程	各类房屋建筑预应力工程	米	≥30	10～30	<10	跨度
			万元	≥800	100～800	<100	单项工程合同额
12	爆破与拆除工程	大爆破工程	级	≥C	D～C	<D	爆破等级
		复杂环境深孔爆破、拆除爆破及城市控制爆破及其他爆破与拆除工程	级	≥B	D～B	<D	爆破等级
		机械和人工拆除工程	万元	≥500	200～500	<200	单项工程合同额

续表

序号	工程类别	项目名称	单位	规模			备注
				大型	中型	小型	
13	体育场地设施工程	高尔夫球场、室内外迷你高尔夫球场和练习场工程	公顷	≥55	25～55	<25	单项工程占地面积
			万元	≥3200	300～3200	<300	单项工程合同额
			洞	≥18	9～18	<9	洞数
		体育场田径场地设施工程	万人	≥2	0.5～2	<0.5	容纳人数
			万元	≥1000	300～1000	<300	单项工程合同额
		体育馆(包括游泳馆、冬季项目馆)设施工程	人	≥5000	300～5000	<300	容纳人数
		合成面层网球、篮球、排球场地设施工程	平方米	≥7000	2000～7000	<2000	建筑面积
		其他体育场地设施工程	万元	≥800	150～800	<150	单项工程合同额
14	特种专业工程	建筑物纠偏和平移等工程	万元	≥500	100～500	<100	单项工程合同额
		结构补强、特殊设备的起重吊装、特种防雷技术等工程	万元	≥200	50～200	<50	单项工程合同额

注：1. 大中型工程项目负责人必须由本专业注册建造师担任；

2. 一级注册建造师可担任大中小型工程项目负责人，二级注册建造师可担任中小型工程项目负责人。

（4）其他有关内容。

国家发展和改革部门应当在可行性报告批复中对项目的招标范围（全部或者部分招标）、招标组织形式（委托招标或者自行招标）、招标方式（公开招标或者邀请招标）进行核准，各级行政主管部门根据核准内容在招投标备案时进一步审查项目招标的合法性。

2. 招标备案审查

《招标投标法》第十二条第三款规定："依法必须进行招标的项目，招标人自行办理招标事宜的，应当向有关行政监督部门备案。"《房屋建筑和市政基础设施工程施工招标投标管理办法》第19条规定，"依法必须进行施工招标的工程，招标人应当在招标文件发出的同时，将招标文件报工程所在地的县级以上地方人民政府建设行政主管部门备案。"建设行政主管部门通过备案登记来审查招标人资格的符合性、招标项目是否具备招标条件、招标人发售的招标文件是否与拟招标项目的特点相符、是否符合相关法律法规及配套管理办法的规定。

3. 招标投标现场的监督

政府相关行政监督部门工作人员在开标、评标现场进行监督，及时发现并制止有关违法行为。如果在网上完成招标投标的，政府相关行政监督部门工作人员同样利用网络技术对招标投标活动实施监督管理。

4. 招投标情况书面报告

《招标投标法》第 47 条规定，"依法必须进行招标的项目，招标人应当自确定中标人之日起十五天内，向有关行政监督部门提交招标投标情况的书面报告。"报告的主要内容一般包括招标范围，招标方式和发布招标公告的媒体，招标文件中的投标人须知、评标标准和方法、合同主要条款，评标委员会的组成和评标报告，中标公示及中标结果等。

政府行政主管部门通过书面情况报告对招投标活动的合法性进行监督。

5. 受理投诉举报

《招标投标法》第六十五条中规定："投标人和其他利害关系人认为招标投标活动不符合本法有关规定的，有权向招标人提出异议或者依法向有关行政监督部门投诉。"

《工程建设项目招标投标活动投诉处理办法》第三条中规定："投标人和其他利害关系人认为招标投标活动不符合法律、法规和规章规定的，有权依法向有关行政监督部门投诉。"

《工程建设项目招标投标活动投诉处理办法》第五条中规定："行政监督部门处理投诉时，应当坚持公平、公正、高效原则，维护国家利益、社会公共利益和招标投标当事人的合法权益。"

相关行政监督部门接到相关投诉后，应当依法受理和调查，并在 5 日内进行审查和做出公正处理。

6. 监督检查

政府行政机关利用行政监督权，通过对招标投标活动实施监督检查，以采取专项检查、重点抽查、调查等方式，调取和查阅招投标有关文件资料、调查和核实招投标活动是否存在违法行为。

7. 稽查

按照《国家重大建设项目稽查办法》规定，对于规模较大、关系国计民生或对经济和社会发展有重大影响的建设项目，发展和改革部门可以组织国家重大建设项目稽查特派员进行稽查。《国家重大建设项目招标投标监督暂行办法》中的第十一条规定："稽查人员对招标投标活动进行监督检查，可以采取下列方式：

①检查项目审批程序、资金拨付等资料和文件；②检查招标公告、投标邀请书、招标文件、投标文件，核查投标单位的资质等级和资信等情况；③监督开标、评标，并可以旁听与招标投标事项有关的重要会议；④向招标人、投标人、招标代理机构、有关行政主管部门、招标公证机构调查了解情况，听取意见；⑤审阅招标投标情况报告、合同及其有关文件；⑥现场查验，调查、核实招标结果执行情况。根据需要，可以联合国务院其他行政监督部门、地方发展计划部门开展工作，并可以聘请相关专业技术人员参加检查。"

8. 行政处罚

《招标投标法》及有关配套法律法规规章均对招标投标活动中的违法行为作出具体的处罚细则，政府相关行政主管部门可以通过各种监督检查方式发现、接受投诉，经过调查和核实有关招投标违法行为后，依法对违法行为单位、相关责任人实施处罚。

复习思考题

一、思考题

1. 建筑市场体系包含哪些内容？
2. 建设工程（公共资源）交易中心有何作用？有何功能？
3. 建筑工程市场管理包含哪些内容？

二、案例题

某房地产公司拟开发一高档住宅小区，小区规划总建筑面积为 26 万 m^2，其中 28 层住宅 8 栋（共 10 万 m^2），层高 3.0m，首层架空；18 层住宅 10 栋（共 6 万 m^2），层高 3.0 米，首层架空；13 层住宅 6 栋（共 4 万 m^2）、15 层住宅 8 栋（共 6 万 m^2）。

开发商计划对该项目的设计、施工、监理标进行公开招标，具体标段划分如下：

1. 设计招标按一个标包进行招标；
2. 施工招标划分为两个标段进行招标发包，其中 28 层、18 层为第一标段；13 层、15 层为第二标段。
3. 监理招标划分为两个标段进行招标发包，其中 28 层、18 层为第一标段；13 层、15 层为第二标段。

根据本项目特点与需要、开发商发标要求，请您试确定项目设计单位、施工单位、监理单位的资质条件，相应项目负责人的资格条件并说明理由。

第三章　项目基本建设程序与管理模式

学习目标

熟悉建设工程项目的基本建设程序和各阶段的具体内容；了解工程项目的管理模式及其特点。

能力目标

通过本章学习，能根据建设工程项目的规模、基本建设程序要求，履行办理项目建设的前期手续。

第一节　建设工程项目基本建设程序

我国建设工程基本建设程序主要有以下几个阶段。

一、投资决策阶段

（一）项目建议书阶段

1. 编制项目建议书

项目建议书是项目建设筹建单位，根据国民经济和社会发展的长远规划、行业规划、产业政策、生产力布局、市场、所在地的内外部条件等要求，经过调查、预测分析后，提出的某一具体项目的建议文件。这是工程项目基本建设程序中最初阶段的工作，是对拟建项目的框架性设想，也是政府选择项目和可行性研究的依据。

项目建议书的主要作用是为了推荐一个拟进行建设项目的初步说明，论述它建设的必要性、重要性、条件的可行性和获得的可能性；其次是为企业决策层、政府首脑选择确定是否进行下一步工作提供决策依据。项目建议书主要工作内容分为：

（1）建设项目提出的必要性和依据；

（2）拟建规模、建设方案；

（3）建设的主要内容；

（4）建设地点的初步设想情况、资源情况、建设条件、协作关系等的初步分析；

（5）投资估算和资金筹措及还贷方案；

（6）项目进度安排；

（7）经济效益和社会效益的估计；

（8）环境影响的初步评价。

项目建议书按要求编制完成后，按照建设总规模和限额的划分审批权限报批。即使项目建议书获得批准，它只是领导层决策的依据，并不表明项目一定要实行。

2. 办理项目选址规划意见书

项目建议书编制完成并获得批准后，项目筹建单位应到项目管辖权的规划部门办理建设项目选址规划意见书。

3. 办理建设用地规划许可证和工程规划许可证

项目筹建单位获得项目选址规划意见书后应到项目属地规划部门办理建设用地规划许可证和工程规划许可证。

4. 办理土地使用审批手续

项目筹建单位到项目属地国土部门办理土地使用审批手续。

5. 办理环保审批手续

项目筹建单位到项目属地环保部门办理环保审批手续。

在完成以上工作的同时,可以做好以下工作:进行拆迁摸底调查,并请有资质的评估单位评估论证;做好资金来源及筹措准备;准备好选址建设地点的测绘。

(二) 可行性研究阶段

可行性研究是在对工程项目在技术上是否可行、是否先进,对经济合理性、建设的可能性进行多方面的科学论证和多种技术、经济方案的比较,得出项目选用何种技术方案最合理,经济最可行,并提出准确评价意见,为决策层做出最终决出提供可靠依据。

1. 编制可行性研究报告书

由经过国家资格审定的适合本项目的等级和专业范围的规划、设计、工程咨询单位承担项目可行性研究并形成报告书。可行性研究报告一般包含以下基本内容:

(1) 总论:①报告编制依据(项目建议书及其批复文件、国民经济和社会发展规划、行业发展规划、国家有关法律、法规、政策等);②项目提出的背景和依据(项目名称、承办法人单位及法人、项目提出的理由与过程等);③项目概况(拟建地点、建设规划与目标、主要条件、项目估算投资、主要技术经济指标);④问题与建议。

(2) 建设规模和建设方案:①建设规模;②建设内容;③建设方案;④建设规划与建设方案的比选。

(3) 市场预测和确定的依据。

(4) 建设标准、设备方案、工程技术方案:①建设标准的选择;②主要设备方案选择;③工程方案选择。

(5) 原材料、燃料供应、动力、运输、供水等协作配合条件。

(6) 建设地点、占地面积、布置方案:①总图布置方案;②场外运输方案;③公用工程与辅助工程方案。

(7) 项目设计方案。

(8) 节能、节水措施:①节能、节水措施;②能耗、水耗指标分析。

(9) 环境影响评价:①环境条件调查;②影响环境因素;③环境保护措施。

(10) 劳动安全卫生与消防:①危险因素和危害程度分析;②安全防范措施;③卫生措施;④消防措施。

(11) 组织机构与人力资源配置。

(12) 项目实施进度:①建设工期;②实施进度安排。

(13) 投资估算:①建设投资估算;②流动资金估算;投资估算构成及表格。

(14) 融资方案:①融资组织形式;②资本金筹措;③债务资金筹措;④融资方案分析。

(15) 财务评价:①财务评价基础数据与参数选取;②收入与成本费用估算;③财务

评价报表；④盈利能力分析；⑤偿债能力分析；⑥不确定性分析；⑦财务评价结论。

（16）经济效益评价：①影子价格及评价参数选取；②效益费用范围与数值调整；③经济评价报表；④经济评价指标；⑤经济评价结论。

（17）社会效益评价：①项目对社会影响分析；②项目与所在地互适性分析；③社会风险分析；④社会评价结论。

（18）风险分析：①项目主要风险识别；②风险程度分析；③防范风险对策。

（19）招标投标内容和核准招标投标事项；

（20）研究结论与建议：①推荐方案总体描述；②推荐方案优缺点描述；③主要对比方案；④结论与建议。

（21）附图、附表、附件

2. 可行性研究报告论证

可行性研究报告书编制初步完成后，项目筹建单位应委托有资质的单位或专家进行评估、论证，形成最终可行性研究报告书。

3. 可行性研究报告报批（或备案）

项目可行性研究报告书完成后，项目筹建单位应向项目审批部门提交书面申请报告，随附可行性研究报告文本及其他附件（如建设用地规划许可证、工程规划许可证、土地使用手续、环保审批手续、拆迁评估报告、可行性研究报告的评估论证报告、招标形式、资金来源和筹措情况等手续）进行项目审批（或备案）。

可行性研究报告书经批准（或备案）后，不得随意修改和变更。如果在建设规模、建设方案、建设地区或建设地点、主要协作关系等方面有变动以及突破投资控制数时，应经原批准机关同意重新审批。

经过批准的可行性研究报告书是确定建设项目、编制设计文件的法律依据文件。

4. 办理土地使用证

项目筹建单位到国土部门办理土地使用证。

5. 办理征地、青苗补偿、拆迁安置等手续

项目筹建单位协调政府有关部门办理征地、青苗补偿、拆迁安置等手续。

6. 地勘

根据可行性研究报告审批意见委托或通过招标方式选择有资质的工程勘察单位进行工程地质勘察，进一步查明该地块地下矿床情况等，进一步说明该地块是否适合工程建设。

7. 报审市政配套方案

报审供水、供气、供热、排水等市政配套方案，一般项目要在规划、建设、土地、人防、消防、环保、文物、安全、劳动、卫生等主管部门提出审查意见，取得有关协议或批件。

对于一些各方面相对单一、技术工艺要求不高、前期工作成熟教育、卫生等方面的项目，项目建议书和可行性研究报告也可以合并，一步编制项目可行性研究报告，也就是通常说的可行性研究报告代项目建议书。

二、建设前期准备阶段

（一）勘察设计工作阶段

勘察设计单位招标。项目可行性研究报告书获批后，项目建设单位应着手依法招标选

择勘察设计单位进行项目的勘察设计。勘察与设计可以分别单独招标，也可以合并招标。

设计一般可以分为概念设计、方案设计、初步设计、扩大初步设计、施工图设计这几个设计阶段。有时可以不考虑初步设计、扩大初步设计，只考虑概念设计、方案设计、施工图设计，具体要根据工程的复杂性、必要性进行考虑。

1. 方案设计或初步设计

方案设计或初步设计是根据批准的可行性研究报告和必要而准确的设计基础资料，对设计对象进行通盘研究，阐明在指定的地点、时间和投资控制数内，拟建工程在技术上的可能性和经济上的合理性。通过对设计对象作出的基本技术规定，编制项目的总概算。根据国家规定，如果方案设计或初步设计提出的总概算超过可行性研究报告确定的总投资估算 10% 以上或其他主要指标需要变更时，要重新报批可行性研究报告。初步设计主要内容包括：

(1) 设计依据、原则、范围和设计的指导思想；

(2) 自然条件和社会经济状况；

(3) 工程建设的必要性；

(4) 建设规模、建设内容、建设方案、原材料、燃料和动力等的用量及来源；

(5) 技术方案及流程、主要设备选型和配置；

(6) 主要建筑物、构筑物、公用辅助设施等的建设；

(7) 占地面积和土地使用情况；

(8) 总体运输；

(9) 外部协作配合条件；

(10) 综合利用、节能、节水、环境保护、劳动安全和抗震措施；

(11) 生产组织、劳动定员和各项技术经济指标；

(12) 工程投资及财务分析；

(13) 资金筹措及实施计划；

(14) 总概算表及其构成；

(15) 附图、附表、附件。

设计必须有充分的基础资料，基础资料要准确；设计所采用的各种数据和技术条件要正确可靠；设计所采用的设备、材料和所要求的施工条件要切合实际；设计文件的深度要符合建设和生产的要求。

2. 方案设计或初步设计文本审查

方案设计或初步设计文本完成后，应报规划管理部门审查，并报原可研审批部门审查批准。初方案设计或初步设计文件经批准后，总平面布置、主要工艺过程、主要设备、建筑面积、建筑结构、总概算等不得随意修改、变更。经过批准的初步设计，是设计部门进行施工图设计的重要依据。

3. 施工图设计

方案设计或初步设计文本审查、修改、优化后进入施工图设计。施工图设计的主要内容是在批准的优化方案设计或初步设计的基础上进行完善，绘制出正确、完整和尽可能详尽的建筑安装图纸。其设计深度应满足设备材料的安排和非标设备的制作及建筑工程施工要求等。

4. 消防报批

施工设计图纸完成后，项目建设单位应到消防部门办理有关消防审批手续。审批过程中消防部门提出意见的，应按照该意见进行施工图修改。施工图只有通过消防审批合格后才能使用。

5. 施工图设计文件的审查

施工图文件完成后，应将施工图报有资质的设计审查机构审查，并报行业主管部门备案。施工图只有经过审查合格后，才能成为合格的施工图纸。

（二）施工准备阶段

1. 编制施工图预算

委托有造价资质的单位编制施工图预算（或招标控制价），如果该项目是国有资金建设的或国有资金占主要比例的应通过财政部门的投资审核中心审核批准，然后送建设造价行政主管部门备案。

2. 建设工程项目报建备案

省重点建设项目、省批准立项的涉外建设项目及跨市、州的大中型建设项目，由建设单位向省人民政府建设行政主管部门报建。其他建设项目按隶属关系由建设单位向县以上人民政府建设行政主管部门报建。

3. 建设工程项目实施参与单位招标

项目建设单位应根据可研批复，自行或委托招标代理机构进行代理招标，依法选择工程施工单位、监理单位、设备供货单位等，并且依法与中标人签订施工合同或监理合同或设备供货合同。

三、建设实施阶段

（一）项目开工前准备

招标人在项目开工建设之前要切实做好以下准备工作：

1. 施工场地准备：完成"七通一平"工作，即路通、上水通、雨污水通、电力通、通信通、热力通、煤气通，场地平整。

2. 组织设备、材料订货，做好开工前准备。包括计划、组织、监督等管理工作的准备，以及材料、设备、运输等物质条件的准备。

3. 准备必要的施工图纸和其他技术资料。

（二）办理工程质量与安全监督手续

持施工图设计文件审查报告和批准书，中标通知书和施工、监理合同，建设单位、施工单位和监理单位工程项目的负责人和机构组成，施工组织设计和监理规划（监理实施细则）等资料到工程质量行政监督机构办理工程质量监督手续，到工程安全行政监管机构办理安全监管手续。

（三）办理施工许可证

招标人应向工程所在地的县级以上人民政府建设行政主管部门办理《施工许可证》。工程投资额在 30 万元以下或者建筑面积在 300m² 以下的建筑工程，可以不申请办理施工许可证。

（四）申请开工

按规定进行了建设准备并具备了各项开工条件以后，建设单位向主管部门提出开工申请。建设项目经批准新开工建设，项目即进入了建设实施阶段。项目新开工时间是指建设项目设计文件中规定的任何一项永久性工程（无论生产性或非生产性）第一次正式破土开槽开始施工的日期。不需要开槽的工程，以建筑物的正式打桩作为正式开工。公路、水库需要进行大量土方、石方工程的，以开始进行土方、石方工程作为正式开工。

一般以监理工程师发出开工令的时间作为该工程计算工期的起始时间。

四、竣工验收阶段

（一）竣工验收

1. 竣工验收的条件

凡新建、扩建、改建的基本建设项目和技术改造项目，按批准的设计文件所规定的内容建成，符合验收标准的，必须及时组织验收，办理固定资产移交手续。竣工验收项目必须符合以下条件：

（1）完成建设工程设计和合同约定的各项内容；

（2）有完整的技术档案和施工管理资料；

（3）有工程使用的主要建筑材料、建筑构配件和设备的进场试验报告；

（4）有勘察、设计、施工、工程监理等单位分别签署的质量合格文件；

（5）有施工单位签署的工程保修书。

2. 竣工验收的准备工作

竣工验收依据：批准的可行性研究报告、初步设计、施工图和设备技术说明书、现场施工技术验收规范以及主管部门有关审批、修改、调整文件等。

（1）整理工程技术资料

各有关单位（包括设计、监理、施工单位）将以下资料系统整理，由建设单位分类立卷，交生产单位或使用单位统一保管：

1）工程技术资料　主要包括土建方面、安装方面及各种有关的文件、合同和试生产的情况报告等；

2）其他资料　主要包括项目筹建单位或项目法人单位对建设情况的总结报告、施工单位对施工情况的总结报告、设计单位对设计总结报告、监理单位对监理情况的总结报告、质监部门对质监评定的报告、财务部门对工程财务决算的报告、审计部门对工程审计的报告等资料。

（2）绘制竣工图纸

它与其他工程技术资料一样，是建设单位移交生产单位或使用单位的重要资料，是生产单位或使用单位必须长期保存的工程技术档案，也是国家的重要技术档案。竣工图必须准确、完整、符合归档要求，方能交付验收。

（3）编制竣工结算

建设单位必须及时清理所有财产、物资和未用完的资金或应收回的资金，编制工程竣工决算，分析预（概）算执行情况，考核投资效益，报主管部门审查。

3. 竣工验收程序

（1）根据建设项目的规模大小和复杂程度，整个项目的验收可分为初步验收和竣工验收两个阶段进行。规模较大、较为复杂的建设项目，应先进行初验，然后进行全部项目的竣工验收。规模较小、较简单的项目可以一次进行全部项目的竣工验收。

（2）建设项目在竣工验收之前，由建设单位组织施工、设计及使用等单位进行初验。初验前由施工单位按照国家规定，整理好文件、技术资料，向建设单位提出交工报告。建设单位接到报告后，应及时组织初验。

① 初步验收：施工单位会同监理单位进行初步验收，认为符合验收要求后，报建设单位。

② 预验收：建设单位接到施工单位的工程竣工验收申请后，由建设单位或监理单位组织施工、设计等单位进行预验收，预验收合格后，建设单位向建设主管部门提请竣工验收。

③ 竣工验收：竣工验收由建设单位组织勘查设计单位、施工单位、监理单位，会同质量监督管理部门、规划、环保、消防等单位部门组成验收委员会。

验收委员会或验收组负责审查工程建设的各个环节，听取建设单位、监理单位、施工单位、勘查设计单位等有关单位的报告，审阅工程档案资料并实地查验建筑工程和设备安装情况，并对工程设计、施工和设备质量等方面作出全面的评价。

4. 工程竣工结算（决算）审计

承包人编制工程竣工结算书，国有工程由业主报地方投资审核中心或审计部门审核；然后业主编制工程决算书，报地方审计部门进行项目整体建设审计并出具审计意见。

五、后评价阶段

建设项目在竣工验收后，建设业主应编制项目决算书，竣工决算经审计部门审计后应进行项目后评价。这主要是为了总结项目建设成功和失败的经验教训，供以后项目决策和管理借鉴。

第二节　建设工程项目管理模式

随着社会经济、社会文化的不断发展和繁荣，人们对生活产生更高层次、更完美的追求，从而对建筑的需求不仅是使用功能更完善的要求，而且对建筑艺术的追求更加渴望。为了适应项目建设规模大型化、一体化、专业化以及项目建设融资的需要，以系统化、专业化的管理的项目管理模式越来越被人们接受。

国际上自 20 世纪 50 年代开始实行，特别是 20 世纪 60 年代美国运用 CPM 和 PERT（Critical Path Method；Program Evaluation and Review Technology）技术，在阿波罗登月计划中取得成功后，项目管理开始在全球不断推行，并逐步形成了规范化管理模式。我国在 1984 年鲁布革水电站在国内首开先河，采用面向国际招标，实行项目管理模式进行项目管理建设，结果缩短了工期，降低了造价，取得了明显的经济效益，为我国的项目建设采用新模式奠定了很好基础。

建设工程项目管理是指为实现建设工程项目目标，运用系统理论和方法对建设项目进行计划、组织、协调和控制等管理活动。目前国际上工程项目建设管理主要有以下几种项目投资管理模式：

一、业主自行管理模式

业主自行管理模式的特征是业主成立项目管理机构（筹建处、指挥部等），直接对项目进行管理，在项目建设过程中直接与勘察设计单位、施工承包商、材料设备供应商等工程建设参与单位直接签订合同。

这种业主自行对项目进行建设管理形式具体有 DBB 模式和 CM 模式两种。

1. 设计－招标－建造（Design－ Bid－Build）/DBB 模式

这种模式是工程项目建设的常规模式，首先由业主或项目公司依法委托勘察设计单位进行勘察设计，然后依法进行工程施工承包单位、监理单位的选择，材料设备供应商的采购选择；最后完成项目建设交付使用。

优点是通用性强，根据法律法规规定选择咨询、设计、施工、监理等单位，使用国家或地方规定的标准合同范本或规范性文本。有利于各参与项目建设的单位履行合同义务和合同风险管理。

缺点是工程项目要经过规划、设计、施工三个环节之后才移交给业主，项目周期长；业主管理费用较高，前期投入大；变更时容易引起较多索赔。

2. 建设－管理/CM 模式

建设－管理（Construction－Management）模式又称阶段发包方式。由业主、有施工经验的 CM 单位和设计单位组成一个联合管理团队，共同负责组织和管理工程的规划、设计和施工。主要由 CM 单位负责工程的监督、协调及管理工作，在施工阶段定期与承包商会晤，对成本、质量和进度实行现场专业化的管理和监督，并能科学预测和监控成本和进度的变化。

优点就是可以缩短工程从规划、设计到竣工的周期，节约建设投资，减少投资风险，可以比较早地取得收益。

二、项目代建制管理模式

项目代建制主要是指项目业主委托总承包商或项目管理公司对工程项目建设实行项目管理。项目代建制在工程建设管理中的主要应用模式有工程总承包和工程项目委托管理两种。

（一）工程总承包模式

工程总承包模式又包含设计－建造总承包（DBM）模式和设计－采购－施工/交钥匙（EPC/Turnkey）模式两种。

1. 设计－建造总承包（Design－Build Method），即 DBM 模式

这种模式是业主通过法定的程序选择工程承包建造商，承包建造商与项目业主通过协商，完成项目的规划、设计、成本控制、进度安排等整体运作。最终由承包商负责工程项目的设计和建造，对工程质量、安全、工期、造价全面负责。

采用这一模式时，业主在选定承包商时，应把设计方案的优劣及其经济分析作为主要的评标因素，这样可以更好地保证业主能得到高的工程项目质量。

2. 设计－采购－施工/（Engineering Procurement Construction/Turnkey，即 EPC/Turnkey），又称交钥匙总承包模式

这种模式是指总承包商按照合同约定，完成工程设计、设备材料采购、施工、试运行等服务工作，实现设计、采购、施工各阶段工作合理交叉与紧密配合，并对工程的安全、质量、进度、造价全面负责。

设计－建造 DB 或交钥匙 EPC 的合同结构是业主首先招聘一家专业咨询公司研究拟建项目的基本要求，业主提出项目建设的功能要求及投资费用限额，选定一个设计建造总

承包商，总承包商按照合同约定选择咨询设计公司和分包商（如果是政府的公共项目，则必须采用资格预审，用公开竞争性招标办法）、并组织、协调完成工程勘察设计、设备材料采购、施工、试运行等工作，并对工程的安全、质量、进度、造价等的管理和控制全面负责。

优点：使用一个承包商对整个项目负责，避免了设计和施工的矛盾，减少项目的成本和工期。在选定承包商时，把设计方案的优劣作为主要的评标因素，保证业主得到高质量的工程项目。业主可得到早期的成本保证。

缺点：业主无法选择设计人员；设计可能会受到施工者利益的影响，由于主要风险均由承包商承担，因而可能工程的造价较高。

（二）工程项目委托管理模式

工程项目委托管理模式指业主把工程项目的实施委托给具有相应资质的、管理水平和能力的工程管理企业，工程管理企业按合同约定，代表业主对工程项目进行组织与实施管理。

工程项目委托管理的主要方式有项目管理服务（PM）模式和项目管理承包（PMC）模式两种。

1. 项目管理服务（PM）模式

PM 模式指工程管理企业按照委托管理合同约定，从项目的开始到项目的完成整个过程或某一阶段，通过项目策划（PP）和项目控制（PC）的手段，以达到项目的质量目标、进度目标和费用目标（成本目标）的一系列的管理和服务。

这种模式工程管理企业仅承担一定管理责任，并按照合同约定收取一定的报酬。

2. 项目管理承包（PMC）模式

PMC 是英文 Project Management Contractor 的简称，叫做"项目管理承包商"。

这种模式的合同结构是业主委托咨询公司根据拟建工程的功能、规模、标准编制项目建设的估算书，然后业主与 PMC 承包商双方根据认可的估算作为建设最高投资控限额来签订委托管理承包合同。PMC 模式指工程管理企业按照委托合同约定，完全代表业主对工程项目进行全过程、全方位控制，包括进行工程的总体规划、项目定义、工程招标，选择设计、采购、施工承包商，并对设计、采购、施工进行全面管理。

PMC 承包商按照合同约定收取一定的报酬，但要承担工程成本超出最高投资控限额的责任或获取降低成本的比例罚款或提成奖励。

复习思考题

一、简述建设工程项目的基建程序及各阶段的具体工作内容。

二、简述建设工程项目的管理模式种类和各自特点。

第四章　建设工程招标投标知识

学习目标

熟悉建筑工程招标投标法律制度；了解工程项目招投标的概念和特点；熟悉掌握工程招标方式、组织形式和招标条件；熟悉招标投标的基本程序、内容和工作要求；掌握工程招标代理费的计算方法。

能力目标

通过本章学习，能够根据工程项目特点、要求制定招标方案，办理工程项目招投标的基本能力。

第一节　建设工程招标投标制度规定

一、招标投标原则

《招标投标法》第五条规定了招标投标活动必须遵循的基本原则，即"公开、公平、公正和诚实信用"的原则。

1. 公开原则

（1）招标信息公开　采用公开招标方式的应做到：a. 发布招标公告；b. 需要进行资格预审的还应当事先公开发布资格预审公告；c. 采用邀请招标方式的，应当向 3 个以上的特定法人或者其他组织发出投标邀请书。d. 资格预审公告、招标公告或投标邀请书；应当载明能大致满足潜在投标人决定是否参加投标竞争所需要的信息。

（2）开标活动公开　a. 开标时间、地点应当在招标文件中载明。b. 所有潜在投标人代表均要参加开标。c. 所有投标文件在开标时当众拆封，并出具投标文件中的主要内容。d. 对设有标底的项目，在对全部投标人的唱标结束后，应在开标会上最后公开拆封并宣读标底。

（3）评标标准公开　评标的标准应当在给所有投标人的招标文件中载明。

（4）完标结果公开　评标结束后，应对中标候选人进行公示，中标人确定后，招标人应当向中标人发出中标通知书，并同时将中标结果通知所有未中标的投标人。

2. 公平原则

招标投标双方和投标者之间法律地位平等。不能歧视任何一方当事人，给所有投标者以平等竞争的机会。

在招标投标过程中，招标单位不得有下列不正当竞争行为：

（1）收受贿赂；

（2）收受回扣；

（3）索取其他好处。

在招标投标过程中，投标单位不得有下列不正当竞争行为：

（1）以行贿的手段承揽工程；

（2）以提供回扣的手段承揽工程；

（3）以提供其他好处等不正当手段承揽工程。

3. 公正原则

招标人对所有投标人一视同仁，有关监督管理机构对招投标双方要公正监督，不能偏护任何一方。

例如：某招标者对招标进行中的关键信息只向其中一个投标者提供或对该投标者降低资格审查标准和程序进行。

4. 诚实信用原则

在招标投标活动中，招标人或招标代理机构、投标人等均应以诚实、善意的态度参与招标投标活动，严格按照法律的规定行使自己的权利和义务，不弄虚作假，不欺骗他人，不通过不正当手段牟取不正当利益，不得损害对方、第三者或者社会的利益。

二、建设工程招标投标范围与标准

《招标投标法》第三条规定，在中华人民共和国境内进行下列工程项目建设，包括项目的勘察、设计、施工、监理以及与工程建设有关的重要设备、材料等的采购，必须进行招标。

《建设工程招标范围和规模标准规定》2000 国家计委令第 3 号，具体规定了必须招标的建设工程招标范围和规模标准。具体如下：

（一）建设工程必须招标的范围及内容

1. 关系社会公共利益、公众安全的大型基础设施项目

（1）煤炭、石油、天然气、电力、新能源等能源项目；

（2）铁路、公路、管道、水运、航空以及其他交通运输业等交通运输项目；

（3）邮政、电信枢纽、通信、信息网络等邮电通信项目；

（4）防洪、灌溉、排涝、引（供）水、滩涂治理、水土保持、水利枢纽等水利项目；

（5）道路、桥梁、地铁和轻轨交通、污水排放及处理、垃圾处理、地下管道、公共停车场等城市设施项目；

（6）生态环境保护项目；

（7）其他基础设施项目。

2. 关系社会公共利益、公众安全的公用事业项目

（1）供水、供电、供气、供热等市政工程项目；

（2）科技、教育、文化等项目；

（3）体育、旅游等项目；

（4）卫生、社会福利等项目；

（5）商品住宅，包括经济适用住房。

3. 使用国有资金投资项目

（1）使用各级财政预算资金的项目；

（2）使用纳入财政管理的各种政府性专项建设基金的项目；

（3）使用国有企业事业单位自有资金，并且国有资产投资者实际拥有控制权的项目。

4. 国家融资的项目

（1）使用国家发行债券所筹资金的项目；

（2）使用国家对外借款或者担保所筹资金的项目；

（3）使用国家政策性贷款的项目；

（4）国家授权投资主体融资的项目；

（5）国家特许的融资项目。

5. 使用国际组织或者外国政府资金的项目

（1）使用世界银行、亚洲开发银行等国际组织贷款资金的项目；

（2）使用外国政府及其机构贷款资金的项目；

（3）使用国际组织或者外国政府援助资金的项目。

（二）建设工程必须招标的规模标准

各类建设工程，包括项目的勘察、设计、施工、监理以及与工程建设有关的重要设备、材料等的采购活动，达到下列标准之一的，必须进行招标：

（1）施工单项合同估算价在 200 万元人民币以上的；

（2）重要设备、材料等货物的采购，单项合同估算价在 100 万元人民币以上的；

（3）勘察、设计、监理等服务的采购，单项合同估算价在 50 万元人民币以上的；

（4）单项合同估算价低于（1）、（2）、（3）项规定的标准，但项目总投资超过 3000 万元人民币以上的。

（三）可按邀请招标的工程项目范围

1. 建设工程勘察设计采用邀请招标的范围

国家发改委等八部委 2013 年第 2 号令，《工程建设项目勘察设计招标投标办法》第十一条规定：依法必须进行勘察设计招标的建设工程，在下列情况下可以进行邀请招标：

（1）项目的技术性、专业性较强，或者环境资源条件特殊，符合条件的潜在投标人数量有限的；

（2）如采用公开招标，所需费用占建设工程总投资的比例过大的；

（3）建设条件受自然因素限制，如采用公开招标，将影响项目实施时机的。

2. 建设工程施工可采用邀请招标的范围

国家发改委等八部委 2013 年第 30 号令，《工程建设项目施工招标投标办法》第十一条规定应当公开招标的项目，有下列情形之一的，经原审批部门批准，可以进行施工邀请招标：

（1）项目技术复杂或有特殊要求，只有少量几家潜在投标人可供选择的；

（2）受自然地域环境限制的；

（3）涉及国家安全、国家秘密或者抢险救灾，适宜招标但不宜公开招标的；

（4）拟公开招标的费用与项目的价值相比，不值得的；

（5）法律、法规不宜公开招标的。

（四）可直接发包的工程项目范围

1. 建设工程勘察设计可直接发包的范围

国家发改委等八部委 2013 年第 2 号令，《工程建设项目勘察设计招标投标办法》第四条规定：按照国家规定需要政府审批的项目，有下列情形之一的，经批准，项目的勘察设计可以不进行招标：

（1）涉及国家安全、国家秘密的；

（2）抢险救灾的；

（3）主要工艺、技术采用特定专利或专有技术的；

（4）技术复杂或专业性强，能够满足条件的勘察设计单位少于三家，不能形成有效竞争的；

（5）已建成项目需要改建、扩建或者技术改造，由其他单位进行设计影响项目功能配套性的。

2. 建设工程施工可直接发包的范围

国家发改委等八部委 2013 年第 30 号令，《建设工程施工招标投标办法》第十二条规定：需要审批的建设工程，有下列情形之一的，经原审批部门批准，可以不进行施工招标：

（1）涉及国家安全、国家机密、抢险救灾而不适宜招标的；

（2）利用扶贫资金实行以工代赈，需要使用农民工等特殊情况，不适宜进行招标的项目；

（3）建设项目的勘察设计，采用特定专利或者专有技术的，或者其建筑艺术造型有特殊要求的；

（4）承包商、供应商或服务提供者少于三家，不能形成有效竞争的；

（5）法律、法规规定的其他情况。

三、招标公告发布规定

2000 年国家发改委令第 4 号《招标公告发布暂行办法》第四条规定依法必须招标项目的招标公告必须在国家指定媒介发布；第九条规定招标人或其委托的招标代理机构应至少在一家指定的媒介发布招标公告，指定报纸在发布招标公告的同时，应将招标公告如实抄送指定网络。

四、建设工程招标条件规定

《招标投标法》第九条　招标项目按照国家有关规定需要履行项目审批手续的，应当先履行审批手续，而且获得批准。招标人应当有进行招标项目的相应资金或者资金来源已经落实，并应当在招标文件中如实载明。

（一）建设工程勘察设计招标条件

国家发改委等八部委 2013 年第 2 号令《工程建设项目勘察设计招标投标办法》第九条　依法必须进行勘察设计招标的建设工程，在招标时应当具备下列条件：

（1）按照国家有关规定需要履行项目审批手续的，已履行审批手续，取得批准；

（2）勘察设计所需资金已落实；

（3）所必需的勘察设计基础资料已经收集完成；

（4）法律法规规定的其他条件。

（二）建设工程施工招标条件

国家发改委等八部委 2013 年第 30 号令，《建设工程施工招标投标办法》第八条　依法必须招标的建设工程，应当具备下列条件才能进行施工招标：

（1）招标人已依法成立；

（2）初步设计及概算应当履行审批手续的，已经批准；

（3）招标范围、招标方式和招标组织形式等应当履行核准手续的，已经核准；

（4）有相应资金或资金来源已经落实；

（5）有招标所需的设计图纸及技术资料。

五、评标委员会有关法律制度

依法必须进行招标的项目，其评标委员会由招标人的代表和有关技术、经济等方面的专家组成，成员人数为五人以上单数，其中技术、经济等方面的专家不得少于成员总数的三分之二。

评标委员会组建：《招标投标法》第三十七条 评标由招标人依法组建的评标委员会负责。开标前由招标人从国务院有关部门或者省、自治区、直辖市人民政府有关部门或地方有关部门组建的专家库内随机抽取相关专业的专家。相关专家的随机抽取时间为开标前1天或开标当天一定时间内。专家名单确定后应当保密。

前款专家合格条件：（1）从事相关领域工作满8年并具有高级职称或具有同等专业水平的技术、经济等方面人员；（2）年龄原则在65岁以下，身体健康，能胜任评标工作者；（3）具有较高的专业知识和政策、法规水平，胜任建设工程评标工作；（4）严格执行国家和省的法律、法规，品行端正，能够客观、公平地履行评标职责，遵守职业道德。

第二节 招标投标相关知识

一、招标投标概念

招标投标是一种有序的市场竞争交易方式，也是规范选择交易主体、订立交易合同的法律程序。

招标：招标人通过发布招标公告或招标邀请等方式，公开招标条件及要求，由符合条件投标人公开竞争，招标人择优选择符合条件和具有完全履行合同能力的投标人，并与之签订合同的活动方式。

投标：是指符合条件的潜在投标人根据招标文件的实质性要求，现场踏勘信息、市场行情和企业自身情况，完全按照招标文件提供的格式编制投标文件并对招标文件提出的条件、要求作出实质性响应，在规定地点、规定时间内向招标人递交投标文件参与竞争的活动。

二、招标人

1. 概念

招标人是依法提出招标项目、进行招标的法人或者其他组织。

法人：依法登记注册，具有民事权利能力和民事行为能力，依法独立享有民事权利和承担民事义务的组织。

法人分为机关、事业单位和社会团体法人及公司法人。

法人代表：依照法律或者法人组织章程规定，代表法人行使职权的负责人。

其他组织：是指依法成立、具有一定的组织机构和财产，但不具备法人资格的组织。如某企业的分支机构。

2. 招标人具备的条件

法人或者其他组织要成为真正的招标人，须具备下面两个条件：

（1）依法提出招标项目。招标项目按照国家有关规定需要履行项目审批手续的，已履行审批手续，并取得批准；招标项目的相应资金或者资金来源已经落实并在招标文件中如实载明。

（2）依法进行招标。法人或者其他组织严格按照招投标法定程序进行招标。

三、投标人

1. 概念

投标人指响应招标、参加投标竞争的法人或者其他组织。自然人（除科技发明技术外）不能成为投标人。

（1）响应招标　法人或者其他组织具备某特定项目的投标资格条件，并对该招标项目感兴趣、有参加投标竞争的意愿，且按照合法途径购买招标文件或接受投标邀请而成为潜在投标人。

（2）参加投标竞争　潜在投标人按照招标文件的要约邀请，按照法定程序和招标文件要求编制投标文件、对订立合同在投标文件中提出要约，并在招标文件规定的时间、地点递交了投标文件，就成为投标人。

2. 投标人的资格条件

《招标投标法》第二十条：投标人应当具备承担招标项目的能力；国家有关规定对投标人资格条件或者招标文件对投标人资格条件有规定的，投标人应当具备规定的资格条件。

投标人的资格条件主要包括法定资格条件和招标人根据招标项目的特点在招标文件中提出的投标人资格条件。

（1）法定资格条件

根据国家发改委等八部委第 30 号令，《建设工程施工招标投标办法》第二十条规定：潜在投标人或投标人应当具备下列条件：

1）具有独立订立合同的权利；

2）具有履行合同的能力，包括专业、技术资格和能力，资金、设备和其他物质设施状况，管理能力，经验、信誉和相应的从业人员；

3）没有处于被责令停业，投标资格被取消，财产被接管、冻结，破产状态；

4）在最近三年内没有骗取中标和严重违约及重大工程质量问题；

5）法律、行政法规规定的其他资格条件。

（2）招标文件要求的资格条件

由于工程专业不同、规模不同、复杂程度不同，要求的投标人履行合同的能力各有不同，因此招标人应根据招标项目特点、专业、规模、范围和标段，依据有关行业资质管理规定来确定投标人的具体资质条件。在招标文件或资格预审文件中，从企业资质、业绩、技术能力、财务状况等方面对投标人资格进行审查，只有符合招标文件（资格预审文件）规定资格要求的投标人才有资格参与竞争投标。

《招标投标法》第二十条对此做出相应规定：招标人不得以不合理的条件限制、排斥潜在投标人或投标人，不得对潜在投标人或者投标人实行歧视待遇。任何单位和个人不得以行政手段或者其他不合理方式限制投标人数量。

《中华人民共和国招标投标法实施条例》第三十二条规定　招标人不得以不合理的条

件限制、排斥潜在投标人或者投标人。

招标人在确定投标人资格条件时应符合现有法律法规的相关规定，如果招标人有下列行为之一的，属于以不合理条件限制、排斥潜在投标人或者投标人：

1）就同一招标项目向潜在投标人或者投标人提供有差别的项目信息；

2）设定的资格、技术、商务条件与招标项目的具体特点和实际需要不相适应或者与合同履行无关；

3）依法必须进行招标的项目以特定行政区域或者特定行业的业绩、奖项作为加分条件或者中标条件；

4）对潜在投标人或者投标人采取不同的资格审查或者评标标准；

5）限定或者指定特定的专利、商标、品牌、原产地或者供应商；

6）依法必须进行招标的项目非法限定潜在投标人或者投标人的所有制形式或者组织形式；

7）以其他不合理条件限制、排斥潜在投标人或者投标人。

四、项目负责人

根据相关规定，工程项目的建设（勘察、设计、施工、监理）应当由取得相应执业资格证书并经注册的技术人员担任项目负责人。

建设工程资格管理办法规定，工程项目施工负责人应由相应专业注册建造师担任，但该注册建造师同时应取得安全生产考核合格证且没有担任在建工程项目的负责人；工程监理须由取得相应专业的注册监理工程师担任项目总监，且该工程师不能同时担任三个以上项目总监。如该专业尚未实行注册制度的，则由取得相应专业技术职称的工程人员担任项目负责人。

五、招标投标特性

招标投标具有如下特性：

（1）程序性。招标投标活动必须遵守严密的法律程序。招投标活动从开始确定招标范围、招标方式直至开标、评标、选定中标人并签订合同的整个招标投标过程都严格按照法律、规范规定的时间顺序一环扣一环进行，不能颠倒或违反。如有违反，对其他利害人造成利益伤害的，应承担相应法律责任。

（2）竞争性。通过市场有序竞争，达到优胜劣汰，优化资源配置，提高社会和经济效益。属于招标投标的根本属性。

（3）规范性。《招标投标法》及其他相关法律、法规、办法、条例等政策，对招标投标各环节的工作条件、内容、范围、形式、标准以及参与主体的资格、行为和责任都作出了严格的规定，招标投标活动的整个过程都应严格按照规范进行。

六、招标投标的目的与作用

1. 招标的目的

选择具有相应资格、实力的承包人来完全履行合同，在满足质量、进度的前提下，最大限度地降低建筑成本。

2. 招标投标的作用

招标投标的作用主要体现在以下四个方面：

（1）优化社会资源配置和项目实施方案，提高招标项目的质量、经济效益和社会效益；推动投融资管理体制和各行业管理体制的改革。

（2）促进投标企业转变经营机制，提高企业的创新活力，提高技术和管理水平，提高企业生产、服务的质量和效率，不断提升企业市场信誉和竞争能力。

（3）维护和规范市场竞争秩序，保护当事人的合法权益，提高市场交易的公平、满意和可信度，促进社会和企业的法治和信用建设，促进政府转变职能，提高行政效率，建立健全现代市场经济体系。

（4）有利于保护国家和社会公共利益，保障合理、有效地使用国有资金和其他公共资金，防止浪费和流失，构建从源头预防腐败交易的监督制约体系。

七、招标方式与组织形式

（一）招标的方式

《招标投标法》第十条规定：招标分为公开招标和邀请招标两种方式。

1．公开招标

公开招标也称"非限制性招标"，是指由招标人按照法定程序、在规定的媒体上发布招标公告，公开提供招标文件，使所有符合条件的潜在投标人都可以平等参加投标竞争，招标人从中择优选定中标人的一种招标方式。

公开招标特点：招标人发出招标公告，所有符合资格条件的对招标项目感兴趣的投标人都可以参加投标，对参加投标的投标人在数量上并没有限制，具有明显的广泛性。公开招标可以大大提高招标活动的透明度，对招标过程中的不正当交易行为起到较强的抑制作用。

2．邀请招标

邀请招标也称"有限制性招标"或"选择性招标"，招标人根据自己所掌握和所了解的情况，对符合招标项目基本要求的熟悉的潜在投标人或通过征询意向的投标人发出投标邀请，然后由被邀请的潜在投标人参加投标竞争，按照法律程序和招标文件规定的评标方法、标准选择中标人的招标方式。

邀请招标特点是：邀请招标不必发布招标公告或招标资格预审文件，但应组织必要的资格审查，且投标人不少于3个。

只有接受投标邀请书的法人或者其他组织才可以参加投标竞争，其他没有接受投标邀请书的法人或组织则无权参加投标。

3．公开招标与邀请招标的主要区别

（1）发布信息的方式不同。公开招标采用公告的形式发布，邀请招标采用投标邀请书的形式。

（2）选择的范围不同。公开招标使用招标公告的形式，针对的是一切潜在的对招标项目感兴趣的投标人，招标人事先不知道投标人的数量。邀请招标则针对已经了解的投标人，事先已经知道投标者的数量。

（3）竞争的范围不同。由于公开招标使所有符合条件的投标人都有机会参加投标，竞争的范围较广，招标人容易获得最佳招标效果。邀请招标中投标人的数目有限，竞争的范围有限，招标人拥有的选择余地相对较小。

（4）时间和费用不同。由于邀请招标不发公告，投标人数量少，使整个招标投标的时间较短，招标费用也相应减少。公开招标的程序比较复杂，从发布公告到签订合同，法定时间要求较长，需要准备的文件也较多，费用也比较高。

（二）招标的组织形式

招标组织形式分为委托招标和自行招标。

1. 自行招标

自行招标是指招标人自行组织招标机构进行工程项目的招标采购活动。招标人自行组织招标的，招标人应具备以下条件：

（1）具有项目法人资格（或者法人资格）；

（2）具有与招标项目规模和复杂程度相适应的工程技术、概预算、财务和工程管理等方面专业技术力量；

（3）有从事同类建设工程招标的经验；

（4）设有专门的招标机构或者拥有 3 名以上专职招标业务人员；

（5）熟悉和掌握《招标投标法》及有关法规规章。

2. 代理招标

代理招标是指招标代理机构接受招标人的委托，代为办理招标事宜。

八、招标代理机构

招标代理机构是指依法设立、从事招标代理业务并提供相关服务的社会中介组织。

（一）招标代理机构的业务范围和内容

1. 招标代理机构的业务范围

工程招标代理机构可以根据自身的资质等级及业务范围跨省、自治区、直辖市承担工程招标代理业务。任何单位和个人不得限制或者排斥工程招标代理机构依法开展工程招标代理业务。

2. 招标代理机构的业务内容

招标代理机构应当在招标人委托的范围内承担招标事宜。招标代理机构可以在其资格等级范围内承担下列招标事宜：①拟定招标方案，编制和出售招标文件、资格预审文件；②审查投标人资格；③编制标底或招标控制价；④组织投标人踏勘现场；⑤组织开标、评标，协助招标人定标；⑥草拟合同或协助招标人与中标人签订合同；⑦招标人委托的其他事项。

（二）招标代理人的权利和义务

1. 招标代理人的权利

（1）组织和参加招标活动；

（2）依据招标文件的要求，审查投标人的资格；

（3）按规定标准收取代理费用。

（4）招标人授予的其他权利。

2. 招标代理人的义务

招标代理人应遵守国家的方针、政策、法律及法规、规章等。招标代理人的违法、违规、违章等行为应承担相应的责任。招标代理机构要遵守《招标投标法》有关规定并履行其义务，其义务具体如下。

（1）采用公开招标方式的，招标人应当发布招标公告。

（2）依法必须招标的项目，不得设置不合理的条件限制或排斥潜在投标人，不得对潜在投标人实行歧视待遇。

（3）编制的招标文件的内容应当符合法律的要求。

（4）不得向他人透露已获取招标文件的潜在投标人的名称、数量以及可能影响公平竞争的有关招标投标的其他情况。

（5）不得向他人透露标底。

（6）组织开标。

（7）中标人确定后，向中标人发出中标通知。

（8）在法定期限内，向有关行政监督部门提交有关招标投标情况的书面报告。

九、招标代理服务收费与标准

招标代理服务收费实行政府指导价，根据国家发改委（发改价格〔2011〕534号、计价格〔2002〕1980号）文件标准（收费标准见表4-1），采用差额累进计算方式，上下浮动幅度不超过20％。具体收费额由招标代理机构和招标委托人在规定的收费标准和浮动幅度内在委托代理合同内具体约定。

招标代理服务收费标准 表 4-1

费率 类型 中标金额（万元）	货物招标	服务招标	工程招标
100 以下	1.50％	1.50％	1.00％
100～500	1.10％	0.80％	0.70％
500～1000	0.80％	0.45％	0.55％
1000～5000	0.50％	0.25％	0.35％
5000～10000	0.25％	0.10％	0.20％
10000～100000	0.05％	0.05％	0.05％
100000 以上	0.01％	0.01％	0.01％

关于代理费的计算需要注意以下问题。

（1）按本表费率计算的收费为招标代理服务全过程的收费基准价格，单独提供编制招标文件（有标底的含标底）服务的，可按规定标准的30％计收。

（2）招标代理服务收费按差额定率累计法计算。

例如：某工程招标代理业务中标金额为6000万元，计算招标代理服务收费额如下：

100 万元×1.0％＝1 万元；

（500－100）×0.7％＝2.8 万元；

（1000－500）×0.55％＝2.75 万元；

（5000－1000）×0.35％＝14 万元；

（6000－5000）×0.2％＝2 万元。

合计收费＝1＋2.8＋2.75＋14＋2＝22.55（万元）。

第三节 招 标 方 案

一、招标方案概念

招标方案是以招标人要求的招标项目的进度、工程质量、期望价格及功能要求、条件、技术经济为基础，根据有关法律法规、政策、技术标准和规范编制的招标项目的实施目标、计划和管理实施措施。

招标方案实施的成果必须满足工程的总体质量、进度要求。

二、招标方案主要内容

1. 项目背景

项目背景主要介绍项目名称、项目业主、建设地址、建设规模、主要功能等的基本情况，工程项目的投资审批、规划许可、勘察设计及其相关核准手续、资金落实情况等有关依据，是否具备招标条件。

2. 项目招标顺序

项目招标顺序主要是根据建设工程的法定建设程序和整个项目的建设具体安排来进行计划安排。工程施工招标前，应首先安排工程的管理咨询、工程设计、工程监理或设备监造招标，然后进行工程施工招标。

工程施工招标顺序主要根据工程设计、施工进度的先后次序以及单项工程的关联度来安排。一般原则是：施工准备工程在前，主体工程在后；关键线路的关键工程在前，辅助工程在后；土建工程在前，设备安装在后；结构工程在前，装饰工程后；工程施工在前，工程货物采购在后，但部分主要设备采购应在工程施工之前招标，以便利用设备技术参数进行工程设计和施工。

3. 工程招标内容和范围、标段划分、投标人资格

（1）工程招标内容和范围

招标人应根据法律法规确定必须招标的工程内容、范围，应正确描述清楚建设工程的数量与边界、工作内容、施工边界条件等，施工边界条件包括地理边界条件以及周边工程承包人的工作分工、衔接、协调配合等内容。

1）施工现场准备。指施工现场"七通一平场"的基本条件和各种施工、生活设施的建设。

2）土木建筑工程。主体建筑工程、装饰工程、构筑物工程、道路工程、园林绿化工程。

3）设备安装工程。给排水、电气安装工程、弱电工程。

（2）投标人资格

建设工程投资大、工期长，有的项目技术要求高，其投资成本的高低及质量的好坏，直接影响项目的经济效益和项目功能的使用，因此，对投标人资格有相应能力的要求。投标人资格主要根据拟招标工程的规模、专业特点、范围、承包方式和相关法律法规来确定。

（3）标段划分

工程项目招标可以把全部工作内容一次性发包，也可以把工作内容分解成几个独立的阶段或独立的项目分别发包，如单位工程招标、土建工程招标、安装工程招标、设备订购招标、材料供应招标以及特殊专业工程施工招标等。

工程项目是采用一次性发包还是分解成几个独立的阶段或独立的项目分别招标，应依据建设工程管理承包模式、工程设计进度、工程施工组织计划和各种外部条件、工程进度计划和工期、各单项工程之间的技术管理关联性以及投标竞争状况等因素，综合分析研究划分标段，并结合标段的技术管理特点和要求设置投标资格预审的资格能力条件标准，以

及投标人可以选择投标标段的空间。招标标段划分主要从以下因素考虑：

1）相关法律法规的规定。《招标投标法》和《建设工程招标范围和规模标准规定》对必须招标项目招标范围、规模标准和标段划分作了明确规定，招标人应依法、合理地确定招标内容和标段，不得把应当作为一个整体招标的工程项目细分、化整为零规避招标。

2）工程承包模式。工程承包模式可以采用总承包合同或多个平行承包合同，这两种承包形式各自对标段的划分要求不同。采用工程总承包模式，招标人期望工程由一个有足够实力的承包人承担，同时总承包商也希望发包工程有足够规模，如规模过小，总承包人可能不感兴趣，招标人达不到招标预期目的。采用多个平行承包模式，是将一个建设工程分成若干个可以独立、平行施工的标段，由多个承包人承担，这样虽然工程施工责任和风险相对分散，但工程建设过程的协调管理工作相对复杂、工作量也相对加大。

3）工程规模与工期。拟建工程场地集中、技术不太复杂，而工期又较短，则由一家承包商总包易于管理；但如工程场地分散、工程量大、有多种不同特殊技术要求，工期安排较紧，则可考虑根据项目规模、专业类别、工艺复杂程度等合理进行分标发包。

4）技术方面。从技术层面划分标段要考虑下面三个因素：

① 工程技术关联性。凡是在工程技术和工艺流程上关联性比较密切的部位，无法分别组织施工，不适宜承包给两个以上承包人去完成；

② 工程计量的关联性。有些工程部位或分部、分项工程，虽然在技术和工艺流程方面可以分开，但在工程计量方面则不容易区分，这样的工程部位也不适合划分为不同标段；

③ 工作界面的关联性。划分标段必须要考虑各标段区域及其分界线的场地容量和施工界面能否容纳两个及以上承包人的施工机械、场地布置和同时开工施工，既要考虑不会产生施工的交叉干扰，又要注意各标段之间的空间衔接和时间衔接，否则可能会引起承包人之间的相互矛盾、影响质量和工期。

5）工程管理力量。标段的数量决定了合同的管理数量、规模的大小决定了实施过程中招标人的协调工作量。标段的数量越多，规模越大，对招标人的工作管理水平提出的要求更高，要求招标人有足够的管理人员且管理人员的素质、能力要求较高、经验较丰富。

4. 工程质量、进度、价格目标

招标人在招标准备工作时，应较全面的熟悉建设工程的功能、特点和条件，根据相关法律法规、政策和可行性报告及相关设计文件、工期等总体要求，合理设置工程项目的质量、进度、投资和安全、环境管理的目标，以此作为设置和选择投标人资格条件、评标方法、评标因素和评标标准、合同条款等内容的依据，也是招标人提出的实质性要求，投标人必须对此进行实质性响应。

（1）工程质量目标。招标工程的质量应当满足招标人的使用功能要求和相关法律法规、强制性标准等的质量等级目标和保证体系要求。这就要求招标人编制招标文件时要在招标文件中明确设定拟招标的工程项目质量必须符合国家有关法规和设计、施工质量及验收标准、规范等内容。

（2）工程造价控制目标。为了提高招标人对招标项目的成本控制和对工程建设投资的期望值，同时防止投标人在投标活动过程中相互串通，人为地抬高投标报价，给招标人造成成本损失，招标前要编制参考标底或招标控制价（投标报价的最高控制价）作为造价控制目标。

（3）工程进度目标。招标人应根据建设工程的总体进度计划要求、工程发包范围和阶段、工程设计的进度计划和相关条件及可能的变化因素，在招标文件中明确提出招标工程施工进度的目标要求，包括总工期、开工日期、阶段目标工期、竣工日期以及各阶段工作计划。

5. 工程招标方式、方法

工程招标方式：主要是公开招标还是邀请招标；

工程招标方法：主要是传统的纸质招标或电子招标、一阶段一次招标或二阶段招标。

6. 工程发包模式、合同类型

工程发包模式：根据拟招标工程的特点和招标人的需要，按照承包人义务范围的大小，一般可以选择两类承包方式：施工总承包方式和设计－施工一体化（交钥匙）承包方式。

合同类型：根据招标工程的特点、规模大小、工程工期的长短，合同类型一般有：固定价格合同（固定总价、固定单价合同）、可调价格合同（可调单价和总价）、成本加酬金合同。

7. 工程招标工作目标、计划

工作目标：招标人应根据拟招标项目类型，制定招标的总目标和招标各阶段的工作内容、任务、完成时间等。

8. 工程招标工作分解

招标人应根据招标的工作总目标对整个招标工作任务、目标，按照工作岗位和各岗位工作职责分配任务，具体落实到每个责任人以及他们完成任务的时间、完成质量。

9. 工程招标方案实施的措施

招标人或招标代理机构应组织相应的招标机构，安排相应的专业人员来实施，以保证招标工作目标的顺利完成。

第四节 招标投标的基本程序

按照招标过程的时间、空间的先后顺序和招标人、投标人的参与程度，可将整个招标过程划分为招标准备阶段、招标投标阶段和决标成交阶段等三个阶段。

一、招标准备阶段

招标准备阶段的工作由招标人或招标代理机构完成，投标人不参与。在这一阶段招标人主要完成或办理的工作有：准备（收集）项目行政批复手续、准备（收集）招标相关资料文件，办理招标备案。

1. 准备（收集）建设项目行政批复手续

根据建设工程项目基本建设程序及我国基本建设管理的规定，从一个项目的开始到项目的结束（一个项目的生命周期），须要履行项目的行政审批手续并且获得批准，才可以实行项目建设。一个建设项目的行政审批手续包含但不限于以下内容：

（1）项目建议书批准；（2）办理项目选址规划意见书；（3）办理项目用地规划许可证书或建设工程规划许可证；（4）办理土地使用审批手续；（5）办理环保审批手续；（6）可

行性研究报告报批准。

2．准备（收集）招标相关资料或文件

（1）委托招标代理机构代理招标，签订招标代理合同；

（2）招标代理机构编制招标文件；

（3）落实资金或资金来源；

（4）设计施工图纸已经审图机构审核通过（适用于施工招标）；

（5）编制施工图招标控制价且已通过审核（适用于施工招标）。

3．招标备案（申请）

招标人准备好上述资料以后，招标前（发布招标公告或资格预审公告前）应当向项目属地招标投标监督管理机构提出招标申请（备案）。招标人按照招标申请（备案）程序办理手续，待招标申请（备案）获得招标投标监督管理机构批准后才可以开展发布招标公告等招标工作。

二、招标投标阶段

1．发布招标公告（资格预审公告）

招标申请（备案）获得批准通过后，即可以发布招标公告（资格预审公告）。招标公告的发布在国家或地方政府规定的媒介、网络上同时发布，且两者内容要求一致。

（1）《中华人民共和国招标投标法实施条例》第十六条规定，招标人应当按照资格预审公告、招标公告或者投标邀请书规定的时间、地点发售资格预审文件或者招标文件。资格预审文件或者招标文件的发售期不得少于5日。

（2）招标公告载明的自招标公告发布之日起至投标截止时间止的延续时间不得少于20日。

（3）建市〔2008〕63号第二十四条规定，建筑工程概念性方案设计投标文件编制一般不少于二十日，其中大型公共建筑工程概念性方案设计投标文件编制一般不少于四十日；建筑工程实施性方案设计投标文件编制一般不少于四十五日。招标文件中规定的编制时间不符合上述要求的，建设主管部门对招标文件不予备案。

2．投标报名和发售招标文件

潜在投标人应根据招标公告获取项目的招标信息，并根据公告内容进行认真分析和考量，然后作出是否参与投标。如若参与投标，应按照公告载明的信息，在规定的时间期限和地点进行投标报名、购买招标文件。

《中华人民共和国招标投标法实施条例》第十六条规定，招标人发售资格预审文件、招标文件收取的费用应当限于补偿印刷、邮寄的成本支出，不得以营利为目的。

3．勘查现场和投标预备会

招标人组织现场勘查和投标预备会的，投标人应在投标须知前附表规定的时间和地点集中，由招标人组织前往现场勘查和主持投标预备会。招标人不能只组织部分（或某个）投标人进行现场踏勘，提供与其他投标人不对称的相关信息。

（1）现场勘查目的

现场勘查目的：一方面让投标人了解工程项目现场情况以及周围环境条件，以便于编制投标书；另一方面也是要求投标人通过自己的实地考察确定投标的原则和策略、避免合同履行过程中投标人以不了解现场情况为由推卸应承担的合同责任或因不了解现场而要求赔偿。

在现场考察过程中，投标人应了解施工现场的如下情况：

1）施工现场是否达到招标文件规定的条件；

2）施工现场的地理位置和地形、地貌及管线设置情况；

3）施工现场的水文、地质、土质、地下水位等情况；

4）施工现场的气候条件，如气温、湿度、风力、年降雨雪量等；

5）施工现场的环境。如交通、供水、污水排放、生活用电、通信等；

6）工程在施工现场中的位置；

7）可提供的施工临时用地、临时设施等。

（2）投标预备会

投标预备会（也称答疑会或标前会议），是指招标人为澄清或解答招标文件或现场踏勘中的问题，同时借此对图纸进行交底和解释，并以会议纪要形式同时将解答内容送达所有获得招标文件的投标人，以便投标人更好地编制投标文件。

投标人研究招标文件和现场考察后会以书面形式提出某些质疑问题，招标人应及时给予书面解答。

1）投标预备会的内容

投标预备会内容一般包括两个方面：一是介绍项目和现场情况；二是解答投标人以书面或口头形式对招标文件和在现场踏勘中所提出的各种问题或疑问。

2）投标预备会的程序

① 投标预备会由招标人主持；

② 投标人和其他与会人员签到，以示出席；

③ 主持人宣布投标预备会开始；

④ 介绍出席会议人员；

⑤ 介绍解答人，宣布记录人员；

⑥ 解答投标人的各种问题；

⑦ 整理解答内容，形成会议纪要，并由招标人、投标人签字确认后宣布会议结束，会后，招标人将会议纪要报招标投标管理机构备案，并将经核准后的会议纪要送达所有获得招标文件的投标人。

招标人对任何一位投标人所提问题的回答，都必须发送给每一位投标人，保证招标的公开和公平，但不必说明问题的来源。

4. 投标文件的递交

投标人应按照招标文件的实质性要求编制好投标文件，按照招标文件要求的签署、盖章、密封和标志投标文件，并在投标截止时间前，按照招标文件要求的地点及递交时间前递交投标文件。

在招标文件要求递交投标文件的截止时间后送达的投标文件，招标人应当拒收。

三、决标成交阶段

1. 开标

（1）开标的时间与组织

《招标投标法》规定，开标应当在招标文件确定的提交投标文件截止时间的同一时间公开进行，并邀请所有投标人参加。

开标由招标人主持，招标人也可以委托招标代理人主持。主持人应按照法律法规规定的程序负责开标的全过程，并在招标投标管理机构的监督下进行。

开标人员由主持人、开标人、唱标人、记录人和监标人组成，该组成人员对开标活动承担法律责任。

（2）开标程序

开标时保持安静，主持人按下列程序进行开标：

1）宣布开标纪律；

2）公布在投标截止时间前递交投标文件的投标人名称，并确认投标人是否派人到场；

3）宣布开标人、唱标人、记录人、监标人等有关人员姓名；

4）投标人或投标人代表检查所有投标文件的密封性，并做好检查记录；

5）按照规定确定并宣布投标文件开标顺序；

6）根据招标类型和招标文件的评标办法，需要随机抽取下浮率的抽取下浮率；

7）按照宣布的开标顺序当众开标，由有关工作人员当众拆封，宣读投标人名称、投标价格和投标文件的其他主要内容，并记录在案；

8）投标人代表、招标人代表、监标人、记录人等有关人员在开标记录上签字确认；

9）开标结束。

2．评标

评标一般在招标投标管理机构的监督下，由招标人依法组建的评标委员会进行评标，在评标委员会成员中由成员共同推荐一位评标主持人，由该主持人组织主持评标。

委员会成员由招标人或其委托的招标代理机构熟悉相关业务的代表和从专家库中随机抽取的有关技术、经济等方面的专家组成。成员人数为 5 人以上单数，其中技术、经济等方面的专家不得少于成员总数的三分之二。

3．评标定标

（1）评标定标法律规定

评标专家根据招标文件规定的评标方法、定标标准进行评标定标，不能使用招标文件规定以外的方法、标准评标定标。

根据《招标投标法》第四十一条规定，中标人的投标应符合下列条件之一：

1）能够最大限度地满足招标文件中规定的各项综合评价标准；

2）能够满足招标文件的实质性要求，并且经评审的投标价格最低；但是投标价格低于成本的除外。

评标专家经过对各投标人的投标进行评审，按照招标文件要求直接确定或推荐中标候选人（一般推荐前三名），然后形成评标报告并提交招标人。评标专家对其评标行为承担法律责任。

（2）中标公示

招标人根据评标专家的评标报告，对中标候选人应按照规定进行公示，公示时间应符合相关法律法规规定。

《中华人民共和国招标投标法实施条例》第五十四条　依法必须进行招标的项目，招标人应当自收到评标报告之日起 3 日内公示中标候选人，公示期不得少于 3 日。

投标人或者其他利害关系人对依法必须进行招标的项目的评标结果有异议的，应当在中标候选人公示期间提出。招标人应当自收到异议之日起 3 日内作出答复；作出答复前，应当暂停招标投标活动。

4. 发中标通知书

在中标公示有效期限内，招投标监督管理机构（或招标人）未收到任何关于此次招标的投诉，公示结束后，招标人应向中标人发出中标通知书并同时告知所有投标未中标的投标人。

5. 合同签订

《招标投标法》第四十六条：招标人和中标人应当自中标通知书发出之日起 30 日内，按照招标文件和中标人的投标文件订立书面合同；招标人和中标人不得另行订立背离合同实质性内容的其他协议。

订立书面合同后 7 日内，中标人应当将合同送县级以上工程所在地的建设行政主管部门备案。中标人不与招标人订立合同的，投标保证金不予退还并取消其中标资格，给招标人造成的损失超过投标保证金额的，应当对超过部分予以赔偿。招标人无正当理由不与中标人签订合同，给中标人造成损失的，招标人应当给予赔偿。招标人与中标人签订合同后 5 个工作日内，应当向中标人和未中标的投标人退还投标保证金。

复习思考题

一、简述题

1. 工程招投标的原则包含哪些内容？
2. 简述工程招标的范围和规模标准。
3. 试述工程招标投标的程序。

二、案例题

背景 1. 某招标工程的评标委员会成员由 7 人组成，其中当地招标监督管理办公室人员 1 人，公证处人员 1 人，招标人代表 1 人，技术、经济方面专家 4 人。评标委员会于 10 月 28 日提出了书面评标报告。B、A 企业分列综合得分第一、第二名。由于 B 企业投标报价高于 A 企业，11 月 10 日招标人向 A 企业发出了中标通知书，并于 12 月 12 日签订了书面合同。

问题：

（1）请指出评标委员会成员组成的不妥之处，并说明理由。
（2）招标人确定 A 企业为中标人是否违规？并说明理由。
（3）签订合同是否违规？并说明理由。

背景 2. 本书第二章案例题，第一标段的施工招标控制价为 2.88 亿元，中标人的中标价为 2.538 亿元；第二标段的施工招标控制价为 1.966 亿元，中标人的中标价为 1.726 亿元。根据委托人与招标代理机构签订的施工招标代理合同相关条款约定，招标代理机构按照国家相关收费标准下浮 35% 收取招标代理服务费。试计算招标代理机构实收该施工招标代理服务费。

第五章 投标人资格审查

学习目标

通过本章学习，熟悉工程项目施工"资格预审文件"的基本内容；掌握工程项目施工"资格预审文件"的编写方法和资格预审评审的步骤和方法。

能力目标

通过本章学习，具备编制资格预审文件的初步能力和组织工程施工资格预审的基本能力。

第一节 资格审查的基本知识

一、资格审查概念

资格审查是指招标人对申请参加投标的潜在投标人进行资质条件、业绩、信誉、技术、资金等方面的情况进行的审查，以此判断其是否具有履行合同的能力。

二、资格审查的目的

（1）排除不合格的投标人。根据工程特点设置基本要求，将不满足条件的投标人排除在外。

（2）减少评标工作量，降低招标人的采购成本，提高招标工作效率。有的招标项目潜在投标人可能较多，致招标人工作量大，评委会评标时间长、费用大。

（3）避免不合格投标人的投标损失。

（4）可以进一步了解投标人的业绩、信誉、技术、资金等方面的实力，初步判断其履行合同的能力。

三、资格审查的原则

资格审查的目的就是选择资信好、技术、经济实力强，成本满足招标人预期要求的承包商来完成项目实施任务。因此，选择承包商的审查原则，应在坚持公开、公平、公正和诚实信用的基础上，遵守科学、择优和合法原则。

（1）科学原则。招标人在编制资格预审文件时，要充分考虑拟招标项目的规模、性质和技术管理特性要求，结合国家企业资质等级标准和市场竞争情况，做到科学、合理地设置资格评审方法、条件及评审标准。

（2）择优原则。通过资格预先审查，选择资格能力、业绩经验、信誉好的申请人参与投标。

（3）合法原则。资格审查的方法、标准、程序应当符合法律规定。

四、资格审查的形式

根据《建设工程项目施工招标投标办法》的有关规定，资格审查分为资格预审和资格后审两种形式。

（1）资格预审

资格预审是指招标前，招标人根据法定程序，按照招标资格预审公告内容、资格预审文件的规定，对申请人的资质条件、业绩、信誉、技术、资金等方面进行的审查，据此确定符合条件的潜在投标申请人。

资格预审的办法包括合格制和有限数量制两种方法。详见本章第二节"资格预审文件"有关内容。

资格预审可以减少评标阶段的工作量、缩短评标时间、减少招标人评标费用和不合格投标人的不必要的开支，但增加了整个招标过程的时间。适合于工程比较复杂、专业性比较强、技术难度大、估计工程总价相对较大，估计投标人数量较多的工程项目。

（2）资格后审

资格后审是指在开标后的初步评审阶段，评标委员会根据招标文件规定的投标资格条件对投标人的资格进行评审，评审合格的投标人的投标文件方能进入详细评审。

资格后审可以缩短招标投标整个过程时间，减少双方的相关费用，有利于增强投标的竞争性。适合于潜在投标人数量不多，工程项目比较简单、投资小、工期短的一般性工程项目。

五、资格审查的方法

资格审查分为资格预审和资格后审两种形式。资格预审又可分为合格制和有限数量制两种方法，但两种方法各有一定的适用条件。

（1）合格制

合格制是指凡是参与了资格预审申请，提交的资格预审资料满足资格预审文件规定条件的申请人均可以获得投标资格，这种方法的资格预审没有投标人数量的限制。需要采用资格预审的工程项目一般情况下采用合格制。

（2）有限数量制

有限数量制是指招标人组织的评审委员会对提交的资格预审申请文件进行比对，把符合条件的申请人进行打分，并按照分值从高（低）到低（高）进行排序，然后根据预先设定有效进入投标的投标人数量选取允许投标投标人。

采用有效数量制，在资格预审文件中规定投标资格条件、标准和评审方法时，还要预先确定通过资格预审的投标申请人的数量。通过预审的投标人数量一般不少于 3 人。

六、资格审查的具体内容

招标人（招标代理机构）应根据工程项目的类型（专业）、规模、标准和建筑业企业的资质等级的业务范围，科学设定投标人应具备的企业资质序列、类别（专业）和等级。

资格审查的内容包括：对申请人的法人资格、专业资质等级、企业信誉、业绩、拟派项目负责人、技术负责人和其他管理人员情况、财务状况、拟投入的机械设备情况以及其他管理需求等内容。

（1）投标人法人资格

投标人法人资格主要以投标人通过法定途径取得的有效营业执照、法人机构代码证、税务登记证等内容作为审查依据。

（2）投标人专业资质

投标人企业资质主要以建设行政主管部门颁发的企业资质证书及其证书标明的资质类

别、资质等级和业务范围作为审查标准。

若招标项目允许联合体投标的，联合体各方根据责任分工均应符合相应资质等级和其他资格要求，且应签订联合体协议书，承担单独和连带责任。同一专业的单位组成的联合体，按照资质较低的资质等级确定联合体投标人的资质等级。

（3）安全生产许可（适用于施工企业）

根据国务院［2014］令第397号，《安全生产许可条例》规定对建筑施工企业实行安全生产许可制度，凡未取得安全生产许可的企业不得从事生产活动。以企业取得的《安全生产许可证》作为审查标准。

（4）投标人的信誉

主要指投标人企业履行合同的信誉和银行资信情况。

履行合同的信誉：主要以工商行政主管部门的评价（重合同守信誉证书）、过往业主的评价、投标人近年经营活动有无工程施工重大安全事故、质量事故以及诉讼、仲裁、违法行为记录，有无被行政机关处罚等作为审查依据。

银行资信：主要以企业基本户银行出具的企业资信状况证明作为审查依据。

（5）投标人业绩

指投标人近几年（一般指最近三年）已完成或正在承建的相似类型规模的建设项目数量、质量情况。主要以相似类型规模工程的中标通知书、合同（协议）书或工程竣工验收证明文件作为标准。

（6）拟派管理人员

管理人员指投标人拟投入项目的项目负责人（项目经理）、技术负责人及其他管理人员等。项目负责人主要以专业执业注册工程师证书作为审查依据。

（7）投标人拟投入的机械设备

投标人拟投入招标工程的现有的机械设备能力（包涵自有或租借），以可投入的机械设备的来源、规格（型号、容量）、数量、制造年份、现值、功率、工况等作为审查标准。

（8）投标人的财务状况

指投标人近年或目前的企业财务状况应满足工程建设项目的建设施工。主要以会计师事务所或审计机构出具的投标人的资产负债表、现金流量表、损益表和财务状况说明书等作为审查依据。

（9）其他要求

其他要求主要指投标人的企业管理水平、管理质量要求。主要以 ISO 9000 质量管理体系认证、ISO 14000 环境体系认证、ISO 18000 职业健康安全管理体系认证作为审查依据。

七、评审标准和评分细则

资格预审的评审应对投标申请人的合法性、信誉、施工业绩、拟投入到本工程的关键人员、主要施工机械设备、主要财务指标和履约情况等资格条件制定强制性资格标准和可供操作的资格评分标准和评分细则。

八、资格审查程序

（1）建设单位准备资格预审文件。

（2）资格预审文件送招标管理机构备案。

（3）公开发布资格预审公告。

（4）发售（放）资格预审文件。

（5）投标申请人编写资格预审申请书，递交资格预审申请书。

（6）对投标申请人进行必要的调查，对资格预审申请书进行评审。

（7）向通过资格预审的投标申请人发出资格预审合格通知书。

第二节 施工资格预审文件

资格预审文件是招标人告知潜在投标申请人参与投标需具备的资格条件，资格评审标准、方法和资格审查申请文件编制格式要求等的要约邀请文件。《标准施工资格预审文件·范文》的内容由（一）第一章 资格预审公告、（二）第二章 申请人须知、（三）第三章 资格审查办法、（四）第四章 资格预审申请文件格式、（五）第五章 项目建设概况等五方面构成。《标准施工资格预审文件》具体见附录1。

一、"第一章 资格预审公告"

资格预审公告与未进行资格预审的招标公告格式基本相同。主要包括：项目招标条件、项目概况与招标范围、申请人资格要求、资格预审方法与标准、资格预审文件的获取、资格预审申请文件的递交、发布预审公告的媒介、联系方式。

需要注意的是自资格预审公告发出自日起至提交申请预审文件截止之日止不得少于7天。

二、"第二章 申请人须知"

1. 申请人须知前附表

为了让申请人更好地了解拟招标项目的基本情况、资格预审的具体要求，一般在总则前设置申请人须知前附表。招标人把申请人须知的关键性内容、申请人必须注重的内容以附表的形式表示出来。

2. 总则

在总则中主要明确项目概况、资金来源和落实情况、招标范围、计划工期和质量要求、申请人资格要求、本资格文件所采用的语言、文字，参加资格预审发生的费用的承担。防止对名称、术语、概念产生歧义。

3. 资格预审文件组成、澄清与修改

（1）资格预审文件的组成。资格预审文件应明确资质预审文件组成，以及各组成文件包含的内容。

（2）资格预审文件的澄清。申请人对资格预审文件如有疑问，应在申请人须知前附表规定的时间前以书面形式（包括信函、电报、传真等可以有形表现所载内容的形式）向招标人提出，招标人应给予答复或澄清。招标人应在此作详细说明投标人如何澄清。

（3）资格预审文件的修改。招标人认为资格预审文件中内容需要修改，招标人可以在资格预审文件中规定的时间前，以书面形式通知申请人修改资格预审文件的相关内容。

资格预审文件的澄清与修改的内容，与原文件具有同等法律效力，对招标人、申请人具有法律约束力。

4. 资格预审申请文件内容

资格预审申请文件内容应满足对资格申请人审查的内容，每一部分内容应清楚标明申请人应提供的佐证资料，这样便于定性评审和量化打分。可以按照标准申请文件格式和具体要求进行编写，一般应包括下列内容：

（1）资格预审申请函

资格预审申请函是申请人响应招标人、愿意参加资格预审的申请函，并承诺所递交的资格预审申请文件及有关资料内容完整、真实和准确。

（2）法定代表人身份证明或附有法定代表人身份证明的授权委托书

1）法定代表人身份证明是申请人提供的法定代表人的有效身份证明。主要包含申请人名称、单位性质、成立时间、经营期限、法定代表人姓名、性别、年龄、职务等内容。

2）授权委托书，是申请人及其法定代表人出具的正式文书，明确授权其委托代理人在规定的时间内负责本项目申请文件的签署、澄清、递交、撤回、修改等事宜，其活动后果由申请人承担一切责任。

（3）联合体协议书

根据项目的特点和需求，允许联合体投标时，由联合体各方签订的表明共同参加资格预审和投标活动的协议书。具体见附录1《标准施工招标资格预审文件》。

（4）资格预审申请文件的编制要求

要求提供的资料能满足招标人审核申请人资格能力、经济能力、技术能力、施工管理能力及信誉等方面的证明材料。主要包括：

1）申请人基本情况表

申请人基本情况表。申请人营业执照及其年检情况证明材料、资质证书和安全生产许可证等材料。

2）近年财务状况。近年财务状况（一般指最近3年）经会计师事务所或审计机构审计的财务会计报表，包括资产负债表、现金流量表、利润表和财务情况说明书。

3）近年完成的类似项目情况。申请人最近几年完成的类似项目，提供的资料包含（但不限于）中标通知书和（或）合同协议书、工程接收证书或工程竣工验收证书。

4）正在施工和新承接的项目情况。提供的资料包含（但不限于）中标通知书或工程开工报告批准文件。

5）拟投入的技术和管理人员情况。申请人拟投入的技术和管理人员名单，主要包括相关人员的身份、资格、能力及岗位任职、工作经历、职业资格、技术或行政职务、职称、完成的主要类似项目业绩等证明材料。

6）拟投入的施工机械情况。

7）近年发生的诉讼及仲裁情况。申请人提供近年来在合同履行中，因争议或者纠纷引起的诉讼、仲裁情况，以及有无违法违规行为而被处罚的情况，附法院或仲裁机构作出的判决、裁决等有关法律文书。

8）其他材料。一般包含两部分材料。一是招标文件要求，但申请文件格式中没有表述的，如ISO 9000/ISO 14000/ISO 18000等质量管理体系、ISO 14000环境管理体系、ISO 18000职业健康安全管理体系方面的认证证书。

（5）资格预审申请文件的装订、签字

资格预审申请文件应按"资格预审申请文件"要求进行装订、签字，否则其申请将不予评审。

（6）资格预审申请文件的递交

1）资格预审申请文件的密封和标识。

2）资格预审申请文件的递交。申请截止时间、地点，逾期送达或者未送达指定地点的资格预审申请文件的处理。

5.资格预审申请文件的审查

（1）审查委员会组成。审查委员会应参照《中华人民共和国招标投标法》规定组建。

（2）资格审查办法。应清楚标明采用合格制还是有限数量制。如果采用有限数量制的，应标明选择的人数。

（3）资格审查标准。

1）采用合格制资格审查方法的审查标准：

可以按照本章4.4所列内容设置审查要求条件，只要申请人符合条件即可以参加投标，招标文件中不设具体人数限制。

2）采用有限数量制资格审查方法的审查标准：

① 采用有限数量制资格审查时，除按资格制资格审查方法设置审查要求条件外，还应对具体审查条件设置分值（见本章5.4款），对每个申请人进行打分，按分值从高到低排列。

② 合格申请人数量。招标人应在资格预审文件中规定，合格申请人的数量（家数），在相关法律法规中没有具体规定资格预审合格的人数，但最少不得少于3家，实践中一般取5家以上作为合格投标申请人。

（4）资格审查标准内容分值设置

具体资格评分分值量化标准设置内容包括但不限于如下内容：

1）申请人资信证明　　　　　（……分值）
2）申请人业绩及经验　　　　（……分值）
3）申请人拟派项目经理经验　（……分值）
4）申请人拟派技术负责人经验（……分值）
5）财务状况　　　　　　　　（……分值）
6）设备配置、人员配备评价　（……分值）
1～6项合计得分　　　　　　（满分100分）

6.资格审查通知和确认

（1）通知

招标人在申请人须知前附表规定的时间内以书面形式将资格预审结果通知申请人，并向通过资格预审的申请人发出投标邀请书。

（2）确认

通过资格预审的申请人收到投标邀请书后，应在申请人须知（前附表）规定的时间内以书面形式明确表示是否参加投标。在申请人须知（前附表）规定时间内未表示是否参加投标或明确表示不参加投标的，不得再参加投标。因此造成潜在投标人数量不足3个的，招标人重新组织资格预审或不再组织资格预审而直接招标。

7.申请人的资格改变

通过资格预审的申请人组织机构、财务能力、信誉情况等资格条件发生变化，使其不再实质上满足第三章"资格审查办法"规定标准的，其投标不被接受。

三、"第三章 资格审查办法"

（一）审查标准

资格审查标准包括初步审查和详细审查标准。审查标准见表5-1。

表5-1一般称作资格预审审查表，采用合格制时，通过表中2.1初步审查标准和表中2.2详细审查标准的内容标准进行审查；采用有限数量制时须通过表5-1的所有内容进行审查，其中对表中2.3评分标准进行量化分值设置。

资格预审审查表 表 5-1

条款号		条款名称	编列内容
1		通过资格预审的人数	
2		审查因素	审查标准
2.1	初步审查标准	申请人名称	与营业执照、资质证书、(安全生产许可证——适用施工招标)一致
		申请函签字盖章	有法定代表人或其委托代理人签字或加盖单位章
		申请文件格式	符合第四章"资格预审申请文件格式"的要求
		联合体申请人	提交联合体协议书，并明确联合体牵头人(如有)
		……	……
2.2	详细审查标准	营业执照	具备有效的营业执照
		安全生产许可证	具备有效的安全生产许可证(适用施工招标)
		资质等级	符合第二章"申请人须知"第1.4.1项规定
		财务状况	符合第二章"申请人须知"第1.4.1项规定
		类似项目业绩	符合第二章"申请人须知"第1.4.1项规定
		信誉	符合第二章"申请人须知"第1.4.1项规定
		项目经理资格	符合第二章"申请人须知"第1.4.1项规定
		其他要求	符合第二章"申请人须知"第1.4.1项规定
		联合体申请人	符合第二章"申请人须知"第1.4.2项规定
		……	……
2.3	评分标准	评分因素	评分标准
		财务状况	……
		类似项目业绩	……
		信誉	……
		认证体系	……
		……	……

（二）审查程序与审查内容

资格申请文件的审查包括初步审查和详细审查两个基本程序。

1. 初步审查与内容

初步审查主要是对申请文件的形式的评审。审查申请人的名称是否与营业执照、资质证书、安全生产许可证是否一致；审查申请文件是否有法人代表或其委托代表人签字、盖章；审查申请文件格式是否与资格预审文件规定的格式一致；审查联合体申请人资质是否分别符合要求，提交联合体协议书，协议书中是否明确联合体之间的责任分工；如有分包，应提交分包人的资信登记、人员和设备资料等。

凡未全部通过以上各项审查的投标申请，其资格预审一律不能通过，不能进入下一步的详细审查。

2. 详细审查与内容

资格评审委员会对经初步评审通过的投标人进入下一阶段评审。详细审查的内容及标准如下：

（1）营业执照。营业执照的营业范围是否包含招标项目的业务范围，营业执照是否有效。

（2）资质证书。资质证书的专业与等级是否满足资格条件要求，是否有效。

（3）安全生产许可证。安全生产许可范围是否与招标项目一致，执证期是否有效。

（4）职业健康安全管理体系认证书。证书的认证范围是否与招标项目一致，执证期是否有效。

（5）质量管理体系认证书。证书的认证范围是否与招标项目一致，有效期是否在规定的有效期内。

（6）信誉。对申请人提供开设基本账户的银行开出的资信等级证明，申请人近年(3～5年)来发生的诉讼或仲裁情况、质量和安全事故、合同履行情况等资料进行审核判定其是否满足预审文件规定的资格条件要求。

（7）类似项目业绩。根据申请人提供近年完成或正在完成的类似项目业绩的数量、质量、规模、运行情况等资料评判其是否具有类似项目的施工经验。资料包括申请人提供近年完成或正在完成的类似项目情况表（附中标通知书、合同协议书或工程竣工证明文件），以及正在施工的项目情况（附中标通知书、合同协议书）。

（8）项目经理和技术负责人的资格。审查项目经理和技术负责人的履历、任职、类似业绩、技术职称、职业资格等证明材料，评判其是否满足预审文件规定的资格、能力要求。

（9）财务状况。审查经会计师事务所或审计机构审计的近几年财务报表，包括资产负债表、现金流量表、损益表和财务情况说明书及银行授信额度。核实申请人的资产规模、营业收入、净资产收益率及盈利能力、资产负债率及偿债能力、流动资金比率、速动比率等抵御财务风险能力是否达到资格审查的标准要求。

（10）拟投入的机械设备。审核申请人拟投入的机械设备是否能满足招标项目工程施工的质量、技术、进度要求。

（11）联合体申请人。审核联合体协议中联合体牵头人与其他成员的责任分工是否明确；联合体各成员的资质等级是否符合要求；联合体各方有无单独或参加其他联合体对同一标段的投标。

（12）其他。

3. 资格预审申请文件的澄清

在审查过程中，审查委员会认为有必要的，可以书面形式要求申请人对所提交的资格预审申请文件中不明确的内容进行必要的澄清或说明。申请人的澄清或说明采用书面形式，并不得改变资格预审申请文件的实质性内容。申请人的澄清和说明内容属于资格预审申请文件的组成部分。

4. 评分（仅用于有限数量制）

（1）通过详细审查的申请人不少于 3 个且没有超过资格预审文件规定数量的，均通过资格预审，不再进行评分。

（2）通过详细审查的申请人数量超过资格预审文件规定数量的，审查委员会依据资格预审文件评分标准进行评分，按得分由高到低的顺序进行排序。

（三）资格审查结果

1. 提交审查报告

审查委员会按照规定的程序对资格预审申请文件完成审查后，确定通过资格预审的申请人名单，并向招标人提交书面审查报告。

2. 重新进行资格预审或招标

通过详细审查申请人的数量不足 3 个的，招标人重新组织资格预审或不再组织资格预审而直接招标。

四、"第四章　资格预审文件格式"

招标人为了使申请人提供统一的申请文件，有利于对申请文件的审核，制定统一格式，申请人按照统一的格式及要求填写即可。

五、"第五章　建设工程项目概况"

工程概况的内容应包括项目说明、建设条件、建设要求和其他需要说明的情况。

（1）项目说明。包含工程规模、建设任务（质量、工期）；项目批准或核准情况；项目业主、资金落实情况和来源；项目建设地点、计划工期、招标范围、标段等情况。

（2）建设条件。描述建设项目所处位置的水文气象条件、工程地质条件、地理位置及交通条件等。

（3）建设要求。主要是工程施工技术规范、标准要求、工程建设质量、进度、安全和环境管理等要求。

（4）其他需要说明的情况。

复习思考题

一、简答题

1. 工程施工资格预审的内容大致包括哪些？

2. 资格预审一般在什么情况下采用？

3. 资格预审的评审包括哪些形式，各有何特点？

4. 资格预审程序包含哪几个步骤？

二、案例题

背景：某市政道路工程施工招标，招标人通过资格预审的方式择优选择潜在投标人进行投标，但由于经资格审查合格的投标申请人过多，为了提高工作效率，招标人从中只选择了 7 家资格预审合格的申请人，向其发出资格预审合格通知书。

问题：

1. 资格预审文件的内容包括哪些？

2. 招标人的做法是否妥当？请说明理由。

案 例 赏 析

通过本案例赏析，可以进一步加深理解工程施工资格审查文件评标办法具体内容，评标因素及评标标准的设置。

背景：某大型建筑工程，招标人根据工程的特点与需要，提出资格预审申请并经建设行政主管部门的批准，施工招标采用资格预审的方式选择合格优秀投标人。招标人委托招标代理机构编制资格预审文件。招标代理机构按照国家《标准资格预审文件范文》结合工程特点与需要编制了资格预审文件，评审方法采用有限数量制。

评审标准摘录如下。

本工程资格预审评审因素及评审标准见"表5-2：资格预审审查表"。

资格预审审查表　　　　　　　　　　　　　　　　　　　　　　表5-2

条款号		条款名称	编列内容
1		通过资格预审的人数	
2		审查因素	审查标准
2.1	初步审查标准	申请人名称	与营业执照、资质证书、安全生产许可证一致
		申请函签字盖章	有法定代表人或其委托代理人签字或加盖单位章
		申请文件格式	符合第四章"资格预审申请文件格式"的要求
		联合体申请人	提交联合体协议书，并明确联合体牵头人（如有）
		……	……
2.2	详细审查标准	营业执照	具备有效的营业执照
		安全生产许可证	具备有效的安全生产许可证
		资质等级	与资格预审前附表要求一致
		财务状况	与资格预审前附表要求一致
		类似项目业绩	与资格预审前附表要求一致
		信誉	与资格预审前附表要求一致
		项目经理资格	与资格预审前附表要求一致
		其他要求	与资格预审前附表要求一致
		联合体申请人	
		……	……
2.3	评分标准	评分因素	评分标准
		财务状况	……
		类似项目业绩	……
		信誉	……
		认证体系	……
		……	……

2.3 评分标准：总分100分，具体分值构成如下。

1. 资信证明（22分）

1.1 工商局授予重合同守信用证书（12分）（有效期从__近2__年度至今）

（1）获得国家级工商行政管理总局授予重合同守信用企业得12分；

（2）获得省级工商行政主管部门授予重合同守信用企业得9分；

（3）获得地级市工商行政主管部门授予重合同守信用企业得 6 分；

（4）获得县级工商行政主管部门授予重合同守信用企业得 4 分。

取其中一项最高分，不得重复计分。

1.2　银行资信等级（5 分）

获得银行资信评级：3A 得 5 分；2A 得 3 分；1A 得 2 分，没有的不得分。

1.3　认证体系（共 5 分）

具有 ISO 质量管理体系认证得 3 分；具有环境管理体系认证加 1 分；具有安全管理体系认证加 1 分。

2.申请人业绩及经验（25 分）

2.1　施工业绩（15 分）（　近 3　年度以来）

（1）获得国家级奖项工程得 15 分。

（2）获得省级以上优良样板工程或双优工地奖项得 10 分。

（3）获得市级优良样板工程或双优工地奖项得 8 分。

（4）文明安全施工受到建设主管部门表彰 3 分。

以上取其中一项最高分，不得重复计分。

2.2　施工经验（10 分）（　近 5　年度以来）

（1）曾承担过同类工程合同额在 1000 万元以上（含 1000 万）工程项目每项加 3 分。

（2）曾承担过同类工程合同额在 300～1000 万元工程项目每项加 1 分。（本项累计得分不超过 10 分）。

3.项目经理（12 分）（　指近 5　年度以来项目经理曾担任的工程项目）

3.1　业绩（5 分）

（1）担任项目经理获得省优良样板工程或省双优工地以上得 5 分。

（2）担任项目经理获得市优良样板工程或市双优工地以上得 3 分。

（3）担任项目经理没有发生重大事故得 1 分。

以上取其中一项最高分，不得重复计分。

3.2　经验（4 分）

（1）具备一级建造师职称得 4 分；

（2）具备二级建造师职称得 2 分。

以上取其中一项最高分，不得重复计分。

3.3　荣誉（3 分）

（1）获得省优秀建造师。（3 分）

（2）获得市优秀建造师。（2 分）

以上取其中一项最高分，不得重复计分。

4.技术负责人经验（共 8 分）（　近 5　年度以来）

4.1　技术负责人具备高级工程师职称得 4 分，具备中级工程师职称得 2 分，具备助理工程师职称得 1 分。

4.2　技术负责人在　近 5　年度以来曾担任的合同价在 1000 万以上的市政道路工程项目每项加 2 分（共 4 分）。

5.财务状况（15 分）

根据提供的财务报表，企业生产经营正常，（ 近3 年度）

（1）2006年度营业额在2亿及以上，负债率小于40%，财务状况优秀。（最低分11分，区间内负债率每降低超过5%加1分，最高得分为15分）

（2）2006年度营业额在1.2亿及以上，负债率在40%～60%内，财务状况良好。（最高分11分，区间内负债率每升高超过5%扣1分）

（3）2006年度营业额在5000万及以上，负债率在60%～80%内，财务状况一般。（最高分7分，区间内负债率每升高超过5%扣1分）

（4）5000万以下，财务状况一般，3分。

6. 设备配置、人员配备评价（18分） 优18分、良15分、中8分、差4分

6.1 评分标准

优：机械设备配备先进，数量、型号合理，完全能满足施工的需求。班子人员齐备，搭配合理，管理科学，职责分工清晰，施工经验十分丰富，能够完全满足本工程在施工管理中对进度、质量控制，调整工作的需要。

良：机械设备配备齐全，数量、型号较合理，满足施工的需求。班子人员齐备，搭配较为合理，管理相对科学，有较好的职责分工，施工经验丰富，能够满足本工程在施工管理中对进度、质量控制，调整工作的需要。

中：机械设备配备普通简陋，数量、型号基本合理，基本能满足施工的需求。班子人员齐备，搭配基本合理，管理一般化，有施工经验，协调、配合能力一般，基本能满足本工程在施工管理中对进度、质量控制，调整工作的需要。

差：机械设备配备欠缺，数量不够、型号不合理，不能满足施工的需求。班子人员不齐备，没有管理经验，施工经验欠缺、协调、配合能力不强，不能满足本工程在施工管理中对进度、质量控制，调整工作的需要。

6.2 评委评分

评委1 评委2 评委3 评委4 评委5···取各评委评分算术平均值得分。

7. 合计1-6项合计得分（满分100分）

2.4 确定合格申请人

当资格预审申请人通过"资格预审审查表"2.1、2.2相关条款审核后，评审专家按照2.3的评分标准进行量化评分，合计综合得分从高到低顺序编号排列，招标人按照高分到低分的顺序录取满足预先确定的投标人家数为止。然后招标人向资格预审合格的投标人发出申请合格通知书，邀请其参加投标。

第六章　建设工程施工招标

学习目标

通过本章学习，熟悉工程项目施工招标文件的组成内容；掌握"工程项目施工招标文件"的编写方法，掌握评标因素和评标标准的确定方法。

能力目标

通过本章学习，应具备编制工程施工招标文件的初步能力；具有组织办理工程施工招标的初步能力。

第一节　建设工程施工招标文件

一、施工招标文件的构成

为了确保建设工程施工招标文件编制的规范性、合理性、科学性，国家根据招标项目的招标形式，分别编制了相应的《标准施工招标文件》范文。本书附录2为《简明标准施工招标文件》，各地地方政府也可以根据国家《标准施工招标文件》格式内容，并结合本地区的实际编制相关《施工招标文件·范文》以规范本地区的施工招标文件。

《施工招标文件·范文》的内容包括封面、目录和四卷八章。

第一卷　由第一章至第五章构成，涉及内容有第一章招标公告、第二章投标人须知、第三章评标办法、第四章合同条款及格式、第五章工程量清单；

第二卷　由第六章图纸及相关技术文件一章构成；

第三卷　由第七章技术标准和要求一章构成；

第四卷　由第八章投标文件格式一章组成。

二、施工招标文件的具体内容与要求

（一）封面

施工招标文件的封面一般包含：项目名称、标段名称（如有）、并有"招标文件"标识字样、招标人名称和单位印章、时间。

（二）第一卷

"第一章　招标公告"

招标公告分为"未进行资格预审的招标公告"和"已进行资格预审的招标公告"两种形式。

招标公告（未进行资格预审）：适用于工程不采用资格预审的方式或采用资格后审的方式进行招标的建设工程。

投标邀请书（代资格预审通过通知书）也称"已进行资格预审的招标公告"：适用于邀请招标的建设工程。

1. 招标公告概念

招标公告（或资格预审公告）是指招标人根据国家有关法律法规规定向所有潜在投标人发出的一种广泛性的告知。

2. 招标公告作用与要求

（1）招标公告作用：招标公告是招标人与潜在投标人进行信息沟通的桥梁，是潜在投标人获得招标信息的主要途径。

（2）招标公告要求：招标公告内容应真实、准确和完整，要让潜在投标人能根据招标公告对拟招标工程基本情况有本质性的了解，同时据此判断是否参与投标。

3. 招标公告内容

标准施工招标文件招标公告一般包含七部分内容，具体如下：

（1）招标条件

阐明项目的招标条件，内容包括项目名称、项目审批或核准备案机关名称及批准文件编号，项目业主名称、资金或资金来源落实情况及其出资比例，招标人名称，招标方式等。

（2）项目概况与招标范围

阐述拟招标项目的基本情况与本次拟招标的工程范围，包含拟招标项目的名称、建设地点、建设规模、标段、招标范围、计划建设工期、招标控制价等内容。目的是向潜在投标人简明介绍项目建设主要内容，方便潜在投标人能据此判断自己是否具有承担项目实施的能力或具有投标意愿，从而做出下一步的行动。

（3）投标人资格要求

详细阐明投标人参与本项目投标的资格条件，包含企业的法人是否具有履行项目施工能力的资格；施工资质类别与等级、安全生产许可；拟派项目负责人的资格（专业资格、注册执业范围、安全考核情况，并且不能同时担任其他在建项目负责人的限制条件）是否允许联合体投标。

（4）招标文件的获取

1）投标报名的条件

招标文件应清楚说明潜在投标人参加投标报名应准备的资料，如持企业介绍信、企业资质等级证书、安全生产许可证、营业执照，法定代表人证明书、法人授权委托书及委托代理人身份证，建造师（项目经理）资质证书、安全生产考核合格证等。

2）招标文件获取时间与地点

时间：招标文件获取延续时间应符合法律法规规定。自招标公告发布之日至招标文件发售截止日不得少于5个工作日。

地点：标明招标文件（资格预审文件）出售的具体地点。

3）招标文件售价。招标文件可以收回成本，但不能以营利为目的提高招标文件售价。招标文件（或资格预审文件）一经出售则不予退还。

4）图纸及相关资料押金。投标结束后，投标人完好送回图纸，押金可以退回（押金不计利息）；如果是电子版图纸，则无须押金。

（5）投标文件的递交

招标文件应当标明投标文件递交的具体截止时间、具体地点，并对逾期送达的处理。

1）投标截止时间。投标文件递交的截止时间为开标的同一时间。《招标投标法》规定，自招标文件开始发售到投标文件递交截止日不得少于 20 日。

2）地点。地点应详细标明地区县市、街道、门牌号、楼层、房号等。

3）逾期送达处理。逾期送达的或者未送达指定地点的投标文件，招标人不予受理。

（6）发布媒体

招标公告发布的媒体应是国家或地方政府部门批准的媒体。媒体主要指报纸（刊）、网络（网址、网名）。招标公告应同时在规定的报纸、网络上发布，且内容应一致。

（7）联系方式

包括招标人、招标代理机构的联系人、地址、电话、邮编、传真、开户银行和账号等。标明的联系电话、联系人应能随时联系，接受投标人的询问。

"第二章　投标人须知"

投标人须知是招标投标活动过程中当事主体必须知晓的内容、必须遵循的程序和行为规则。同时也是招标人在投标人须知中详细阐述了招标项目的基本情况和主要实质性要求。投标人应当而且必须知道相关投标要求，作为正确编制投标文件的依据。投标人须知包含投标人须知前附表、正文和必要表格等。

1. 投标人须知前附表

投标人须知前附表就是把投标人须知中的关键内容和数据摘要列成表格形式前置于须知正文前面。投标人须知前附表有利于投标人迅速掌握投标须知中主要关键内容，并起到强调作用；同时把须在投标须知正文中说明的内容交由前附表来具体约定。前附表的条款序号应与正文条款序号相对应。

2. 投标须知正文

投标须知正文由总则、招标文件、投标文件、投标、开标、评标、合同授予、重新招标和不再招标、纪律和监督、需要补充的其他内容等组成。

（1）总则

1）工程项目概况

工程概况简明扼要说明了项目施工招标的基本情况，应包含项目招标人、招标代理机构、项目名称、建设地点、项目建设规模、项目工程报价方式及投标最高报价值等内容。

2）资金来源情况

资金或资金来源的落实是项目招标的首要条件之一，应说明项目的资金来源、出资比例、资金落实情况。

3）招标范围、计划工期、质量要求和承包方式。

招标范围：是本次（或本标段）招标的需完成的工作内容，应描述详细、清楚；

计划工期：计划工期应根据工程的施工范围、规模，按照常规施工方法、依据国家或地方工期定额合理确定。招标人不能随意压缩工期，如确实需要压缩工期，压缩的工期天数应符合规定，否则应给予费用补偿。

质量要求：工程质量至少应达到施工图纸的技术标准要求，且不低于相关验收规范的验收标准，质量应达到合格以上。

承包方式：招标文件中应载明工程施工承包方式。建筑工程施工承包方式有施工总承包（包工包料方式、包工不包料方式、部分包料包工方式）、专业承包方式、劳务承包方式。如果采用部分包料包工方式的，应列明哪些材料由招标人提供或招标人指定，说明材料款结算方式。

4）投标人资格要求

招标文件件应准确确定投标人的资格条件。已进行资格预审的，投标人应是收到招标人发出投标邀请书的符合资格预审条件的申请人；未进行资格预审的（采用资格后审的），投标人应具备承担本标段施工的资质条件、能力和信誉的潜在投标人。

文中还应标明是否接受联合体投标，如果接受联合体投标的，应说明联合体投标的具体要求。

5）费用承担

投标人参与一个项目的投标是要产生一定费用的，如报名费、购买招标文件费、差旅费，编制投标文件费等，这些费用应由投标人承担。招标文件中一般标明"投标人准备和参加投标活动发生的费用承担责任"。

6）保密

要求参与招标投标活动的各方应对招标文件和投标文件中的商业和技术等秘密保密，违者应对由此造成的后果承担法律责任。

7）语言文字

招标文件应当明确使用的语言、文字。如国内招标，一般均使用中文（除专用术语外）。

8）计量单位

所有计量均采用中华人民共和国法定计量单位。

9）踏勘现场

招标人根据项目具体情况可以组织踏勘现场。招标人按规定的时间、地点组织投标人踏勘项目现场，向其介绍工程场地和相关环境的有关情况。但招标人不能单独或分别组织某些投标人踏勘项目现场，分别提供不对称的能影响招投标的信息。

10）投标预备会

投标预备会又称标前会议，是否召开投标预备会，以及投标预备会如何举行，由招标人根据具体情况确定。投标预备会主要是解答投标人对招标文件、现场踏勘提出的疑问。投标人的疑问必须用书面的形式（包括信函、电报、传真等可以有形地表现所载内容的形式，下同），招标人的解答也必须以书面的形式为准。

11）分包

由招标人根据工程具体特点来确定是否允许分包。如允许分包，明确分包内容、分包金额和接受分包的第三方资质要求等限制性条件。

12）偏离

《评标委员会和评标方法暂行规定》（国发计〔2013〕12号）中规定，允许投标文件偏离招标文件某些要求的偏差。投标偏差分为重大偏差和微小偏差。

重大偏差主要是指投标文件未能实质性响应招标文件的实质性要求或者存在一定的偏差，招标人应当设定偏差范围和幅度。这种偏差不能给予补正，这种补正会造成其他投标人造成不公平的结果，应给予直接废标处理。

微小偏差主要是指在实质上响应了招标文件的实质性要求，但在个别地方存在漏项或者提供了不完整的技术信息和数据等情况，并且补正偏差或遗漏不会造成其他投标人造成不公平的结果。微小偏差不影响投标文件的有效性。

（2）招标文件

招标文件是招标人向潜在投标人发出的要约邀请文件，招标文件对招标投标活动具有法律约束力。招标文件在投标人须知中应当明确招标文件的组成、招标文件的澄清与招标文件修改的情形和具体做法。

1）招标文件的组成

① 招标公告（或投标邀请书）；

② 投标人须知；

③ 评标办法；

④ 合同条款及格式；

⑤ 工程量清单；

⑥ 图纸；

⑦ 技术标准和要求；

⑧ 投标文件格式；

⑨ 投标人须知前附表规定的其他材料，例如地勘报告。

2）招标文件的澄清与修改

招标文件应当在投标须知中清楚描述招标文件的澄清与修改的情形、时间要求和具体的做法。

招标文件的澄清：潜在投标人对招标文件如有疑问，可以在规定的时间内以书面形式要求招标人对招标文件的疑问予以澄清。招标人收集问题后在规定的时间内统一对疑问进行澄清（但不指明澄清问题的来源），并把澄清以书面的形式通知所有招标文件收受人。

潜在投标人在收到澄清后，应在规定的时间内以书面形式通知招标人，确认已收到该澄清。

招标文件的修改或补充：招标人可以对招标文件进行必要的修改或补充，修改或补充应当以书面形式通知所有招标文件收受人。

招标文件的澄清、修改或补充应当在提交投标文件截止时间 15 天前向所有潜在投标人发送（或在规定网络上公布），当招标文件的澄清、修改离提交投标文件截止时间不足 15 天时，招标人应当延迟提交投标文件截止时间。

招标文件的澄清、修改或补充等均以书面形式（或规定网络上公示）明确的内容为准。当招标文件澄清、修改或补充等在同一内容的表述前后不一致时，以最后发出的书面（或规定网络上公示）内容为准。招标文件的澄清、修改或补充构成招标文件的组成部分。

（3）投标文件

投标文件是投标人对招标文件的实质性要求作出实质性响应，并根据招标人的要约邀请向招标人发出的要约文件。投标人一旦递交了其投标文件，则其投标文件具有法律约束力。

招标人在编制招标文件时应在投标人须知中明确投标文件的组成、投标报价、投标保证金、投标有效期、资格审查资料、备选投标方案、投标文件的编制等具体内容与要求。

1）投标文件的组成

投标文件一般情况下由商务部分（又称投标函部分）、施工技术建议方案部分（如需要）、经济报价部分、电子标书等组成。

① 商务部分

A. 投标函及投标函附录；

B. 法定代表人身份证明书或附有法定代表人身份证明的授权委托书（法定代表人参加无须提供委托书）；

C. 投标担保证明；

D. 资格审查资料：

a. 申请人基本情况表

b. 联合体协议书

c. 项目管理机构配备情况表

d. 建造师简历表

e. 项目技术负责人简历表

f. 专职安全生产管理人员简历表

g. 拟分包项目情况表

② 施工技术建议方案部分

施工技术建议方案部分是否需要，应根据工程的规模、难易程度及评标办法综合考虑。对于一般常规的工程项目，因具有成熟的施工工艺、管理经验，因此，招标时一般不把技术部分作为评标条件，但开工前，施工单位仍然需要编制施工组织设计；对于工程规模较大、工艺较复杂、采用综合评标法的项目，一般要求施工技术建议方案。

施工技术建议方案一般包括但不限于以下内容：

项目概况；方案编制依据；项目实施组织架构；质量标准；工期计划安排；质量保证措施；项目难点分析及保证措施；进度保证措施；成本控制措施；安全、文明施工保证措施；施工总平面布置；施工期间的应急预案等。

③ 经济报价部分

经济报价部分内容主要包含：

A. 投标报价说明

B. 投标报价总表

C. 单项工程费用汇总表

D. 单位工程费汇总表

E. 主要材料价格表

F. 分部分项工程量清单计价表

G. 措施项目清单计价表

H. 其他项目清单计价表

④ 电子标书

为了有利于招标投标活动的更加公开、公平、公正，根据《中华人民共和国招标投标法实施条例》相关规定，招标文件可以要求投标人提交电子标书、电子标书随同纸质投标文件一起提交，作为投标文件组成部分。

2）投标报价

投标报价是投标人获取利润最大化的期望值。

采用工程量清单招标的施工项目，招标文件的投标须知中应说明投标人投标报价的要求；投标人提交投标文件后对投标报价修改的办法；招标人设有招标控制价的，应当给予标明或在投标须知中给予标明。

工程量清单列明的项目内容而投标人没有报价的，招标人可以认为该项报价已包含在其他内容报价中。

采用非工程量清单报价的，投标人应当按照招标人提供的施工图纸及其他技术资料、结合企业自身情况综合考虑报价。

3）投标有效期

为了保障招标人有足够的时间进行开标、评标、定标和与中标人签订合同，充分保障招标人的利益和投标人的利益而设定的一种特定时期，即投标有效期。在投标有效期内所有投标文件保持有效，投标文件对投标人具有法律约束力。

投标有效期计算：从投标截止时间起开始计算，至招标人完成招标和签订合同工作所需的持续时间。

投标有效期的有关规定：

① 投标有效期持续时间要求：投标有效期一般情况下设定为 60 天。招标人根据项目的特点和需要，可以在招标文件中自行设定，设定的投标有效期应满足招标、开标、评标、定标和招标人与中标人签订合同所需时间。评标和定标活动应当在投标有效期结束日 30 个工作日前完成。

② 投标有效期的延长。招标过程中，招标人可以根据具体情况需要而延长投标有效期，招标人应以书面的形式通知投标人延长投标有效期。投标人须以书面形式予以答复，若投标人同意延长，应相应延长投标保证金的有效期，但不得修改或撤销其投标文件；若投标人不同意延长，其投标文件失效，有权收回投标保证金。

③ 非不可抗力因素，招标人延长投标有效期造成投标人损失的，招标人应当给予补偿。《工程建设项目勘察设计招标投标办法》第 46 条规定，招标文件规定给予未中标人补偿的，拒绝延长的投标人有权获得补偿。

④ 同意延长投标有效期的投标人少于 3 个的，招标人应当重新招标。

⑤ 在投标有效期内，投标人不得要求修改或撤销其投标文件，否则其投标保证金将被没收。

4）投标保证金

投标保证金是为了维护招标人的利益，避免投标人投标后随意撤回、撤销投标或随意变更应当承担的义务而给招标人造成损失，要求投标人对其投标行为活动提交的担保。

招标文件的投标须知中应规定投标保证金提交的形式、提交的时间、提交的金额，投标保证金的退回和投标保证金的没收等的情形与做法，并随投标文件送交招标人。投标保证金作为投标文件的实质性组成部分。

投标保证金有关规定：

① 投标保证金形式。一般形式有：银行汇票、银行或保险公司或担保公司提供的保函、银行转账支票、现金支票等。

② 投标保证金额度。投标保证金一般为招标金额的 2%，但不得超过八十万元。

③ 投标保证金期限。投标保证金有效期应当与投标有效期一致。

④ 投标保证金以现金或者支票形式提交的投标保证金应当从其基本账户转出。

⑤ 联合体投标的投标保证金

采用联合体投标的，其投标保证金可以由组成联合体的成员共同提交或由联合体牵头人提交。

⑥ 投标文件未能按投标须知中要求的形式、金额、时间提交投标保证金的，其投标作废标处理；

⑦ 投标保证金退回

投标人在投标过程中没有违法行为，招标人应退回投标人的投标保证金。未中标的投标保证金应在招标人与中标人签订合同后 5 天内退回，中标人的投标保证金应当在提履约担保后退还。

⑧ 投标保证金没收

招标文件中应载明在整个招投标活动过程中，投标人违反有关规定其投标保证金被没收的情况。例如凡是符合下列条件之一的投标可作废标处理，且其投标保证金将被没收：

A. 投标人在规定的投标有效期内撤销或修改其投标文件的；

B. 中标人放弃中标资格的；

C. 投标人在投标过程中有违反招标投标法律法规行为的；

D. 中标人未能在规定期限内提交履约担保或签订施工合同协议的。

5）资格审查资料

资格审查资料提供内容可分为已经进行资格预审、未进行资格预审（资格后审）的情形要求提供。

① 已进行资格预审。已进行资格预审的资格审查资料又可分为两种情况：

一是提交投标文件时投标人的资格与资格审查阶段的审查资格没有变化的，可以不再提交审查资料；

二是提交投标文件时投标人的资格与资格审查阶段的审查资格有变化，应按新情况更新或补充其在申请资格预审时提供的资料，以证实其各项资格条件仍能继续满足资格预审文件的要求，具备承担本标段施工的资质条件、能力和信誉。

② 未进行资格预审（采用资格后审）的。未进行资格预审（采用资格后审）应按照投标人资格条件，在招标文件投标须知中标明投标人提交相应的资格审查资料以证明其满足投标资格符合性审查的基本要求。

详细说明投标时投标人应提供的、且能满足投标人资格审查的基本资料：

A. 投标人基本情况："投标人基本情况表"，标明所附资料，如投标人营业执照副本及其年检合格的证明材料、资质证书副本和安全生产许可证等材料的复印件。

B. 近年财务情况：标明所附资料，如经会计师事务所或审计机构审计的财务会计报表，包括资产负债表、现金流量表、利润表和财务情况说明书等复印件，并具体标明年份要求。

C. 项目管理机构配备情况：项目负责人、技术负责人、专职安全生产管理人员、持证施工技术人员；配置人员及人数应满足工程规模要求。

D. 项目负责人情况：标明所附资料，如建造师注册证书复印件、安全生产考核合格证书复印件、身份证复印件、近期社保证明或纳税证明。

E. 技术负责人情况：标明所附资料，如项目技术负责人的职称证书复印件、身份证复印件、近期社保证明或纳税证明。

F. 专职安全生产管理人员情况：标明所附资料，如附项目专职安全生产管理人员的安全生产考核合格证书复印件、身份证复印件、近期社保证明或纳税证明。

G. 其他持证施工技术人员情况：标明所附资料，如附职称证书复印件、执业上岗证复印件、身份证复印件、近期社保证明或纳税证明。

H. 拟投入的施工机械：标明所附资料。

I. 近年完成的类似项目情况：标明所附资料，如附中标通知书和（或）合同协议书、工程接收证书（工程竣工验收证书）复印件，并标明具体年份要求。

J. 正在施工和新承接的项目情况：标明所附资料，如附中标通知书和（或）合同协议书复印件。

K. 其他。

6）备选投标方案

如果招标文件允许提交备选方案的，投标人提交竞争投标文件方案时可以另外提交备选方案，备选方案应既对招标人更加有利，也要对投标人有利的双赢方案。

只有中标人所递交的备选投标方案评标委员会才给予评审，当备选投标方案优于其按照招标文件要求编制的投标方案的，招标人可以接受该备选投标方案。

7）投标文件的编制

招标文件应对投标文件编制应作出具体要求，保证投标文件的格式、内容的相对统一，有利于评标委员会专家能按照统一标准对每个投标文件进行评标。一般应包含但不限于以下内容：

① 投标文件的组成与格式要求（具体见第八章投标文件格式）；

② 语言要求：语言一般采用本国通用，中国境内采用汉语语言；如果是外国资金投资的国际性招标，根据投资人的意见采用语言种类。

③ 投标文件实质性响应。投标文件应当对招标文件要求的有关投标人资格、工程工期、投标有效期、投标保证金、质量要求、技术标准和要求、招标范围、投标报价、合同及条款等实质性内容作出实质性响应。

④ 打印、装订要求。

招标文件中应详细说明：投标文件的打印形式、打印标准，修改做法；投标文件的装订方式（活页装、线装、马丁装、胶装等）。

⑤ 投标文件的签署与盖章。投标文件的签署是投标人对其投标的一种承诺，盖章标明其投标是一种法人行为。招标文件应对投标文件的签署与盖章作详细说明。

⑥ 投标文件份数要求。投标文件分为正本、副本两种形式。一般正本一份，副本根据评标需要（如评标专家的人数）及其他需要确定。

⑦ 电子标书要求（如需要）。招标文件应对电子标书作出详细说明，明确电子标书的内容、制作方式、制作份数、提交方式以及电子标书不能正常使用的后果。

（4）投标

招标文件的投标须知中要规定投标文件的密封和标记、投标文件的递交、投标文件的修改与撤回等情形的内容以及相应的后果。

1）投标文件的密封和标记：详细标明投标文件的包装方法、密封形式、密封袋标注等要求。

2）投标文件的递交：标明递交投标文件的截止时间、地点以及未按要求递交的后果。

3）投标文件的修改与撤回：投标文件的修改构成投标文件的组成部分，投标文件的修改必须在投标截止时间前，以书面的形式。投标截止时间以后撤回投标文件的，其投标保证金将被没收。

（5）开标

开标由招标人或其委托的招标代理机构主持，由监管部门、业主、所有提交投标文件的投标人代表共同监督见证下，依法进行公开开标。开标一般按下列规定程序进行开标：

1）宣布开标纪律；

2）公布在投标截止时间前递交投标文件的投标人名称，并确认投标人是否派人到场；

3）宣布开标人、唱标人、记录人、监标人等有关人员姓名；

4）按照投标人须知前附表规定检查投标文件的密封情况；

5）按照投标人须知前附表和评标办法的相关规定确定评标系数（如有）；

6）按照宣布的开标顺序当众开标，宣读投标人名称、投标价格和投标文件的其他主要实质性内容，并记录在开标记录表中；

7）招标人代表、监标人、投标人代表、记录人等有关人员在相关开标记录上签字确认；

8）开标结束。

（6）评标

评标阶段主要包含评标委员会的组成、评标原则、评标办法等内容。

1）评标委员会的组成

评标委员会组成：评标委员会由招标人依法组建，从工程（公共资源）交易中心的专家库中依法随机抽取。一般在开标当天（特殊情况可以提前一天）随机抽取。

评标委员会成员：评标委员会成员由招标人代表、技术与经济方面的专家组成。评标委员会的成员总数为5人以上单数，其中技术、经济等方面的专家不少于成员总数的三分之二。有专业要求的应标明所属专业及人数。

评标专家的保密：评标专家按照规定组成后对每位专家的各项资料必须保密，不得泄露。

评标专家的回避：评标专家应根据《中华人民共和国招标投标法实施条例》第四十六条规定，评标委员会成员与投标人有利害关系的，应当主动回避，以保证评标的公正性、公平性。

评标委员会成员有下列情形之一的，应当回避：

① 投标人或投标人主要负责人的近亲属；

② 项目主管部门或者行政监督部门的人员；

③ 与投标人有经济利益关系；

④ 曾因在招标、评标以及其他与招标投标有关活动中从事违法行为而受过行政处罚或刑事处罚的；

⑤ 与投标人有其他利害关系。

2）评标原则

评标活动遵循公平、公正、科学和择优的原则。

3）评标办法

招标人应当在招标文件中详细载明评标办法和评标因素。评标委员会按照招标文件规定的评标方式及标准进行评标，评标办法没有规定的方法、评审因素和标准，不作为评标依据。

具体的评审方法应在"第三章　评标办法"载明。

（7）合同授予

招标文件投标须知中应对定标方式、中标通知、签订合同、履约担保等内容作出相应的说明和具体规定。

1）定标方式

招标人依据评标委员会推荐的中标候选人确定中标人；招标人也可委托评标委员会直接确定中标人。评标委员会评标结束后应向招标人提交评标报告，评标报告中应推荐前三名中标候选人。政府投资的项目，招标人应选择排名第一的中标候选人为准中标人；招标人可以直接确定中标人，也可以委托评标专家直接确定中标人。

2）中标公示与中标通知

中标公示：招标人收到评标报告后，应对评标报告中推荐的中标候选人进行公示，公示时间为不少于三个工作日。在公示期间招标人或监督机构没有接到任何投诉后，评标报告中推荐的第一中标候选人为正式中标人。

中标通知书：中标通知书是招标人对中标人发出的承诺，具有法律约束力。招标人将于中标人确定后 7 天内向中标人发出中标通知书。招标人将在发出中标通知书的同时，将中标结果以书面形式或电话形式或通过网络形式通知所有未中标的投标人。

3）签订合同

① 招标人与中标人将于中标通知书发出之日起 30 日内，按照招标文件和中标人的投标文件订立书面合同，招标人和中标人不得再行订立背离合同实质性内容的其他协议。

② 中标人无正当理由拒签合同的，招标人将取消其中标资格，其投标保证金不予退还；给招标人造成的损失超过投标保证金数额的，中标人还应当对超过部分予以赔偿。

③ 发出中标通知书后，招标人无正当理由拒签合同的，招标人向中标人退还投标保证金；给中标人造成损失的，还应当赔偿损失。

④ 其他有关规定

A. 《招标投标法》规定："依法必须进行招标的项目，招标人应当自确定中标人之日起 15 日内，向有关行政监督部门提交招标投标情况的书面报告。"

B. 当事人双方签订书面合同后 7 日内，中标人应当将合同送工程所在地的县级以上人民政府建设行政主管部门备案。

4）履约担保金

为了确保中标人中标后能够按照投标文件、合同约定完全履行合同义务，保障招标人利益或其他第三方的利益，往往需要设置履约保证金加予担保。

① 履约担保的金额：建设工程施工履约担保金额一般为合同金额的 5%～10%；

② 履约担保的形式：履约担保的形式一般有现金、银行或担保公司开具的保函；

③ 履约担保的提交：合同协议书签署前一定时期内，中标人应按规定的金额、担保形式和招标文件规定的履约担保格式向招标人提交履约担保。联合体中标的，其履约担保由牵头人递交，并按规定的金额、担保形式和规定的履约担保格式要求提交。

④ 不能提供履约担保的处理：中标人不能按要求提交履约担保的，视为放弃中标，其投标保证金不予退还，给招标人造成的损失超过投标保证金数额的，中标人还应当对超过部分予以赔偿。

（8）重新招标和不再招标

1）重新招标。根据《评标委员会和评标办法暂行规定》第二十七条，有下列情形之一的，招标人将重新招标：

① 投标截止时间止，投标人少于 3 个的；

② 经评标委员会评审后合格的投标人少于 3 个的。

2）不再招标

重新招标后投标人仍少于 3 个或者所有投标被否决的，属于必须审批或核准的建设工程，经原审批或核准部门批准后不再进行招标。

（9）纪律和监督

主要是依据《招标投标法》及相关规定，对招标活动主体的纪律要求和投诉监督。

1）对招标人的纪律要求

招标人不得泄露招标投标活动中应当保密的情况和资料，不得与投标人串通损害国家利益、社会公共利益或者他人合法权益。

2）对投标人的纪律要求

投标人不得相互串通投标或者与招标人串通投标，不得向招标人或者评标委员会成员行贿牟取中标，不得以他人名义投标或者以其他方式弄虚作假骗取中标；投标人不得以任何方式干扰、影响评标工作。

3）对评标委员会成员的纪律要求

评标委员会成员不得收受他人的财物或者其他好处，不得向他人透漏对投标文件的评审和比较、中标候选人的推荐情况以及评标有关的其他情况。

4）对与评标活动有关的工作人员的纪律要求

与评标活动有关的工作人员不得收受他人的财物或者其他好处，不得向他人透漏对投标文件的评审和比较、中标候选人的推荐情况以及评标有关的其他情况。在评标活动中，与评标活动有关的工作人员不得擅离职守，影响评标程序正常进行。

5）投诉

投标人和其他利害关系人认为本次招标活动违反法律、法规和规章规定的，有权向有关行政监督部门投诉。

（10）需要补充的其他内容

主要是一些附表格式。通常有：附表一，问题澄清通知；附表二，问题的澄清；附表三，中标通知书；附表四，确认通知；附表五，中标结果通知书等。一般在投标须知前附表中给予说明。

"第三章　评标办法"

　　评标办法是评标委员会的评标专家在评标过程中对所有投标文件的评审依据，评标委员会不能采用招标文件中没有标明的方法和标准进行评标。

　　编制招标文件时，评标办法着重考虑的工作内容是选择一个合适的评标方法、科学确定评标因素和标准、合理采用评标程序。

　　1. 评标方法

　　建设工程招标常用的评标方法有：经评审的最低投标价法、综合评估法、平均报价评标法、两阶段低价评标法和"A＋B值"评标法或法律、法规允许的其他评标办法。招标人可根据工程具体情况，选择其中一种评标定标办法或选择其中几种评标定标办法综合成一种评标定标办法，作为招标文件的组成部分。下面主要介绍经评审的最低投标价法、综合评估法、"A＋B值"评标法的基本原理。

　　（1）经评审的最低投标价法

　　经评审的最低投标价法，是指投标人的商务标（或技术标）经评标委员会评审，能够满足招标文件的实质性要求，经评审的不低于成本的最低投标价最高得分的评标办法。

　　经评审的最低投标价法的评标因素由商务评标因素、技术评标因素（视工程特点确定是否设置）、经济评标因素三部分组成。其中商务标、技术标只作为符合性审查，经济标作为评标定标因素。

　　注：施工组织设计建议方案如果项目规模不大、简单工程招标时可以不考虑施工组织设计建议方案。

　　适用范围：一般适用于具有通用技术、性能标准或者招标人对其技术、性能没有特殊要求，工程质量、工期、成本受施工技术管理方案影响较小的招标项目。

　　（2）综合评估法

　　综合评估法又可分为综合评审最低投标报价法、综合评审合理低价法、经济评审合理低价法、设备安装合理低价法。

　　采用综合评估法评审因素由商务评审因素、技术评审因素、经济报价评审因素组成，各评审因素均需进行量化分值，赋予一定的分值权重。

　　综合评估法中标条件：最大限度地满足招标文件中规定的各项综合评价标准的投标，应当推荐为中标候选人，但投标价格低于个别成本的除外。按照综合得分由高至低进行排列，取前三名为中标候选人。

　　综合评估法适用范围：一般适用于工程技术复杂、专业性较强，工程项目规模较大，履约工期长，工程施工技术管理方案的选择性较大，且工程质量、工期、成本受施工技术管理方案影响较大的招标项目。

　　（3）"A＋B值"评标法

　　"A＋B值"评标法的评标因素由商务评标因素、经济报价评标因素组成。其中商务标只作为符合性审查，经济标作为评标定标因素。

　　"A＋B值"评标法定标办法：设定一个浮动系数区间 $[\alpha, \beta]$，在区间内随机抽取三个或以上的单数下浮系数 Ki，分别去掉一个最高和最低数，取其算术平均值作为 K 值作为"A值"或换算成"A值"；通过初步评审的各投标单位的报价去掉一个最高和最低数，用平均法求得平均标价 B值，然后以 A、B 值的平均值作为定标标准值。

　　中标人的确定：

1）取最接近而低于定标标准值的两个投标价者为中标候选人。

2）不能满足第①点的其他情况，取绝对值最接近定标标准值的两个投标价者为中标候选人。

"A＋B值"评标法适用范围：适用于 500 万元以下的工程。

2. 确定评审因素和标准

评审因素和标准包括：不论采用何种评标办法，其评审因素和标准均包括初步评审因素和标准、详细评审因素和标准两部分内容。但不同的评标方法其详细评审因素和标准则不尽相同，应根据具体评标办法具体确定。

初步评审因素和标准：主要由形式评审因素和标准、资格评审因素和标准（适合资格后审）、响应性评审因素和标准组成。

（1）初步评审因素和标准

初步评审因素和标准的具体内容在招标文件中可以用"初步评审评标办法前附表"加以说明（详见表 6-1）。

（2）初步评审因素和标准还包括施工组织设计建议方案的，其具体评审因素和标准详见表 6-1。

上述初步评审因素和标准属于定性评审，投标文件的任意一项不符合评审标准均不能进入下一步的详细评审，投标文件作废标处理。

初步评审评标办法前附表　　　　表 6-1

	条款号	评审因素	评审标准
1	形式评审标准	投标人名称	与营业执照、资质证书、（安全生产许可证——适用施工招标）一致
		投标函签字盖章	有法定代表人或其委托代理人签字或加盖单位章
		投标文件格式	符合"投标文件格式"的要求
		联合体投标人	提交联合体协议书，并明确联合体牵头人（如有）
		报价唯一	只能有一个有效报价
		……	………
2	资格评审标准	营业执照	具备有效的营业执照
		安全生产许可证	具备有效的安全生产许可证（适用施工招标）
		资质等级	符合"投标人须知"规定
		建造师（项目经理）	符合"投标人须知"规定
		其他要求	符合"投标人须知"规定
		联合体投标人	符合"投标人须知"规定（如有）
		……	……
3	响应性评审标准	工期	符合"投标人须知"规定
		工程质量	符合"投标人须知"规定
		投标有效期	符合"投标人须知"规定
		投标保证金	符合"投标人须知"规定
		已标价工程量清单	符合"工程量清单"给出的范围及数量
		……	……

续表

条款号		评审因素	评审标准
4	施工组织设计建议方案评审标准	1. 施工部署的完整性、可行性	
		2. 施工方案和施工工艺的针对性、可行性	
		3. 工程质量管理体系与措施的可靠性；工程进度计划与措施的可靠性；安全管理体系、环境管理体系与措施的可靠性	
		4. 施工机械设备配置的数量、性能和匹配性	
		5. 劳动力配置的适应性	
		6. 项目管理机构主要负责人的任职资格与业绩	
		……	

3. 详细评审因素和标准

（1）经评审的最低投标价法

该评标办法的详细评审标准是：以投标报价总价、分项单价的合理性与平衡性、报价内容是否存在遗漏、偏离等作为评审因素，对投标报价进行符合性评审，通过符合性评审的为有效报价。按照有效报价由低到高排序，确定排序第一的为中标候选人。

（2）综合评估法

详细评审因素和标准

采用综合评估法就是对详细评审的商务评审因素、技术评审因素、经济报价评审因素赋予量化分值。一般按照总分 100 分，其中报价分值区间为 [60，40]，商务、技术分值区间为 [40，60]。投标人得分＝商务得分＋技术得分＋报价得分（满分 100 分）。

1）商务部分评标因素与标准（？分值）

商务评审因素可以从以下方面考虑设置：

① 项目负责人、技术负责人任职资格与业绩；（？分值）

② 项目管理其他成员的任职资格、业绩与专业结构；（？分值）

③ 投标人基本情况（？分值）

a. 财务状况（企业注册资本、净资产、资产负债率、现金流量）（？分值）

b. 银行授信状况（？分值）

c. 企业已有类似项目业绩、规模和质量评价（？分值）

d. 企业履约信誉、政府或行业的诚实信用评价（？分值）

④ 其他需要材料。

商务评审标准具体内容的设置：评审因素对应的评审内容应根据工程的特点、要求进行科学、合理设置，并赋予评分标准内容分值（参见本章案例赏析）。

2）施工组织设计建议方案评标因素与标准（？分值）

技术评审因素可以从以下方面考虑设置：

① 施工部署的完整性、合理性；（？分值）

② 施工方案和施工工艺的针对性、可行性；（？分值）

③ 工程质量管理体系与措施的可靠性；（？分值）

④ 工程进度计划与措施的可靠性；安全管理体系、环境管理体系与措施的可靠性；（？分值）

⑤ 文明施工和文物保护体系及保障措施；（？分值）

⑥ 施工机械设备配置的数量、性能和匹配性；（？分值）

⑦ 劳动力配置的适应性；（？分值）

⑧ 其他技术支持体系；（？分值）

技术评审标准具体内容的设置：评审因素对应的评审内容应根据工程的特点、要求进行科学、合理设置，并赋予评分标准内容分值（参见本章案例赏析）。

3）投标报价评标标准（？分值）

投标报价的评审的方法、标准可以采用最低价最优的评标办法或合理评审低价评标办法。具体先确定一个评标基准价作为满分，然后对各投标报价计算分值。

最低价最优的投标报价评标办法：

该方法是以通过初步评审的有效投标报价的最低价作为评标基准价，其得分为满分 Q，

各投标人的投标报价得分＝Q×[1－（投标报价－评标基准价）÷评标基准价]

合理评审低价评标办法：

该方法以本次招标中视为最合理的报价作为评标基准价，其报价评分值为满分 Q，偏离该基准价的投标报价将按照设定的规则依次扣分。

① 评标基准价的计算

评标基准价：为有效投标报价去掉一个最高值和一个最低值后的平均值（当投标有效报价少于 5 个时，取全部的平均值）或该平均值再乘以一个合理下降系数（该下降系数根据具体情况合理设定）；

② 投标报价分值计算

可以设定评标基准价的得分为满分（100 分），每高于或低于评标基准价一个百分点扣一定分值，得出每个投标报价对应分值，然后再按报价权重换算投标报价得分。可以用下列两种数学模型式表示的方法计算：

第一种模型计算方法：

$$F_1 = F - [(|D_1 - D|/D) \times 100 \times E]$$

式中：F_1——投标报价得分；F——投标报价分值权重；D_1——投标人的投标报价；D——评标基准价；E——设定投标报价高于或低于评标基准价一个百分点应该扣除的分值。$D_1 \geqslant D$ 时的 E 值可以比 $D_1 < D$ 时的 E 值大。

第二种模型计算方法：

以有效最低报价为定标标准值，其报价得分满分 Q，各投标人的投标报价得分＝$Q\times$［1－（投标报价－评标基准价）÷评标基准价］，Q 为报价满分值。

（3）"A＋B 值"评标法

1）确定 A 值

设定一个浮动系数区间，开标前按照规定在浮动区间内随机抽取浮动费率系数 Ki，取其算术平均值作为平均浮动费率 K 值（如采用投下浮率的，K 值即为 A 值），如采用非投下浮率的，则换算成 A 值。（四舍五入，保留小数点后两位）。

A 值＝Ki 的算术平均值 K 值（适用投下浮率）

A 值＝招标控制价×（1－｜K 值｜）（适用非投下浮率）。

2）确定 B 值

B 值＝各有效投标报价的算术平均值

3）确定定标标准值

定标标准值＝（A＋B）÷2

4）定标标准

① 取最接近而低于定标标准值的两个投标价为中标候选人，其中最接近定标标准值的投标报价为第一中标候选人。所谓最接近是指投标报价和定标标准值的差值与定标标准值比值小于设定的范围时（一般设置 3%）的投标报价为最接近。

② 不能满足第①点的其他情况，取绝对值最接近定标标准值的两个投标报价为中标候选人，其中报价低者为第一中标候选人。

4．评标程序

（1）初步评审

1）评标委员会依据评标办法前附表的评标因素进行逐项评审，有不符合评审标准的投标作废标处理。

2）废标情形

招标人要列出废标的情形。如投标人有以下情形之一的，其投标作废标处理：

① 评标前附表的任何一种情形的；

② 串通投标或弄虚作假或有其他违法行为的；

③ 不按评标委员会要求澄清、说明或补正的；

④ 投标人的法定代表人或其委托的代理人未在规定时间参加开标会议的；

⑤ 投标函或投标报价汇总表没有填写投标总报价的；

⑥ 投标总报价或措施项目费高于投标须知前附表规定的最高限价值的；

⑦ 安全防护、文明施工措施费、暂列金额没有按照规定报价的；

⑧ 不按《投标须知》规定装订、密封和标记的投标文件的；

⑨ 不按《投标须知》规定签字和盖章的。

3）投标报价有算术错误的，评标委员会按以下原则对投标报价进行修正，修正的价格经投标人书面确认后具有约束力。投标人不接受修正价格的，其投标作废标处理。

① 投标文件中的大写金额与小写金额不一致的，以大写金额为准；

② 总价金额与依据单价计算出的结果不一致的，以单价金额为准修正总价，但单价

金额小数点有明显错误的除外。

（2）详细评审

评标委员会对进入详细评审阶段的投标应按照详细评审标准进行评审。

（3）投标文件的澄清和补正

1）在评标过程中，评标委员会可以书面形式要求投标人对所提交的投标文件中不明确的内容进行书面澄清或说明，或者对细微偏差进行补正。评标委员会不接受投标人主动提出的澄清、说明或补正。

2）澄清、说明和补正不得改变投标文件的实质性内容（算术性错误修正的除外）。投标人的书面澄清、说明和补正属于投标文件的组成部分。

3）评标委员会对投标人提交的澄清、说明或补正有疑问的，可以要求投标人进一步澄清、说明或补正，直至满足评标委员会的要求。

（4）评标结果

评标委员会完成评标后，对实质性响应的投标得分（从高到低或从低到高）进行排序，向招标人推荐前三名中标候选人并提交书面评标报告，并抄送有关行政监督部门。

评标报告由评标委员会全体成员签字，对评标结论持有异议的评标委员会成员可以书面方式阐述其不同意见和理由，评标委员会成员拒绝在评标报告上签字且不陈述其不同意见和理由的，视为同意评标结论。

公示结束后，无其他投诉等情况，招标人应当确定排名第一的中标候选人为中标人。

[案例 6-1]　综合评分法案例

背景：某高层写字楼建设工程项目，业主委托某招标代理单位进行施工招标，招标方式采用邀请招标，共邀请甲、乙、丙三家施工企业进行投标。招标文件中规定采用综合评标办法评标。该综合评分法的评标因素和评标标准分值权重分别为：投标单位业绩与信誉 0.10，施工管理能力 0.15，施工组织设计合理性 0.25，投标报价 0.50。各项指标均以 100 分为满分计。

投标报价的评定方法是：

（1）计算投标企业报价的平均值

$Q＝\sum$ 投标企业报价/投标企业个数

（2）计算评标基准价格

$C＝0.6Q_1＋0.4Q$（Q_1 为标底价）

（3）计算投标企业报价偏差

$X＝[($ 投标企业报价 $-C)/C]\times100\%$

（4）按下式确定投标企业的投标报价得分 P：

$$P＝\begin{vmatrix} 100-400|X| & 当\ X＞3\%时 \\ 100-300|X| & 当\ 0＜X\leqslant3\%时 \\ 100 & 当\ X＝3\%时 \\ 100-100|X| & 当\ -5\%\leqslant X＜0\ 时 \\ 100-200|X| & 当\ X＜-5\%时 \end{vmatrix}$$

开标结束后公开标底，该工程标底价为 5760 万元。甲企业投标报价为 5689 万元，乙企业投标报价为 5828 万元，丙企业投标报价为 5709 万元。

经过评标委员会对三家投标人的投标进行初步评审均已获得通过；经过详细评审后，各投标企业的其他指标得分见表6-2所示。

投标企业的指标分数 表6-2

评标指标	甲投标企业	乙投标企业	丙投标企业
业绩与信誉	92	90	85
施工管理能力	96	90	80
施工组织设计	90	92	78
投标报价			99.24

问题： 请根据上述素材确定第一中标企业。

分析：

1. 计算投标企业报价的平均值

$Q = (5689 + 5828 + 5709)/3 = 5742$（万元）

2. 计算评标基准价格

$C = 0.6Q_1 + 0.4Q = 0.6 \times 5760 + 0.4 \times 5742 = 5752.8$（万元）

3. 计算甲、乙两家投标企业报价离差

$X_甲 = [(5689 - 5752.8)/5752.8] \times 100\% = -1.11\%$

$X_乙 = [(5828 - 5752.8)/5752.8] \times 100\% = 1.31\%$

4. 计算甲、乙两家投标企业报价得分

$P_甲 = 100 - 100|X_甲| = 100 - 100|-1.11\%| = 98.89$ 分

$P_乙 = 100 - 300|X_乙| = 100 - 300|1.31\%| = 96.07$ 分

5. 计算各投标企业的综合得分

甲企业得分：$0.10 \times 92 + 0.15 \times 96 + 0.25 \times 90 + 0.5 \times 98.89 = 95.55$。

乙企业得分：$0.10 \times 90 + 0.15 \times 90 + 0.25 \times 92 + 0.5 \times 96.07 = 93.54$。

丙企业得分：$0.10 \times 85 + 0.15 \times 80 + 0.25 \times 78 + 0.5 \times 99.24 = 89.62$。

6. 确定第一中标人：第一中标企业为甲投标企业。

［案例6-2］ "A＋B"值评标法

某工程施工招标控制价为2536750.43元，招标文件的评标办法采用"A＋B值"评标法，投标下浮系数区间［-0.5，-20］。开标前由招标人代表、投标人代表随机抽取的下浮系数值分别为：$K_1 = -8.5\%$，$K_2 = -11.5\%$，$K_3 = -13.5\%$。

经评标委员会评审，有五个投标人通过初步评审，各有效投标人的投标报价如表6-3所示：

各有效投标人的投标报价 表6-3

序号	投标人	投标报价（元）	备注
1	A	2479369.11	
2	B	2469378.62	
3	C	2502116.33	
4	D	2498862.85	
5	E	2511687.66	

招标文件规定中标候选人的确定：①取最接近而低于定标标准值的两个投标价为中标候选人，其中最接近定标标准值的投标报价为第一中标候选人。所谓最接近是指投标报价和定标标准值的差值与定标标准值比值小于设定的范围时（一般设置3％）的投标报价为最接近。②不能满足第①点的其他情况，取绝对值最接近定标标准值的两个投标报价为中标候选人，其中报价低者为第一中标候选人。

问题：请根据上述资料确定中标人。

答：1. 确定 K 值：

$K=(K_1+K_2+K_3)/3=-11.167\%$

2. 确定 A 值：

A 值＝招标控制价×（1－$|K|$）＝2536750.43×（1－$|-11.167\%|$）

　　　＝2536750.43×0.88833

　　　＝2253471.509（元）

3. 确定 B 值

B＝（2479369.11＋2502116.33＋2498862.85）/3＝2493449.43 元

4. 确定定标标准值

定标标准值＝（A＋B）/2＝2373460.47 元

5. 确定中标人：

根据对投标人的投标报价与定标标准值进行比较，最终确定投标人 B 为第一中标候选人。

"第四章　合同条款及格式"

国家相关行政主管部门借鉴国际上通用的建设工程施工合同的成熟经验和有效做法，根据国家现有的法律、法规，结合我国工程建设实际情况编制颁布《建设工程施工合同（示范文本）》GF-2013-0201。目的为了规范和指导合同当事人双方的行为，完善合同管理制度，解决过去施工合同中存在的合同文本不规范、条款不完备、合同纠纷多等问题。

范本的合同条款及格式主要有：通用合同条款、专用合同条款、合同附件格式等三部分。

第一部分　通用合同条款

通用条款适用于所有建筑安装工程，条款中对合同双方的权利、义务作了详细的规定，是双方履行合同的标准化条款。实践使用时不得作任何改动，原文照搬。

因通用条款较多且通用，实践中可以用本工程的通用条款。采用"《建设工程施工合同（示范文本）》GF-2013-0201"或各省建设行政主管部门制定的《建设工程施工合同（示范文本）》中的通用合同条款。

第二部分　专用合同条款

招标人可以根据工程的具体特点、功能要求及建设需要，在通用条款中没有具体约定的事项，可以在专用条款中给予具体的约定，该约定并与通用条款中对同一方面问题内容构成完整的约定。

第三部分　合同附件格式

合同附件格式主要包含：格式附件一：《合同协议书》；附件二：廉政协议；附件三：履约银行保函格式；附件四：支付银行保函格式；附件五：预付款银行保函格式；附件

六：工程质量保修书。合同附表1：承包人承揽工程项目一览表；合同附表2：发包人供应材料一览表；其他招标人认为需要的附件。

为减少重复，合同条款中的通用合同条款、专用合同条款、合同附件格式的具体内容与含义将在第十一章合同管理一章详述。

"第五章 工程量清单"

1. 工程量清单说明

说明工程量清单的编制依据和编制原则。本工程量清单是根据招标文件中包括的、有合同约束力的图纸以及有关工程量清单的国家标准、行业标准、合同条款中约定的工程量计算规则编制。

2. 投标报价说明

（1）向招标人说明投标报价的方式。是否采用工程量清单报价，采用固定单价合同还是固定总价合同等的合同形式。

（2）向招标人说明投标报价的总价或单价应包含的费用内容。如包含完成该工程项目的成本、利润、税金、措施项目费、其他项目费、大型机械进出场费、风险费、政策性文件规定费用等所有费用。

（3）本工程计价办法的依据。采用何种定额（如按照×××建筑、装饰装修、安装工程综合定额）进行计费，安全生产、文明施工措施费的计算办法（如按照×××建筑、装饰装修、安装工程计价办法的有关规定进行报价）材料选型表及结算办法的说明。

3. 其他需要说明的内容

4. 招标人提供工程量清单

工程量清单应根据按照国家现行《建设工程工程量清单编制规范》、《建设工程工程量清单计价规范》要求的标准编制。地方行政主管部门有最新规定的按照地方规定编制。编制工程量清单实行编制、复核、审定三级制度，不要漏项。

（三）第二卷

第二卷只包含"第六章图纸及相关技术文件"。

"第六章 图纸及相关技术文件"

设计图纸是合同文件的重要组成部分，是具有合同约束力的文件资料，是编制工程量清单以及投标报价的重要依据，也是进行施工及验收的依据。相关技术文件最主要是包含施工需要的地下地上、场地周围环境状况等资料、地勘资料、标准图集等。

（四）第三卷

第三卷由"第七章技术标准和要求"组成。

"第七章 技术标准和要求"

技术标准和要求是构成合同文件的组成部分。技术标准的内容主要包括各项工艺指标、施工要求、材料检验标准以及各分部、分项工程施工成型后的检验手段和验收标准等。

技术标准和要求由招标人根据招标项目具体特点和实际需要编制。"技术标准和要求"中的各项技术标准应符合国家强制性标准，不得要求或标明某一特定的专利、商标、名称、设计、原产地或生产供应者，不得含有倾向或者排斥潜在投标人的其他内容。如果必须引用某一生产供应者的技术标准才能准确或清楚地说明拟招标项目的技术标准时，则应当在参照后面加上"或相当于"字样。

（五）第四卷

第四卷由"第八章投标文件格式"组成。

"第八章　投标文件格式"

投标文件格式是为投标人编制投标文件提供固定的格式和编排顺序，以规范投标文件的编制，同时便于评标委员会评标。投标文件格式应能完全反映第三章评标办法规定的评审内容（商务、报价、技术部分）所需的资料文件。可以参照附录2《中华人民共和国简明标准施工招标文件》第八章投标文件格式编写，编写过程中可以根据需要增加或减少。

第二节　编制招标文件注意事项

一、知识储备

招标投标活动是法律性、程序性很强的一种规范性活动。招标文件一旦发出，就具有法律的约束力，受到法律的保护。招标人在编制招标文件时应严格依照相关法律、法规、管理办法，结合工程的专业特点与需要来编制招标文件，公平起草合同条款。

招标投标涉及行业较多，所涉及的行业法规、规定也较多，不同专业需求存在较多差异。因此，招标人或招标代理机构除应熟悉国家有关招标投标的法律、法规、地方管理办法以外，尚应做好不同行业招投标知识储备。

二、熟悉项目招标条件及招标流程

熟悉建设工程施工招标应具备的条件，招标前应准备的完整资料。

建设工程招标投标具有严格的程序性，招标人或招标代理机构必须熟悉招投标流程及各阶段应做的工作内容与工作标准。特别是开标决标阶段，应按照规定流程与要求进行开标、评标、中标公示。

三、熟悉施工图纸与要求、技术标准

施工图纸是编制施工招标文件的必要资料，所用图纸除有设计单位的公章、相关设计人员的签字和盖章外，还应有审图机构的图审章，这样图纸才认为是合格的，才能用于施工。

施工招标文件中要求的质量标准应满足图纸及相关施工验收规范的要求，且至少合格或以上。

技术标准应是适用工程项目专业技术标准、国家现行的规范性标准、行业标准或企业标准。各项技术标准应符合国家强制性标准。

四、编制招标控制价（或标底）

招标控制价是拟招标工程的施工最高限价，应根据现行工程量清单计价规范、施工图纸、有关工程定额、材料市场信息指导价及相关计价办法等进行编制。招标控制价应当由有经验的具有注册工程造价执业人员编制。招标控制价编制实行编制、复核、审定制度，应力求做到准确、不漏项，真实反映拟招标工程的建设成本。

招标文件可以设置最高控制价，但不能设定最低限价。

五、合同条款

合同是招标文件的重要组成部分，组成合同文件对合同双方均有法律约束力。参考《标准施工合同范文》编制，着重参考合同的承包方式、承包范围、合同价格、合同工期、质量要求与标准、合同款支付与价格调整方式方法、双方权利义务和违约责任等主要合同要件。对于合同附件的《质量保修书》、《廉政合同》、《安全生产合同》应按照规定编制。

六、编制招标文件重点考虑的内容

1. 招标范围：招标文件应清晰标明拟招标工程范围，施工任务边界。

2. 投标人资格条件：准确确定投标人的资格条件，招标人不能人为设置对投标人有限制性、歧视性的条款。资格条件评审要求投标人应提供的资料。

3. 评标办法：评标方法是招标文件的核心之一，应科学、合理设置评标因素和评标标准并赋予分值。具体采用何种评标办法应根据工程项目特点与要求、地方政府或招投标行政监督管理部门规定来确定评标方法。

4. 废标条件：招标文件中应详细清楚列明废标条件（开标阶段可以直接废标的条件，评标阶段的废标条件）。

5. 投标文件编制要求：商务部分（投标函部分）、技术标部分、经济报价部分等各部分的编制标准要求。投标文件的打印、装订、密封要求。

6. 投标保证金、投标有效期、履约保证金要求。

7. 投标文件格式：应能充分体现招标文件实质性要求，清楚说明投标人应提供的资料。

8. 编制招标文件一般参照使用于当地的招标文件范文，结合招标工程特点与需要编制，这样有利于招标文件的规范性、统一性，而且也不容易出错。

复习思考题

一、简述题

1. 简述工程施工招标文件的组成内容。

2. 简述投标有效期及其作用？

3. 投标保证金有何作用？

4. 工程施工招标评标方法有几种形式？各自适用范围？

5. 简述工程施工招标评标的程序。

二、论述题

编制工程施工招标文件时，采用资格后审方式，在初步评审阶段须编制初步评审因素和评标办法，请问应当从哪几个方面考虑评标因素和标准，需要投标人提供哪些相应资料来证明投标人的资格符合要求？

案 例 赏 析

背景：广西某房地产公司拟在北海银滩西区开发高档住宅小区，总占地面积约5000亩，以别墅、多层、小高层、高层住宅为主，配备有高尔夫球场等高档娱乐设施。招标人成立专门招标小组负责项目招标。本标的是前期市政道路及其配套设施的施工招标，招标人编制了招标文件向社会公开招标。

本例主要摘录了该招标文件的投标须知前附表及评标办法章节，在评标办法中招标人采用综合评标法，由技术部分和商务部分组成，其中技术分值权重40%，商务分值权重60%。评标会员会先对技术标进行评审，通过技术评审的投标书进入商务标评审。具体如下：

通过本案例分析，可以进一步加深理解工程施工招标文件评标办法具体内容，评标因素及评标标准、评标方法的设置。

广西北海某项目一期市政道路及配套市政设施工程施工

招 标 文 件

招标编号 ［2009-012］

招标人：广西某房地产开发有限公司

二○○九年十月

第二章 投标须知及投标须知前附表

一、投标须知前附表

项号	内容	说明与要求
1	工程名称	A项目一期市政道路及配套市政设施工程施工承包
2	建设地点	广西,北海市银滩西区
3	建设规模	四号路长504.409m,丽景路道路加宽长2313.965m,景观路563.102m,一号路长863.754m,三号路长226.403m,共计4471.633m。
4	承包方式	包工包料、包工期、包质量、包协调、包安全生产、包文明施工、包劳保、包验收、包综合治理
5	质量目标	合格
	安全目标	责任事故死亡率为零,确保无重大安全事故
6	招标范围	本次招标项目为A项目一期市政道路及配套市政设施工程施工承包,总长4471.633m。 本次招标范围是市政道路的基层、面层和附属设施工程、雨污水工程、桥涵、地下人行通道、路灯工程。市政路道的路基、给水、电力、通信、燃气、交通设施工程、绿化工程等由业主另行委托
7	工期要求	本工程的关键节点工期及竣工日期如下: 1. 开工时间:暂定2010年3月10日,招标人签发的开工令为准; 2. 竣工日期: 年 月 日 3. 承包施工范围完工工期:180日历天
8	资金来源	自筹资金,已到位
9	投标人资质等级要求	投标人必须具有市政公用工程施工总承包二级及以上资质,本项目拒绝联合体参与投标
10	资格审查方式	资格预审
11	工程计价方式	工程量清单报价(全费用综合单价)
12	投标有效期	为90日历天(从投标截止之日算起)
13	投标保证金额	投标保证金额:人民币5万元。请按以下账户信息汇入,凭银行盖章的受理单开立收据,公司名称:北海A地产开发有限公司;开户行:中国银行北海分行;账号
14	踏勘现场及招标答疑	踏勘现场不做统一安排(如有需要请与招标人联系),不统一召开答疑会,投标人疑问通过传真或电子文件形式发送到招标人处,招标人统一回复各投标人
15	招标文件份数	一份正本,三份副本,电子文件2份(U盘,商务和技术各一份),其中工程量清单报计价表必须采用EXCEL电子表格。中标人需根据招标人要求另外提交一定份数投标文件(费用包括在投标报价中)
16	投标文件提交地点及截止时间	收件人:北海A房地产开发有限公司 地点:北海北部湾 时间:2010年2月8日12时__分
17	开标	招标人自行组织开标
18	评标方法及标准	合理低价法
19	履约担保金额	履约担保金额中标价的10%元
20	招标文件的领取	招标文件于2010年1月11日至1月15日8:00～12:00、14:30～17:30(北京时间)在北海北部湾东路二楼行政部发售,每份300元人民币,售后不退

"第三章 评标办法"

本工程评标工作采用两段两审方式。所谓"两段"指技术标评审阶段和商务标评审阶段；"两审"指初审和终审，初审是对投标文件进行符合性与完整性评审，终审是对投标文件进行技术及商务标评审。

26. 初审阶段评审

26.1 评标委员会首先对投标文件的实质性内容进行符合性与完整性评审，判定是否满足招标文件要求，如果投标文件属实质上不响应招标文件规定的，招标人予以拒绝。

26.2 被评标委员会拒绝的投标人的投标文件，不再进行评审。

26.3 投标符合性与完整性评审包括以下具体内容（但不限于）。

A. 按照招标文件规定的格式、内容打印，字迹清晰可辨；并在规定时间内按招标文件要求密封递交。

B. 投标文件上法定代表人的印鉴或签字齐全，如有授权代理人则需要提供合法、有效的相关文件。

C. 标明的投标人与通过资格审查的投标申请人未发生实质性改变。

D. 投标文件中是否提供了投标保证金的收据复印件（原件备查）。

E. 招标文件中规定的其他要求。

27. 终审阶段

技术部分和商务部分分别按总分 100 分设置分值，技术部分的权重系数为 $A＝0.4$，商务部分的权重系数为 $B＝0.6$，最终得分的计算方法公式：

投标人最终得分＝技术标得分×A＋商务标得分×B

终审阶段评标先评技术部分，后评商务部分的顺序进行。

第一阶段：评标委员会成员现对技术标进行评审，满分为 100 分。

第二阶段：评标委员会对商务标进行评审，评审通过且经算术性修正后报价的根据经济标评标规则评出各投标人的经济标得分。按照（经济标得分×90％＋质量工程承诺×10％）计算综合得分。

根据两阶段的得分结果按公式计算最终得分：

投标人最终得分＝技术标得分×A＋商务标得分×B。

然后对所有合格有效的投标人按总分多少从高向低排序，招标人根据评标报告依法确定中标单位。

27.1 第一阶段技术标评审

技术评审总分为 100 分，其中施工组织设计部分占 60％，企业资信部分占 40％。由各评委按照评标细则和技术评审评分表对各技术标文件进行独立打分。将各评委的评分去掉一个最高分和一个最低分，将剩余评委的分数计取算术平均分作为该单位第一阶段的最终得分，分数出现小数点，保留小数点后 2 位，从小数点后第 3 位四舍五入。

27.1.1 技术标方案部分评分细则

（1）总体概述：

优：对项目总体有深刻认识，表述清晰、完整、严谨、合理，措施先进、具体、有效、成熟，施工段划分应总体表述，划分清晰、合理，符合规范要求。

技术标（方案）评审评分表（权重分占技术标得分的60%）

评审项目		评 分 标 准			
		优	良	中	差
①	总体概述	8～6.4	6.3～4.8	4.7～3.2	3.1～0
②	施工进度计划和各阶段进度的保证措施及违约责任承诺	20～16	15.9～12.1	12～8.2	8.1～0
③	劳动力和材料投入计划及保证措施	13～10.4	10.3～7.8	7.7～5.1	5.0～0
④	机械设备投入计划及检测设备	11～8.8	8.7～6.6	6.5～4.3	4.2～0
⑤	施工平面布置和链式设施布置	5～4	3.9～3	2.9～2	1.9～0
⑥	关键施工技术、工艺及工程项目实施的重点、难点和解决方案	30～24	23～18	17～12	11～0
⑦	安全文明措施	5～4	3.9～3	2.9～2	1.9～0
⑧	质量保证与承诺	8～6.4	6.3～4.8	4.7～3.2	3.1～0
得分合计		100			

　　良：对项目总体有一定认识，表述清晰、完整，措施具体有效；施工段划分呼应总体表述，划分清晰，符合规范要求。

　　中：对项目总体有认识，有一定的措施但部分不具体；施工段划分较合理，符合规范要求。

　　差：对项目认识不足，表述不清晰，措施不具体；施工段划分不合理。

　　（2）施工进度计划和各阶段进度的保证措施及违约责任承诺

　　优：关键线路清晰、准确、完整，计划编制合理、可行。关键节点的控制措施有力、合理、可行。进度违约责任承诺具体，经济赔偿最大。

　　良：关键线路清晰、准确、完整，计划编制可行。关键节点的控制措施基本可行。进度违约责任承诺具体，经济赔偿次大。

　　中：关键线路基本准确，计划编制基本合理。关键节点的控制措施基本可行。进度违约责任承诺具体。

　　差：关键线路不准确，计划编制不合理。关键节点的控制不可行。没有违约责任承诺。

　　（3）劳动力和材料投入计划及其保证措施

　　优：投入计划与进度计划呼应，较好满足施工需要，调配投入计划合理、准确。

　　良：投入计划与进度计划呼应，基本满足施工需要，调配投入计划基本合理、准确。

　　中：投入计划与进度计划呼应，基本满足施工需要，调配投入计划基本合理。

　　差：投入计划与进度计划不呼应，不能满足施工需要。

　　（4）机械设备投入计划

　　优：投入计划与进度计划呼应，较好满足施工需要，采用先进机械设备。

　　良：投入计划与进度计划呼应，满足施工需要。

　　中：投入计划与进度计划呼应，基本满足施工需要。

　　差：投入计划与进度计划不呼应，不能满足施工需要。

（5）施工平面布置和临时设施布置

优：总体布置有针对性、合理，较好满足施工需要，符合安全、文明生产要求。

良：总体布置合理，能满足施工需要，基本符合安全、文明生产要求。

中：总体布置基本合理，基本满足施工需要。

差：总体布置不合理，不符合安全、文明生产要求。

（6）关键施工技术、工艺及工程项目实施的重点、难点分析和解决方案

优：对项目关键技术、工艺有深入的表述，对重点、难点有先进、合理的建议，解决方案完整、经济、安全、切实可行，措施得力。

良：对项目关键技术、工艺有深入的表述，对重点、难点有合理的建议，解决方案经济、安全、基本可行。

中：对项目关键技术有一定了解，对重点、难点有建议，解决方案基本可行。

差：对项目关键技术有表述，对重点、难点有建议，解决方案不可行。

（7）安全文明施工措施

优：针对项目实际情况，有先进、具体、完整、可行的实施措施，采用规范正确、清晰。

良：针对项目实际情况，有合理的措施且具体、完整，采用规范正确。

中：有基本合理的措施，采用规范正确。

差：安全文明措施不得力，采用规范不正确。

（8）质量保证和质量违约责任承诺

优：应用新技术、新工艺、新材料、新设备，针对项目实际提出先进、可行、具体的保证措施。超过招标文件的质量要求。质量违约责任承诺具体，经济赔偿最大。

良：针对项目实际提出先进、可行、具体的保证措施。满足招标文件的质量要求。质量违约责任承诺具体，经济赔偿次大。

中：具体措施可行。满足招标文件的质量要求。质量违约责任承诺具体。

差：措施不可行。没有质量违约责任承诺。

27.1.2 技术标资信部分评分细则

技术标（企业资信）评审评分表（权重分占技术标得分的 40%）

	评审项目	评分标准			
		优	良	中	差
1	项目经理业绩,项目班子配备情况	10	7.5	2.5	0
2	企业业绩情况	10～8	7.9～6	5.9～4	3.9～0
3	企业财务情况	10	7.5	5	2.5～0
4	企业资信情况	10	7.5	5	2.5～0

（1）项目经理业绩，项目班子配备情况

优：项目经理具有二级及以上建造师资格，工程师及以上职称，10 年以上类似工程经验。班子人员齐备、人数足、搭配合理。项目经理所担任的类似项目曾获得国家级质量奖。

良：项目经理具有二级及以上建造师资格，工程师职称，8 年以上类似工程经验。班

子人员齐备、人数较足、搭配较合理。项目经理所担任的项目层获省优工程。有2项以上类似工程项目业绩。

中：项目经理具有助理工程师及以上职称，5年以上类似工程经验。班子人员齐备、人数基本满足要求、搭配基本合理。

差：项目经理没有同类工程经验。班子人员不齐备、人数不能满足要求。

（2）企业业绩情况

采用逐项得分法，10分为上限，同一工程或多个奖项的仅计算最高得分项，不累加。

企业近三年获得过国家级质量奖，每项加5分；

近三年获得省部级质量奖每项加2分。

（3）企业财务状况

采用逐项得分法，

企业具有银行"AAA"信用等级；

企业最近一年审计报告中资产负债率不高于85％；

企业在最近一年的审计报告中显示为盈利，

企业盈利超过500万（最近一年的审计报告）；

每不满足一项即扣去2.5分，直到扣完本项为止。

（4）企业资信状况

采用逐项得分法，

企业最近一年的营业额超过5000万；

企业在项目所在地有常设分支机构并已经进行年度备案；

企业在项目所在地完成过造价1000万以上的工程；

每不满足一项即扣去2.5分，直到扣完为止。

技术标方案得分×60％＋技术标资信部分得分×40％＝技术标得分。

27.2　第二阶段商务标评审

27.2.1　商务标的评审部分为100分，其中经济标得分占90％，质量工期承诺10％。

27.2.2　经济标按由评标委员会通过对投标人的投标报价评估和比较确定合理的价值（出现带恶意竞争性质的不合理报价将不在评估范围内），与合理低价相等的得90分，投标报价没低于或高于合理低价值1％的减2分。

27.2.3　计算过程中，不足1％按插入法计算，保留两位小数，第三位四舍五入。

27.2.4　工期承诺（占商务标10％，共10分）

27.2.4.1　工期承诺：以招标人公布的招标工期180日历天为基数，每缩短5日历天得一分。

27.2.5　投标人商务标得分：经济标得分×90％＋质量工期承诺×10％＝商务标得分。

27.2.6　扣分项目

27.2.6.1　本须知第11条规定的投标文件有关内容未按本须知第17.3款规定加盖投标人印章或未经法定代表人或其委托代理人签字或盖章的；由委托代理人签字或盖章的，但未随投标文件一起提交有效的"授权委托书"原件的，每缺一项扣4分。

27.2.6.2　本须知第11条规定的商务部分内容中没有"投标总价表"未加盖工程造

价师或造价员资格章的；以及所有要求盖章投标单位公章而未盖的，每缺一项扣 4 分。

    27.2.6.3　投标文件商务部分的"法定代表人身份证明书"或者投标文件签署授权委托书，因不符合条件而缺项的，扣 4 分。

    27.3　评标委员会依据上述评标标准和方法，对投标文件进行评审和比较，按最终得分的计算方法公式：投标人最终得分＝技术标得分×A＋商务标得分×B，总分排名最高的前三名确定为合格的中标候选人，得分相同的，投标报价低的优先。

    27.4　招标人将从中标候选人中确定中标人，被确定的中标候选人放弃中标或因不可抗力提出不能履行合同时，招标人可以依次确定中标候选人为中标人。

    27.5　评标委员会经评审，认为所有投标都不符合招标文件要求的，可以否决所有投标，所有投标被否决后，招标人应该依法重新招标。

第七章　建设工程施工投标

学习目标：

掌握工程项目施工投标文件的基本内容和文件的编写方法；熟悉投标的基本程序，了解投标技巧和报价策略。

能力目标：

通过本章节学习，应具备编制施工投标文件和办理工程施工投标的初步能力。

第一节　建设工程施工投标文件

一、投标文件概念

投标文件是投标人根据招标文件的要求及其他相与工程相关信息所编制的，实质性完全响应招标文件要求的，是投标人根据招标人的要约邀请而向招标人发出的要约文件。

二、建设工程施工投标文件组成

建设工程施工投标文件一般由"第一部分商务标书部分"、"第二部分　技术标书部分"（如需要）、"第三部分　经济标标书部分"、"第四部分电子标书"（如需要）等组成。具体按照招标文件中的投标文件格式要求与投标须知、评标办法要求内容来编制。

（一）第一部分　商务标书部分

商务标书部分一般包含投标函及投标函附录、法定代表人身份证明或授权委托书、联合体协议书（如有）、投标保证金、投标报价、资格审查资料等。商务标书部分主要实质性响应招标文件中的资格评审、形式评审、响应性评审要求；技术标书部分主要体现投标人对项目的了解、认识，对项目建设的安排、组织及实现目标的技术、组织保障；报价部分是投标人对实现项目的利益合理诉求。

1. 投标函及投标函附录

投标函及其附录是指投标人按照招标文件的条件和要求，向招标人提交的有关报价、质量目标等承诺和说明的函件，是投标人为响应招标文件相关要求所做的概括性函件。一般位于投标文件的首要部分，其内容、格式必须完全按照招标文件规定的格式填写。

（1）投标函

投标函包括投标人对本次所投的项目具体名称和标段，以及本次投标的报价、承诺工期和达到的工程质量目标等。投标函中投标人应当对投标有效期、投标保证金、合同条款、中标后的承诺等做出相应承诺。

投标人应当按照招标文件提供的投标函格式填制，需要法定代表人或其委托代理人签字、盖法人单位印章的，不能漏签、漏盖，否则其投标会被按废标处理。

（2）投标函附录（投标一览表）

投标函附录一般附于投标函之后，共同构成投标文件，主要内容是投标文件中涉及的关键性或实质性的内容条款进行说明或强调。

工程投标函附录所约定的合同重点条款应包括工程缺陷责任期、履约担保金额、最终付款期限、保修金等对于合同执行中需投标人引起重视的关键数据。

2. 法定代表人身份证明或其授权委托书

（1）法定代表人身份证明

法定代表人代表法人的利益行使职权，全权处理一切民事活动。法定代表人身份证明主要用于证明投标文件签署的有效性和真实性。

法定代表人身份证明一般包括：投标人名称、单位性质、单位地址、成立时间、经营期限等一般资料，同时还应有法定代表人的姓名、性别、年龄、职务等有关信息。法定代表人身份证明应加盖法人印章。

（2）授权委托书

当投标人的法定代表人不能亲自签署投标文件进行投标时，法定代表人可以通过授权委托书的形式，授权代理人全权代表其在投标过程和签订合同中执行一切与此有关的事项。

授权委托书中应写明投标人名称、法定代表人姓名、授权权限和期限等。法定代表人应在授权委托书上亲笔签名。

3. 联合体协议书

《招标投标法》第三十一条规定：联合体各方应当签订共同投标协议，明确约定各方拟承担的工作和责任，并将共同投标协议连同投标文件一并提交招标人。联合体协议书格式见附录1《标准施工招标资格预审文件》。

（1）联合体投标

《招标投标法》规定："两个以上法人或者其他组织可以组成一个联合体，以一个投标人的身份共同投标。"

为了便于投标和合同执行，联合体所有成员共同指定联合体一方作为联合体的牵头人或代表，并授权牵头人代表所有联合体成员负责投标和合同实施阶段的主办、协调工作。

（2）联合体的资格条件

《招标投标法》第31条规定："联合体各方均应当具备承担招标项目的相应能力；国家有关规定或者招标文件对投标人资格条件有规定的，联合体各方均应当具备规定的相应资格条件。由同一专业的单位组成的联合体，按照资质等级较低的单位确定资质等级。"

（3）联合体的变更

《建设工程施工招标投标办法》第43条规定："联合体参加资格预审并获得通过的，其组成的任何变化都必须在投标截止时间之日前征得招标人的同意。如果变化后的联合体削弱了竞争，含有事先未经过资格预审或者资格预审不合格的法人或者其他组织，或者使联合体的资质降到资格预审文件中规定的最低标准以下，招标人有权拒绝。"

通常情况下，联合体成员的变更必须在投标截止时间前得到招标人的同意，如联合体成员的变更发生在通过资格预审之后，其变更后联合体的资质需要进行重新审查。

（4）联合体投标其他有关规定

1）联合体对外以一个投标人身份共同投标，联合体中标的，联合体各方应当共同与招标人签订合同，就中标项目向招标人承担连带责任。

2）组成联合体投标是联合体各方的自愿行为。《招标投标法》第31条规定："招标人不得强制投标人组成联合体共同投标，不得限制投标人之间的竞争。"

3）联合体各方签订共同投标协议后，不得再以自己的名义单独投标，也不得组成新的联合体或参加其他联合体在同一项目（同一标段）投标。

4）投标保证金的提交可以由联合体共同提交，也可以由联合体的牵头人提交。投标保证金对联合体所有成员均具有法律约束力。

5）投标文件中必须附上联合体协议书。对未提交联合体协议书的联合体投标文件按无效处理。

4. 投标保证金

投标人应当按照招标文件规定的形式、金额在投标截止时间前把投标保证金提交给招标人，同时把投标保证金的凭据复印件（有招保人签收的字样或盖章）随同投标文件提交给招标人。

5. 投标报价

采用工程量清单招标的施工项目，投标人应根据招标文件"第五章　工程量清单"提供的工程量清单与说明、投标报价说明，结合市场情况以及投标人企业的自身情况，并考虑适当风险因素进行综合报价。

投标人按照投标报价表填写，注意报价大写、小写金额的一致性，工程名称应与招标文件标明的一致。

6. 资格审查资料

资格审查资料是核查投标人是否具备招标文件要求的投标人应当具备的基本资格条件，编制投标文件时，应按照招标文件规定的投标文件格式、顺序进行编制。一般应提供能反映如下表格基本情况的资料：

（1）投标人基本情况表、（2）近年财务状况表、（3）近年完成的类似项目情况表、（4）正在实施的和新承接的项目情况表、（5）近年发生的重大诉讼及仲裁情况、（6）拟投入本项目的主要施工设备表、（7）拟配备本项目的试验和检测仪器设备表、（8）项目管理机构组成表、（9）主要人员简历表。其中专职安全生产管理人员、持证施工技术人员等的人数应符合相关规定。

（二）第二部分　技术标书部分

技术标书主要是投标人根据项目的具体情况提出的拟建施工方案（包含管理机构、施工组织设计、拟分包单位情况等），为实现项目建设目标制定的具体措施。

1. 概述

（1）项目简要介绍、（2）编制依据、（3）项目范围、（4）项目特点。

2. 总体实施方案

（1）项目目标（质量、工期、造价）、（2）项目实施组织形式、（3）项目阶段划分、（4）项目工作分解结构、（5）对项目各阶段工作及文件的要求、（6）项目分包和采购计划、（7）项目沟通与协调程序。

3. 项目实施要点

（1）勘察设计实施要点、（2）采购实施要点、（3）施工实施要点、（4）试运行实施要点。

4. 项目管理要点

（1）合同管理要点、（2）资源管理要点、（3）质量控制要点、（4）进度控制要点、（5）费用估算及控制要点、（6）安全管理要点、（7）职业健康管理要点、（8）环境管理要点、（9）沟通和协调管理要点、（10）财务管理要点、（11）风险管理要点、（12）文件及信息管理要点、（13）报告制度。

（三）第三部分　经济标书部分

经济标书部分主要是投标人根据招标人给出的工程量清单作为报价工程量，结合市场、企业实际情况并考虑有关风险而进行的完成项目施工的报价文件。具体根据招标文件要求编制，一般包括以下内容：

1、报价总说明　2、工程项目投标报价总表　3、单位工程投标价汇总表　4、分部分项工程报价表　5、措施项目清单与计价表（一）　6、措施项目清单与计价表（二）　7、主要材料设备价格表　8、其他项目报价表　9、暂列金额明细表　10、规费和税金项目清单与计价表　11、材料暂估价表　12、暂估工程价表。

（四）第四部分　电子标书

电子标书应按照招标文件要求制作，并保证电子标书能正常使用。制作过程应注重制作材料、内容、制作份数，标记方式等。

第二节　投标策略与技巧

一、投标策略

投标策略是指投标人在投标竞争中的指导思想和系统工作部署，以及其参与投标竞争的方式和手段。具体采用何种策略应该根据招标项目的特点及招标文件要求来具体分析和抉择。常用的投标策略主要有下面几种：

1. 廉价中标策略

廉价中标策略主要是投标人在考虑各种因素的情况下，采用廉价的报价作为有力的竞争手段来获取中标。这种策略适用于下面几种情况：

（1）工程施工工艺简单、采用常规的施工方法即可，一般企业都能完成的工程项目。

（2）投标人恰好有某项或几项工程结束，现有大量的模板、脚手架、机械设备等闲置或无处堆放，此时可以考虑廉价中标策略。

（3）投标人工程任务发生断档，为了留住管理人员、技术工人而采用的方法。

2. 亏损中标策略

投标人已经没有工程或后续工程，不考虑企业正常利润甚至亏损来获得施工任务的一种报价策略。这种策略适用于下面几种情况：

（1）投标人已经有一段时间没有施工任务，为了留住管理人员、技术工人而采用的方法。

（2）投标人为了开拓新市场且该新市场有巨大的潜力。

3.高利润中标策略

高利润中标策略是指投标人经过综合分析，认为高报价中标的概率大而采用的一种投标报价策略。这种策略适用于下面几种情况：

（1）项目环境差，有实力竞争对手不多。

（2）项目技术要求高，一般施工单位难于满足条件。

（3）工程质量要求高、进度要求快的项目。

二、投标技巧

投标技巧是指在投标报价中采用一定的手法或技巧使业主可以接受，而且中标后又能获取更多的利润。实际工程中主要有不平衡报价法、多方案报价法、扩大标价法等。

（一）不平衡报价法

不平衡报价是指对工程量清单中各项目的单价，按投标人预定的策略作上下浮动，但不变动按中标要求确定的总报价，使中标后能获取较好收益的报价技巧。方法如下：

（1）前高后低。对早期工程可适当提高单价，相应地适当降低后期工程的单价。这种方法对竣工后一次结算的工程不适用。

（2）工程量增加的报高价。工程量有可能增加的项目单价适当提高，反之则适当降低。这种方法适用于按工程量清单报价、按实际完成工程量结算工程款的招标工程。

（3）工程内容不明确的报低价。没有工程量只填报单价的项目，如果是不计入总报价的，单价可适当提高；工程内容不明确的，单价可以适当降低。

（4）量大价高的子项适当提高单价。这种方法适用于采用单价合同的项目。

采用不平衡报价法要避免各项目的报价畸高畸低，否则有可能失去中标机会；具体做法要统筹考虑，例如某项目虽然属于早期工程，但工程量可能是减少的，则不宜报高价。

下面通过具体案例来更好地剖析不平衡报价的特点与好处。

不平衡报价的目的就是在保证能最大限度满足招标文件要求且能中标、结算时完成同样的工作而能结算工程款较多的一种报价策略。

不平衡报价一定要建立在对工程量表中工程量仔细核对风险的基础上，特别是对于报低单价的项目，如工程量一旦增多将造成承包商的重大损失，同时（提高、降低）一定要控制在合理幅度内（一般可在10%左右），以免引起业主或评标专家注意，甚至导致废标。如果不注意这一点，有时业主会挑选出报价过高的项目，要求投标者进行单价分析，而围绕单价分析中过高的内容压价，以致投标人得不偿失。

[案例7-1]　某工程施工投标，投标人利用了比平衡报价法进行报价。其不平衡报价策略策划表如表7-1所示：

不平衡报价分析表　　　　表7-1

序号	项目内容	清单中工程量	单位	标准报价/（元/m³）	标准投标合价	实际工程量	调整后投标单	实际投标合价	结算价	
									标准结算价	实际结算价
1	2	3	4	5	6=3×5	7	8	9=3×8	10=5×7	11=7×8
1	C20钢筋混凝土	2500	m³	450	1125000	3500	510	1275000	1575000	1785000

序号	项目内容	清单中工程量	单位	标准报价/(元/m³)	标准投标合价	实际工程量	调整后投标单价	实际投标合价	结算价	
									标准结算价	实际结算价
2	C30 钢筋混凝土	4000	m³	500	2000000	6000	560	2240000	3000000	3360000
3	C40 钢筋混凝土	6000	m³	650	3900000	5000	585	3510000	3250000	2925000
	合计				7025000			7025000	7825000	8070000

分析：通过上述表格数据可以看出，由于清单工程量与实际结算工程量有较大出入，相同项目结算价相差也较大。而采用不平衡报价以后，实际结算价相差更大。本案例采用不平衡报价下的实际结算价比按标准报价下的实际结算价提高了 3.1%，但作为施工方，要在正常施工过程中通过管理来提高 1% 的效益也相当困难。所以，在确定投标报价时根据自己掌握的资源情况，依据经验进行综合判断，适当运用不平衡报价技巧，在确保中标的报价前提下寻求更大回报是完全有必要的。

[案例 7-2] 某工程（某分项或子母）在招标时给出了清单工程量，但实际工程量与清单工程量有变化，投标人按照常规方法进行报价，具体如表 7-2 所示。

常规平衡报价的清单报价单　　　　　　　　　　　　　　　　表 7-2

工程分项名称	清单工程量/m³	实际工程量/ m³	单价/(元/ m³)
A	5000	7500	100
B	3000	2000	80

试用不平衡报价方式的方法进行策划报价和分析成果。

不平衡报价策划分析：

根据表 7-2，A、B 两个分项工程的总报价为 A＋B＝5000×100＋3000×80＝740000 元，此价格为投标总价且为中标价。

现在，使用不平衡报价进行调整，分析策划过程具体如下：

若 A、B 两个分项工程的单价分别增减 9%，则 A 项工程的单价由 P 增至 P′，则

$$P′=100×(1+9\%)=109元/m³$$

B 项工程的单价 C 减至 C′，则

$$C′=80×(1-9\%)=72.8元/m³$$

调整后 A、B 的总价为 A′＋B′＝5000×109＋3000×72.8＝763400 元，（A′＋B′）－（A＋B）＝763400－740000＝23400 元，即采用不平衡报价的比用常规报价结算增加了 23400 元，使得投标总价也增加了 23400 元，这有可能不中标，违背了中标的愿望。

为了中标，必须保持投标总价不变，即将差价调回到零。调零的方法是将上面调整的单价之一固定，在总价不变的条件下，再对另一个单价进行修正。将 B 项工程的单价维持在 72.8 元/m³，总价变化调零后，设 A 项工程的单价为 P″，并解下列方程式求出其值：

$$5000×P″+3000×72.8=740000$$

P″＝104.32（元/ m³），即 A 项工程的单价调整为 104.32 元/m³。此时，A、B 两个分项工程的总报价为 A″＋B″＝5000×104.32＋3000×72.8＝740000 元，即调整后仍维持

总报价不变。

同理，若将 A 项工程的单价维持在 109 元/ m³ 不变，也可求出调零后 B 项工程的单 C″，

$$C''=65元/ m³$$

投标人在综合比较后，通常提高预计实际工程数量增加概率较高的那些分项工程的单价，并对其他分项工程单价进行修正。

通过不平衡报价策划后，A、B 两个分项工程的不平衡报价时填报到清单中的单价如表 7-3 所示：

不平衡报价的清单报价单

表 7-3

工程分项名称	清单工程量/m³	实际工程量/m³	单价/(元/m³)
A	5000	7500	109
B	3000	2000	65

不平衡报价结算成果比较：

A、B 两个分项工程实际结算结果是：

使用常规（平衡）报价：结算总收入 = 7500×100＋2000×80＝910000 元；

使用不平衡报价：结算总收入 = 7500×109＋2000×65＝947500 元；

不平衡报价比原常规（平衡）报价实际上多收入 947500-910000＝37500 元。

（二）多方案报价法

多方案报价法是投标人针对招标文件中的某些不足，提出有利于业主的替代方案（又称备选方案），用合理化建议吸引业主争取中标的一种投标技巧。具体做法：一是按招标文件的要求报正式标价；二是在投标书的附录中提出替代方案，并说明如果被采纳，标价将降低的数额。多方案报价法具有以下特点：

（1）方案报价法是投标人的"为用户服务"经营思想的体现。

（2）方案报价法要求投标人有足够的商务经验或技术实力。

（3）招标文件明确表示不接受替代方案时，应放弃采用多方案报价法。

（三）扩大标价法

扩大标价法是投标人针对招标项目中的某些要求不明确、工程量出入较大等有可能承担重大风险的部分提高报价，从而规避意外损失的一种投标技巧。例如在校核工程量清单时发现某些项目的工程量、图纸与工程量清单有较大的差异，并且业主不同意调整的情况下，就可对有差异部分采用扩大标价法报价，其余部分仍执行原定策略。

第三节　投标程序及工作内容要求

施工投标是建筑施工企业取得建设工程施工任务的主要途径。根据项目任务工作强度程度把投标的过程划分为投标前期阶段、投标阶段和决标阶段三个工作阶段。

一、投标前期阶段

这一阶段主要是获取招标投标信息、通过对信息的分析甄别，然后决定是否参与投标，决定投标后，组建投标机构。

（一）信息及信息收集

招标投标信息的获得主要是通过国家规定的媒介（媒体、新型的网络平台）的招标公告。投标人通过招标公告的内容进行分析，确定是否参与投标。

（二）组建投标工作机构

投标人决定对某一项目进行投标，则首先成立项目投标小组，小组成员应有着丰富的招投标经验，小组成员一般由专业技术人才，经营管理人才和商务金融人才构成。因为工程招标留给投标人编制投标文件的时间相对比较短，工作比较紧张，因此，小组成员确定后首先进行工作分工，然后汇总编制。

二、投标阶段

投标阶段是投标工作的重要阶段，投标人须认真熟读和分析招标文件的实质性要求、评标办法，然后做好投标策略，以最大限度满足招标文件要求而获得中标。

（一）准备和提交资格预审资料（适用资格预审）

在工程招投标活动中，留给投标人准备资格预审资料或编制投标文件的时间都是比较紧的，为了能更快更好地编制投标文件，投标人平时要注意相关资料的整理和积累，必须按时、符合要求填制资格预审申请资料，才能获得资格预审的通过。

1. 加强资格预审文件的分析

提交的资格预审资料满足招标人对资格预审的要求，同时又要反映出本公司最好的施工经验、施工水平和较强的施工组织能力。故投标人要认真分析资格预审文件的实质性要求，按照要求最大限度满足。资格预审响应文件一般要求投标人提交如下材料：企业概况、财务状况、主要管理人员情况、目前的施工机械和人工情况、近三年的施工项目情况、目前承建的工程情况、2年来设计的诉讼案件情况、其他资料。

2. 资格预审申请文件的提交

资格预审申请文件按照资格预审文件规定的地点、规定的时间提交，然后注意信息跟踪工作，以便发现不足之处，及时补送资料。

（二）研究招标文件

投标人（通过资格审查收到招标人的投标邀请书后）应及时按照招标公告（投标邀请书）注明的时间、地址获取招标文件。投标人获取招标文件之后，要认真仔细研读招标文件，充分了解其实质性内容和要求、评标办法、废标条件，以便有针对性地安排投标工作。招标文件的研究工作包括：

①招标项目综合说明，熟悉工程项目全貌；②研究投标须知，特别是废标条件，防止废标；③研究评标办法，理解形式评审、资格评审的评审因素和评审标准，透彻理解详细评审因素与评审标准；④研究设计文件，为制定报价或制定施工方案提供确切的依据；⑤校核工程量清单，投标报价书的编制要求；⑥研究合同条款，明确中标后的权利与义务。

（三）踏勘现场

根据工程量清单报价的特点，投标人报出的综合单价，一般被认为是在现场勘察的基础上编制的。所以，投标人一旦将报价单提出之后，投标人就不能因为现场勘察不周、情况了解不细或考虑不全面而提出修改投标、调整报价或提出补偿等要求。这样，投标人在报价之前必须认真地进行施工现场勘察，全面、仔细地调查了解现场及其周围的政治、经济和地理等情况。进行现场勘察可以从以下几方面调查了解：

（1）工程的性质以及与其他工程之间的关系。

（2）投标人投标的那一部分工程与其他承包商或分包商之间的关系。

（3）工地地貌、地质、气候、交通、电力、水源和有无障碍物等情况。

（4）工地附近有无住宿条件、料场开采条件、其他加工条件和设备维修条件等。

（5）工地附近环境与治安情况。

（四）参加投标预备会议

投标人通过对招标人提供的招标文件及有关资料的研究和投标人经过现场踏勘，如有疑问，以书面的形式向招标人提出，招标人对所有投标人的质疑以书面函的形式进行回答。

（五）核算清单工程量和编制施工组织设计

工程量清单是计算投标价格和不平衡报价的基础，施工组织设计是确保项目顺利实施的保证。

1. 核算清单工程量

目前，招标文件中均附有工程量清单，工程量清单是投标报价的主要依据。工程量清单中的工程量只是一个暂估数量，只作为投标人编制综合单价的量，合同实施结算时，按照实际发生的工程量结算。投标人投标前对工程量的核对，目的是可以预先知晓在实际施工时会增加的分部分项工程项目，为不平衡报价做好铺垫。

2. 编制施工组织设计建议方案

编制施工组织设计或施工规划，是投标报价的重要基础。

（1）施工组织设计的要求与内容按照《施工招标文件范本》第一章"投标须知"11.4项的规定，施工组织设计的编制要求与内容为：采用文字并结合图表形式说明各分部分项工程的主要施工方法；拟投入的主要施工设备情况、劳动力计划等；结合招标工程特点提出切实可行的工程质量、安全生产、文明施工、工程进度、技术组织措施，同时应对关键分项工程、复杂环节重点提出相应技术措施，如冬季施工技术措施、减少扰民噪声、降低环境污染技术措施、地下管线及其他地上地下设施的保护加固措施等。

（2）安排施工进度计划投标人应当重视施工进度计划的编制和优化，因为它是施工进度控制和成本控制的基础。编制施工进度计划应紧密结合施工方法和施工设备。施工进度计划中应提出各时段应完成的工程量及限定日期。施工进度计划是采用网络进度计划还是横道图进度计划，根据招标文件要求而定。目前国内大中型工程招标多要求用网络进度计划电算软件，编制施工进度计划，以便实现有效地控制施工进度和成本，不采用电算软件。施工进度计划应当考虑和满足以下一些条件：

1）总工期（有的招标文件项目还规定有关键工程工期）应符合招标文件的要求，如果合同条件允许分期分批竣工交付使用，应表明分期交付的时间和分批交付的数量。

2）表示各项主要工程（例如土方工程、基础工程、混凝土结构工程、屋面工程、装修工程和水电安装工程等）的开始和结束时间。

3）体现主要工序相互衔接的合理安排。

4）有利于基本上均衡安排劳动力，尽可能避免现场劳动力数量急剧起落，这样可以提高工效和节省临时设施（如工人宿舍、食堂、临时生产性建筑等）。

5）有利于充分有效地利用机械设备，减少机械设备占用周期。例如，尽可能将土方工程集中在一定时间内完成，以减少推土机、挖掘机、铲运机等大型机具设备占用周期。这样就可以降低机械设备使用费，或者有利于向外组织分包施工。

6）便于相应地编制资金流动计划，如果计划进度安排地比较合理，可以降低流动资金占用量，节省资金利息。

从以上各点可以看出，进度计划安排是否合理，关系到工程成本和报价。至于施工方案，对报价的影响更大。

（六）投标报价书

投标人根据招标文件中工程量清单，按照《建设工程工程量清单计价规范》要求，结合施工现场实际情况和施工组织设计建议方案，按照企业工程施工定额或参照政府工程造价管理机构发布的相关工程定额，根据自身施工经验，结合市场人工、材料、机械等要素价格信息并考虑风险因素进行投标报价书编制。

（七）递交投标保证金

按照招标文件要求的时间、提交形式、投标保证金的金额，资金来源准时到达招标人指定的账户。

三、决标阶段

1.按照招标文件要求的时间、地点，准时提交投标文件，并参加开标会；准备评标专家对投标文件的疑问（如有）。

2.中标后准备履约保证金，与招标人在规定时间内按照招标文件合同条款签订合同。

第四节　编制投标文件注意事项

一、仔细研读招标文件

招标文件是投标人编制投标文件的主要依据。投标人编制投标文件前应当仔细研读招标文件，查找招标文件是否有疑问或不清楚之处；应特别对招标文件的主要实质性条款认真研读校对，以及合同条款的研读；注意招标文件废标的条件、因素。

二、投标文件的编写

1.编制的投标文件必须完全实质性响应招标文件的实质性要求。投标文件必须按照招标文件规定的格式编制，不得任意修改招标文件中原有的工程量清单和投标文件格式。规定格式的每一空格都必须填写，如有重要数字不填写的，将被作为废标处理。

2.对照投标须知、评标办法的评标因素和评标标准，逐一对照收集齐需要的资料。

3.机构设置、拟派技术人员的人数是否满足施工项目的规模要求、专业特点要求。

4.编制施工技术建议方案应充分考虑项目现场、拟建项目的规模、难易程度、重难点分析，以及其他事项。

5.投标报价应按照投标须知、工程量清单、考虑市场材料、机械、人工费价格，结合企业自身情况并适当考虑风险因素。必须反复校对，单价、合价、总标价及其大、小写数字均应仔细核对，必须保证计算数字及书写均正确无误。注意暂列金额、材料暂估价、暂估工程价，安全文明施工费等要求。

6.投标文件编制完成后，应仔细校对，避免因细节疏忽和技术上的缺陷导致投标书无效。

7. 对照评标办法自行试评标。

三、投标担保

投标保证金必须按照招标文件规定的金额、形式按时提交，否则会引起废标。

四、投标文件的签署与盖章

投标文件必须字迹清楚，签名及印鉴齐全。投标函及投标函附录、已标价工程量清单（或投标报价、投标报价文件）、调价函等内容，按照招标文件的规定，应由投标人的法定代表人或其委托代理人签名的，必须逐项逐页签名的不能漏签，并加盖投标单位的印章。若以联合体投标的，投标文件由联合体牵头人的法定代表人或其委托代理人按上述规定签署并加盖联合体牵头人单位印章。

五、投标文件的装订

投标文件编制完成后应按招标文件的要求整理、装订成册、密封和标志。投标文件的装帧应美观大方。

1. 投标文件的装订应符合招标文件的要求。其中正本和副本的份数应符合招标文件要求，封面上应标记"正本"或"副本"，当"正本"与"副本"表示的内容不一致时，以"正本"标示的为准。

2. 投标文件装订不能有松散现象，页码要连续，否则由于投标文件装订松散而丢失或引起其他后果投标人自负一切责任。

3. 要求提供电子标书的，电子标书的内容应与纸质标书的"正本"内容标示一致，并且电子文件按照招标文件要求密封，开标时并能打开。如果电子标书不能打开，则其投标不予评审。

六、投标文件的密封

投标文件应该按照招标文件的规定密封和包装。未按照招标文件规定密封、包装和加写标记的投标文件，招标人将拒绝接收。

七、投标文件的提交

提交投标文件前，要认真检查投标文件，不能遗漏签名、盖章，保证投标文件形式与招标文件要求一致，确认无误后进行封装。同时按照招标文件规定的地点、时间送交投标文件。

投标人在招标截止日期前可以修改、补充已经提交的投标文件，更改的内容须以正式函件的方式通知招标人，变更内容将视为已经提交的投标文件的组成部分。

复习思考题

一、简答题

1. 简述工程施工招标文件的组成内容。
2. 投标保证金有何作用？
3. 什么是投标有效期？有何作用？
4. 工程施工招标评标方法有几种形式？各自适用范围？
5. 简述工程施工招标评标的程序。

二、案例题

背景：某大型工程项目由政府投资建设，该项目采用公开招标方式招标，招标公告须在当地政府规定的招标信息网上发布。业主委托某招标代理公司代理施工招标业务。招标文件中规定：投标担保可采用投标保证金或投标保函方式担保，评标方法采用经评审的最低投标报价法，投标有效期 60 天。

为了避免潜在的投标人过多，业主对招标代理公司提出以项目招标公告只在本市日报上发布的要求。

项目施工招标信息发布以后，共有 12 家潜在投标人报名参加投标。业主认为报名参加投标的投标人太多，为了减少评标工作量，要求招标代理公司仅对报名的潜在投标人的资质条件、业绩进行资格审查。

开标后发现：

（1）A 投标人的投标报价为 8000 万元，为最低投标价，经评审后推荐其为中标候选人；

（2）B 投标人在开标后又提交了一份补充说明，提出可以降价 5%；

（3）C 投标人提交的银行保函有效期为 70 天；

（4）D 投标人投标文件的投标函盖有企业及企法人代表的印章，但没有加盖项目负责人的印章；

（5）E 投标人与其他投标人组成了联合体投标，附有各方资质证书，但没有联合体共同投标协议书；

（6）F 投标人的投标报价最高，故 F 投标人在开标后第二天撤回了其投标文件。

经过评审专家评审，A 投标人被确定为中标候选人。发出中标通知书后，招标人和中标人进行合同谈判，希望中标人能再压缩工期、降低费用。经谈判后双方达成一致：不压缩工期，降价 3%。

问题：

1. 业主对招标代理提出的要求是否正确？说明理由。

2. 分析 A、B、C、D、E 投标人的投标文件是否有效？说明理由。

3. F 投标人的投标文件是否有效？对其撤回投标文件的行为应如何处理？

4. 该项目施工合同应该如何签订？合同价格应是多少？

第八章　建设工程监理招标

学习目标

通过本章学习，了解工程监理招标的基本情况，了解工程监理招标文件的基本组成；熟悉工程监理招标评标因素和评标标准。

能力目标

通过本章节学习，具备编制工程施工阶段监理招标文件编制能力，具有组织办理工程施工监理招标的初步能力

第一节　工程监理招标简述

一、工程监理概念

工程监理就是监理单位受建设单位的委托，对拟建工程的质量、进度、成本、安全等方面进行监督与控制、合同与信息管理以及整个建设过程中的协调活动。

工程监理是一种高智商的脑力劳动，要求监理企业有相当的监理经验、有丰富经验和较高水平的监理专业配套人员。

二、监理主要工作内容

工程监理工作一般可分为勘察阶段监理、设计阶段监理、施工阶段监理和保修阶段监理四个阶段监理工作。目前我国主要实行施工阶段监理。各阶段工作内容如下：

（一）勘察阶段监理工作内容

工程勘察阶段监理工作内容指协助发包人编制勘察要求、选择勘察单位、核查勘察方法并监督实施和进行相应的控制，参与验收勘察成果。

（二）设计阶段监理工作内容

工程设计阶段监理工作内容是指协助发包人编制设计要求、选择设计单位，组织评选设计方案，对各设计单位进行协调管理，监督合同履行，审查设计进度计划并监督实施，核查设计大纲和设计深度、使用技术规范合理性，提出设计评估报告（包括各阶段设计的核查意见和优化建议），协助审核设计概（预）算。

（三）施工阶段监理工作内容

工程施工阶段监理工作内容主要指施工过程中对工程的质量、进度、费用控制，安全生产监督管理、合同、信息等方面的协调管理。

（四）保修阶段监理工作内容

工程保修阶段监理工作内容是指检查和记录工程质量缺陷，对缺陷原因进行调查分析并确定责任归属，审核修复方案，监督修复过程并验收，审核修复费用。

三、监理招标的特点

1.监理招标宗旨是"对监理单位综合能力的选择"

监理服务工作完成的好与坏主要取决于完善的监理服务体系，参与监理工作人员的业务能力、专长，经验、判断能力以及风险意识。

2. 监理报价在选择中层次要地位

监理服务需要的是高质量的服务，监理报价太低，监理单位派出的现场管理人员可能不一定最好，监理过程中的监理质量和风险控制得不到较好的控制。

四、监理招标投标程序

监理招标投标程序与工程施工招标投标程序基本一致，同样分为三个阶段：一是招标准备阶段，二是招标投标阶段，三是决标阶段。

（一）招标准备阶段

1. 招标人确定监理内容（招标范围）。

2. 招标人自行招标的，应到工程所在地政府招标投标管理机构办理备案手续；委托代理机构招标的，应提供代理委托合同书。

3. 编制监理招标文件。

4. 发布监理招标公告或发出邀标通知书。

（二）招标投标阶段

5. 向投标人发出投标资格预审书，对投标人进行资格预审（如有）。

6. 招标人向投标人发出招标文件，投标人组织编写投标文件。

7. 招标人组织必要的答疑，现场勘察，解答投标人提出的问题，编写答疑文件或补充招标文件等（如需要）。

8. 投标人递送投标书，招标人接受投标书。

（三）决标阶段

9. 招标人组织开标、评标、决标。

10. 招标人确定中标单位后向招标投标办事机构提交招标投标情况的书面报告。

11. 招标人对中标人在相关网站公示。

12. 公示完后，招标人向投标人发出中标或者未中标通知书。

13. 招标人与中标单位订立委托监理书面合同。

14. 投标人报送监理规划，实施监理工作。

第二节　工程监理招标文件

《标准工程监理招标文件》一般由七大章组成，第一章　招标公告、第二章　投标须知前附表和投标须知、第三章　评标办法、第四章　工程建设监理合同条件、第五章　工程建设监理合同格式、第六章　技术规范及要求、第七章　投标文件格式及辅助资料。各组成部分的具体内容与要求：

"第一章　招标公告"

工程监理招标公告结构与施工招标公告结构基本相同，具体内容与要求应根据工程监理的要求与需要编制，同样包括：

（1）工程概况、招标范围、监理服务范围及期限；

（2）投标人资格条件；

（3）购取招标资料办法；

（4）本工程投标保证金；

（5）投标文件的递交；

（6）招标公告发布媒体；

（7）联系方式。

"第二章　投标人须知"

工程施工监理招标文件的投标人须知与工程施工招标文件的投标人须知结构形式大致相同，也包含总则、招标文件、投标文件、投标、开标、评标、合同授予、重新招标和不再招标、纪律和监督、需要补充的其他内容等组成。具体还应根据施工监理的特点与需要编制，特别是对委托监理的范围和内容、监理投标报价说明、投标文件编制要求等内容须表述清楚。

1. 委托监理的范围和内容

监理机构应在其资质证书相应的资质范围内进行工程等级监理，不能超资质范围承揽业务。

（1）监理招标的范围

监理招标发包的范围，既包括阶段范围又包括工程范围。

1）阶段范围　监理招标既可以是工程项目实施阶段全过程监理招标，既把勘察、设计、施工阶段的监理作为一个总标的，也可以将勘察、设计、施工监理分别单独招标，有需要还可以将施工中的土建和设备安装工程的监理工作分开招标。

2）工程范围　既可以是整个工程项目进行监理招标，也可以将单项工程、单位工程监理招标。但要描述清楚项目监理的具体范围和边界以及项目实施的条件。

（2）监理内容

监理内容应根据具体的阶段监理来判定并在投标须知和合同中描述清楚。监理单位应按照《建设工程监理规范》GB/T 50319—2013、双方签订的委托合同书中的具体委托内容和权利、义务履行职责。

2. 监理投标报价说明

招标文件中应说明监理费的计费方法与标准，投标人的报价要求（包含报价区间、报价形式）。监理报价形式一般有投报费用下浮率、直接报总价两种形式。

监理服务费的计算应按照国家发改委《建设工程监理与相关服务收费标准》（发改价格［2007］670号）及规定的浮动幅度进行计费，明确监理费的调整因素和调整方式。

3. 投标文件的编制要求

投标文件的编制要求包括投标文件的组成，投标文件的格式、投标保证金、投标有效期等主要内容。投标文件包括技术标书和商务标书两部分，技术标主要包括工程监理大纲（适用于综合评标法）；商务标主要包括：投标承诺函、投标文件综合说明、报价表及说明、资格审查资料（企业资质、总监资格、其他人员资格、企业业绩、经验等）、其他。

"第三章　评标办法"

1. 工程监理招标评标办法设置因素

工程监理招标评标办法与施工招标的评标办法有所不同。工程监理招标评标办法应根据工程规模、难易复杂程度综合考虑。监理招标评标办法设置因素着重考虑的是监理单位的资质、管理水平、企业的类似项目业绩经验，总监的水平、管理经验与能力，其他人员的专业配置与能力，其次才是监理服务费报价；采用综合评标法的要考虑监理大纲。

2. 监理招标评标办法

目前工程施工监理招标的评标办法主要有"A＋B值评标法"和"综合评标法"两种形式。

（1）"A＋B"值评标法

1）"A＋B值"评审法的评审的前提条件

"A＋B值"评审法评标方法的前提条件是所有投标单位的资格审查均获通过，无论谁中标，建设单位均可接受。详细评审主要以投标报价结合业绩进行定标。

2）"A＋B值"评标办法评标细则

① 投标报价规定：招标人根据国家有关规定或结合实际情况在招标文件中设定投标人投标报价范围和计价有关规定，投标人根据招标文件规定进行报价。

② 具体评标方法

A. A值确定

在投标截止时间之后、开标之前，由招标人和投标人代表在规定的范围之内随机抽取三个或五个或七个调整系数（K_1、K_2、K_3，……K_i），计算其算术平均值作为A值（四舍五入，保留小数后3位）；

B. B值确定

$$B值＝\frac{投标单位有效投标报价费率之和}{有效投标单位个数}（保留小数后3位）；$$

C. 定标标准值确定

定标标准值 ＝（A＋B）÷2（四舍五入，保留小数点后3位）；

3）定标规定

监理是一种高智商服务，报价不是唯一的考虑，因此，监理招标采用"A＋B值"评标办法的定标标准一般需要以其过往的业绩来作为附加定标条件。故监理招标采用"A＋B值"定标条件有两种方式。

第一种方式

A. 确定二个候选报价：取最接近定标标准值的二个有效投标报价为候选报价。

B. 确定中标单位：将二个候选报价所对应的投标单位在评标之日前某个时期内（一般指前两年或三年内）所监理的同类或相类似工程获奖业绩比较。优先中标的顺序如下：

① 获得国家、部奖项者为优先中标单位；

② 若获奖条件相同，则取候选报价低者为中标单位；

③ 若获奖及报价均相同，则由评标委员会投票从中确定中标单位；

④ 奖项时效计算以获奖证书载明的时间为准。

第二种方式：

C. 确定二个候选报价，取最接近定标标准值的二个有效投标报价为候选报价；

D. 确定中标单位：取二个候选报价中下浮幅度值大者（或报价低者）为第一中标候选人。

[案例8-1]　某工程施工监理招标，招标文件采用"A＋B值"评标方法。招标文件

规定下浮系数 K 值的抽取范围为 $[-0.5，-20]$；投标人的投标采用投报下浮率的方式，投报区间为 $[-5.00，-20.00]$。当通过初步评审的有效投标报价大于等于五个时，去掉一个最高、一个最低，取剩余的算术平均值作为 B 值。

招标文件规定定标条件：

①确定二个候选报价：取最接近定标标准值的二个有效投标报价为候选报价。

②确定中标人：上述①两个候选报价中下浮幅度值大者为第一中标候选人。

投标截止时间止，招标人收到 12 份投标文件。开标前随机抽取的下浮系数 K 值分别为 $K_1=-13.5\%$、$K_2=-7.5\%$、$K_3=-6.5\%$；经过专家评审，有效投标报价下浮率如表 8-1 所示：

有效投标报价下浮率　　　　　　　　表 8-1

序号	投标人	投标报价(元)	备注
1	A	-11.262%	
2	B	-13.636%	
3	C	-9.832%	
4	D	-9.666%	
5	E	-12.785%	
6	F	-10.060%	
7	G	-12.222%	
8	H	-11.111%	

试根据上述资料确定中标人。

解：根据背景资料：

1. 确定 A 值

$$A=(K_1+K_2+K_3)/3=(-13.5\%-7.5\%-6.5\%)/3=-9.167\%$$

2. 确定 B 值

$$B=[(-11.262\%)+(-9.832\%)+(-12.785\%)+(-10.060\%)+$$
$$(-12.222\%)+(11.111\%)]/6=-11.212\%$$

3. 确定定标标准值

定标标准值＝（A＋B）/2 ＝ -10.190%

4. 确定中标候选人（二人）

候选报价：-10.060% ，-9.832% 。

F 投标人为第一中标候选人，C 投标人为第二中标候选人。

（2）综合评标法

采用"综合评标法"主要从商务部分、技术部分（监理大纲）、报价部分几方面综合考虑评标因素与评标标准。

1）商务部分：投标人的资质（包括资质等级、批准的业务范围、人员综合情况）；拟派项目的主要监理人员的资格、经验、业绩（重点审查总监理工程师和主要业务监理工程师）；人员派驻计划和监理人员的素质（通过学历证书、职称证书和资格证书反映）；监理单位提供用于工程的检测设备和仪器或委托有关单位检测的协议；近几年监理单位的业绩及奖惩情况；

2）监理大纲：对项目的认识、重点难点的监督管理、具体监督措施等；

3）监理费报价和费用组成：设定报价评分标准和方法；

4）招标文件要求的其他情况：总监理工程师的洽谈［当一项工程技术比较复杂、预计在施工过程中存在的风险（如质量控制风险、成本控制风险）可能会比较大时，可通过与拟派总监理工程师的洽谈，考查他的风险意识，对业主建设意图的理解，应变能力，管理目标的设定等质素的高低来设置其他因素］。

［**案例 8-2**］ 某工程监理招标评标因素与评标标准设置（见表 8-2）。

评标因素与评标标准分值设置表 表 8-2

评标内容		分值/分
投标资质等级及总体素质		10～15
监理规划大纲		10～20
监理机构	总监理工程师资格	10～20
	专业配套	5～10
	职称年龄结构等	5～10
	各专业监理工程师资格及业绩	10～15
检测仪器、设备		5～10
监理取费		6～10
监理单位业绩		10～20
企业奖惩及社会统管		5～10
总计		100

（表中评分因素、评分内容及分值分配仅供参考，招标人可以根据工程的特点和需要进行调整。）

本案例在设置评标因素与标准时，注重的是总监理工程师的资格、经验与能力，监理规划大纲，投标资质及投标企业的经验、业绩，各专业监理工程师资格及业绩，而淡化了监理服务费。

（3）评标程序

1）初步评审。评标委员会的评标专家根据初步评审标准对各投标文件进行评审，只有全部符合要求的投标人才能进入下一步的详细评审。

2）详细评审。评标专家对通过初步评审的投标文件按照详细评审标准进行评审打分，并按要求进行排名，推荐排名前三的投标作为中标候选人进行公示。

3）公示结束后，无其他投诉等情况，招标人应当确定排名第一的中标候选人为中标人。

"第四章 工程建设监理合同条件"

工程监理合同采用原建设部和国家工商行政管理总局联合颁布的《建设工程委托监理合同（示范文本）》GF-2000—0202。由第一部分 标准条件、第二部分 专用条件构成。

"第一部分 标准条件"属于通用条文，使用时无须改动，直接采用即可；"第二部分 专用条件"的条款对应于"第一部分标准条件"，是对标准条件未说明的补充或专设条件。

"第五章 工程建设监理合同格式"

"工程建设监理合同格式"是监理合同的总纲性文件，是双方签署的合同文件。

组成合同文件的内容主要包括：工程委托监理合同、中标通知书、投标函、合同专用条件、合同标准条件、合同附件。

"第六章　技术规范及要求"

主要是指应遵守执行《中华人民共和国建筑法》、《建设工程质量条例》等法律、法规和强制性标准；《建设工程监理规范》GB 50319—2013；相关的验收规范等；技术文件内容应包括：工程水文、地质、气象等资料；招标项目工程总体布置、主要工程建设项目工程量和施工总进度计划；项目结构布置、典型剖面设计图纸和文件；工程进度控制、质量控制和工程费用控制特别要求。

"第七章　投标文件格式及辅助资料"

投标文件格式要清楚、能充分反映评标因素及标准要求的资料，一般包含第一部分（投标函部分），第二部分（辅助资料部分）、第三部分（技术部分）。

1. 第一部分　投标函部分

监理招标的投标函部分一般包括投标函和附录、法定代表人授权委托书、报价文件、投标保证金或保函等。

2. 第二部分　辅助资料部分

辅助资料部分主要是指反映投标人资格和履行合同能力，一般包含投标人的基本情况、投标人拟投入本招标工程的人员、设备、仪器等情况。

3. 第三部分　技术部分

技术部分主要指监理大纲；监理大纲符合大纲编制要求的内容，能充分反映监理单位对工程的认识、理解与建议；施工难点与关键点、主要单位或分部工程监理技术措施等内容；并对每部分内容给予具体量化分值。

一般包含但不限于如下内容：

（1）工程项目概况；

（2）工程项目建设监理的阶段、范围、工作内容；

（3）监理工作依据；

（4）监理工作目标；

（5）监理组织与岗位责任；

（6）监理目标控制措施；

（7）监理工作制度；

（8）监理仪器和设施；

（9）重点和难点处理；

（10）旁站管理制度。

第三节　施工阶段监理服务费计算

监理服务费是监理机构完成监理服务内容付出劳动而获得的合法报酬，招标人应当按照监理合同约定按时支付监理服务费。监理服务费应当按照国家或地方政府的规定、标准计算确定。我国监理服务费实行政府指导，合同双方约定来确定。

一、计费依据

1. 国家发改委、建设部关于印发《建设工程监理与相关服务收费管理规定》的通知，发改价格〔2007〕670 号规定的标准计费。

2. 委托人、受托人签订的委托代理合同。

二、工程施工阶段监理服务收费计费方法

1. 确定监理服务费的计费额

计费额是计算监理服务收费的计费基础，一般以工程中标价或工程实际结算价作为监理服务费的最后计费额。

2. 计算施工监理服务收费基价

依据表 8-3 计算施工监理服务收费基价。

3. 确定相关调整系数

监理服务收费的调整系数一般有专业调整系数、工程复杂调整系数、高程调整系数三种调整系数。

（1）专业调整系数是对不同专业建设工程的施工监理工作复杂程度和工作量差异进行调整的系数。计算施工监理服务收费时，专业调整系数在《施工监理服务收费专业调整系数表》在表 8-4 中查找确定。

（2）工程复杂程度调整系数是对同一专业不同建设工程项目的施工监理复杂程度和工作量差异进行调整的系数。工程复杂程度分为一般、较复杂和复杂三个等级，其调整系数分别为：一般（Ⅰ级）0.85；较复杂（Ⅱ级）1.0；复杂（Ⅲ级）1.15。计算施工监理服务收费时，工程复杂程度在《工程复杂程度表》表 8-5 中查找确定。

（3）高程调整系数如下：

海拔高程 2001m 以下的为 1；

海拔高程 2001～3000m 为 1.1；

海拔高程 3001～3500m 为 1.2；

海拔高程 3501～4000m 为 1.3；

海拔高程 4001m 以上的，高程调整系数由发包人和监理人协商确定。

4. 计算施工监理服务收费基准价

施工监理服务收费基准价＝施工监理费收费基价×专业调整系数×工程复杂调整系数×高程调整系数。

5. 施工监理服务收费

施工监理服务收费 ＝ 施工监理服务收费基准价×（1±浮动幅度值）。

施工监理服务收费基价表　单位：万元　　　　　　　　　表 8-3

序号	计费额	收费基价
1	500	16.5
2	1000	30.1
3	3000	78.1
4	5000	120.8
5	8000	181.0
6	10000	218.6

续表

序号	计费额	收费基价
7	20000	393.4
8	40000	708.2
9	60000	991.4
10	80000	1255.8
11	100000	1507.0
12	200000	2712.5
13	400000	4882.6
14	600000	6835.6
15	800000	8658.4
16	1000000	10390.1

建筑市政工程专业调整系数表 表8-4

工程类型	专业调整系数
园林绿化工程	0.8
建筑、人防、市政公用工程	1.0

建筑、人防工程复杂程度表 表8-5

等级	工 程 特 征
Ⅰ级	1. 高度<24m 的公共建筑和住宅工程； 2. 跨度<24m 厂房和仓储建筑工程； 3. 室外工程及简单的配套用房； 4. 高度<70m 的高耸构筑物。
Ⅱ级	1. 24m≤高度<50m 的公共建筑工程； 2. 24m≤跨度<36m 厂房和仓储建筑工程； 3. 高度≥24m 的住宅工程； 4. 仿古建筑，一般标准的古建筑、保护性建筑以及地下建筑工程； 5. 装饰、装修工程； 6. 防护级别为四级及以下的人防工程； 7. 70m≤高度<120m 的高耸构筑物。
Ⅲ级	1. 高度≥50m 或跨度≥36m 的厂房和仓储建筑工程； 2. 高标准的古建筑、保护性建筑； 3. 防护级别为四级以上的人防工程； 4. 高度≥120m 的高耸构筑物。

[**案例 8-3**] 新建一住宅小区，该小区总建筑面积 24.6 万 m^2，结构形式为全现浇剪力墙结构，其中，多层住宅 4 栋（附建人防和地下车库），地上 7 层，建筑物高度 20.8m，建筑面积 35814m^2，地下 2 层，建筑面积 21868m^2。建安工程费 7106 万元。建筑场地绝对高程小于 2001m。发包人将该住宅小区工程多层住宅和人防地下车库委托某监理公司监理，试计算该施工监理服收费。

解： 施工监理服收费按以下步骤计算：

施工监理服务收费基准价＝施工监理服务收费基价×专业调整系数×工程复杂程度调整系数×高程调整系数

（一）计算施工监理服务收费计费额

1. 确定工程概算投资额

因本工程未列设备购置费、联合试运转费，因此，工程概算投资额等于建筑安装工程费。

监理工程的工程概算投资额＝7106（万元）。

2. 确定施工监理服务收费的计费额

施工监理服务收费计费额＝建筑安装工程工程费＝7106（万元）。

（二）计算施工监理服务收费基价

采用内插法计算：

$$工程监理服务收费基价＝120.8+\frac{181.0-120.8}{8000-5000}×(7106-5000)=163.06（万元）。$$

（三）确定调整系数

3. 专业调整系数：建筑工程的专业调整系数为1.0。

4. 确定工程复杂程度调整系数

根据具体实际，其工程复杂程度为Ⅱ级，复杂程度调整系数为1.0。

5. 确定高程调整系数

该建设工程项目所处位置海拔高程小于2001m，高程调整系数1.0。

（四）计算施工监理服务收费基准价

施工监理服务收费基准价＝施工监理服务收费基价×专业调整系数×工程复杂程度调整系数×高程调整系数

施工监理服务收费基准价＝163.06×1.0×1.0×1.0＝163.06（万元）。

（五）确定监理服务收费

施工监理服务实际收费＝163.06（万元）。

[案例8-4] 新建一住宅小区，该小区总建筑面积24.6万 m^2，结构形式为全现浇剪力墙结构，其中，多层住宅下建有附建人防和地下车库。工程概算53966万元，其中建筑安装工程费为37400万元人民币，项目所处位置海拔高程为850m。建筑物概况见表8-6：

建筑物概况 表8-6

序号	建筑物类别	建筑面积 m²	建筑物高度	层数地上/地下	建安工程费/万元
1	多层住宅4栋	3581×4	20.8	7/2	396×4=1584
2	高层塔楼5栋	20652×5	76.40	26/2	2856×5=14280
3	板式住宅4栋	26658×4	48.8	17/2	4014×4=16056
4	地下车库	21868		地下2层	5522

发包人将该住宅小区工程分别委托给甲、乙两个监理人承担施工阶段监理，其中甲监理人负责多层住宅，多层住宅建有附建人防和地下车库；乙监理人负责高层塔楼、板式住宅，并负责工程监理的总体协调工作。

监理合同约定，监理单位按照标准收费的80%收取实际监理费；总协调费按照总监理费的5%计取。

试计算甲、乙监理单位实际应收的监理服务费各是多少?

解: 监理服务费计算如下:

(一) 计算施工监理服务收费计费额

1. 确定工程概算投资额

因本工程未列设备购置费、联合试运转费,因此,工程概算投资额等于建筑安装工程费。

甲监理人所监理工程的工程概算投资额=7106 (万元);

乙监理人所监理工程的工程概算投资额=30336 (万元)。

2. 确定施工监理服务收费的计费额

甲监理人施工监理服务收费计费额=建筑安装工程工程费=7106 (万元);

乙监理人施工监理服务收费计费额=建筑安装工程工程费=30336 (万元)。

(二) 计算施工监理服务收费基价

根据表8-2,采用内插法计算

甲监理人的工程监理服务收费基价 $=120.8+\dfrac{181.0-120.8}{8000-5000}\times(7106-5000)$

$=163.06$(万元);

乙监理人的工程监理服务收费基价 $=393.4+\dfrac{708.2-393.4}{40000-20000}\times(30336-20000)$

$=556.09$(万元)。

(三) 确定调整系数

1. 专业调整系数:根据表8-3,建筑工程的专业调整系数为1.0。

2. 确定工程复杂程度调整系数

甲监理人负责的多层住宅,建有附建人防和地下车库,根据表8-4规定,其工程复杂程度为Ⅱ级,复杂程度调整系数为1.0;乙监理人负责的高层塔楼、板式住宅楼,高度均大于24m,根据表8-4规定,其工程复杂程度为Ⅱ级,复杂程度调整系数1.0。

3. 确定高程调整系数

该建设工程项目所处位置海拔高程850m,小于2001m,高程调整系数1.0。

(四) 计算施工监理服务收费基准价

施工监理服务收费基准价=施工监理服务收费基价×专业调整系数×工程复杂程度调整系数×高程调整系数

甲监理人施工监理服务收费基准价=163.06×1.0×1.0×1.0=163.06 (万元);

乙监理人施工监理服务收费基准价=556.09×1.0×1.0×1.0=556.09 (万元)。

(五) 确定监理服务收费

监理委托合同约定实际收费为标准计费的80%计收,故:

甲监理机构实际收取的监理服务费:163.06×80%=130.45 (万元);

乙监理机构监理服务费:556.09×80%=444.87 (万元);

总体协调费=(130.45+444.87)×5%=28.77 (万元);

乙监理机构实际收取的监理服务费:444.87+28.77=473.64 (万元)。

复习思考题

一、简答题

1. 选择监理公司的原则是什么？

2. 工程监理招标的评标因素主要考虑哪些方面内容？

3. 工程监理招标文件由哪些内容组成？

二、案例题

1. 某住宅建筑工程的施工监理采用公开招标方式选择投标人，代理机构拟采用"A＋B值"评标法进行评标，请代招标代理机构编写该评标具体办法。

2. 某房地产公司拟开发一高档住宅小区，小区规划总建筑面积为 26 万 m²，其中 28 层住宅 8 栋（共 10 万 m²），层高 3.0m，首层架空；18 层住宅 10 栋（共 6 万 m²），层高 3.0m，首层架空；13 层住宅 6 栋（共 4 万 m²）、15 层住宅 8 栋（共 6 万 m²）。

开发商计划对该项目的施工进行公开招标，招标结果如下：

第一标段的施工招标控制价为 2.88 亿元，A 企业的中标价为 2.538 亿元；第二标段的施工招标控制价为 1.966 亿元，B 企业的中标价为 1.726 亿元。

现开发商计划对该项目的施工监理发包给甲、乙两个企业。其中甲企业负责第一标段的施工监理，乙企业负责第二标段的施工监理，并负责整个项目工程监理的总体协调工作。总协调费为监理费的 3%。根据合同相关条款规定，监理企业按照标准监理费的 80% 收取监理费。

问题：试计算甲、乙两企业的施工监理费实收额。

第九章　建设工程勘察设计招标

学习目标

通过本章学习，了解房屋建筑工程与市政工程的工程勘察设计招标的基本知识、工程勘察设计招标文件的基本组成；熟悉房屋建筑工程与市政工程的工程勘察设计招标评标因素和评标标准。

能力目标

通过本章学习，具备编制房屋建筑工程与市政工程的工程勘察设计招标文件编制初步能力；具有组织办理工程勘察设计招标的初步能力。

第一节　建设工程勘察设计招标简述

一、工程勘察设计概念

工程勘测：是指对工程建设地点的地形、地质、水文、测量等进行勘测，查明、分析、评价建设场地的地质地理环境特征和岩土工程条件，编制建设工程勘察文件，为工程设计提供基础资料。

工程设计：是指在批准的场地范围内对拟建工程进行详细规划、布局、设计，以保证实现项目投资计划的各项经济、技术指标，提供具体详细实施设计文件。

二、工程勘察设计招标目的

勘察设计是工程建设过程中的关键环节，建设工程进入实施阶段的第一项工作就是工程勘察设计招标。勘察设计质量的优劣，对工程建设目标（质量目标、成本目标、进度目标）能否顺利实现起着至关重要的作用。

勘察招标的目的：勘察招标主要是依法选择勘察单位进行建设场地的测量、岩土勘测、水文勘察，为项目选址和设计提供依据。

设计招标的目的：设计招标主要是依法选择设计单位，设计单位把业主的设想变为可实施的方案，以达到拟建项目能够采用先进的技术和工艺，降低工程造价，缩短建设周期和提高经济效益为目的。

三、工程勘察设计招标的内容

1. 工程勘察招标的内容

工程勘察内容主要包含下列 8 大类别：

①自然条件观测、②地形图测绘、③资源探测、④岩土工程勘察、⑤地震安全性评价、⑥工程水文勘察、⑦环境评价和环境基底观测、⑧模型试验和科研。

房屋建筑工程地质勘察内容一般指常规的地形图测绘、岩土工程勘察、工程水文勘察。依据总体方案平面图及设计单位提出的技术方面要求，进行勘察方案设计及施工。

岩土工程勘察主要是通过现场的钻探，获得地基持力层、地基承载力、地表至持力层的土体结构构成、地下水位等技术资料，为基础工程设计、施工提供有力依据。

2. 工程设计招标的工作内容

一般工程项目的设计分为总体规划设计、方案设计（含概念设计）、初步设计和施工图设计等几个阶段进行，对技术复杂而又缺乏经验的项目，在必要时还要增加扩大初步设计阶段。

工程设计招标一般可采用总体规划设计招标、方案设计招标（含概念设计招标）、技术设计招标或施工图设计招标等方式。为了保证设计指导思想连续地贯彻于设计的各个阶段，一般由方案设计（含概念设计）中标的设计单位承担初步设计或施工图设计任务。招标人应依据工程项目的具体特点决定发包的工作范围，可以采用设计全过程总发包的一次性招标，也可以选择分单项或分专业的发包招标。

四、勘察设计招标投标程序

勘察设计招标投标程序与工程施工招标投标程序基本一致，同样分为三个阶段：一是招标准备阶段，二是招标投标阶段，三是决标阶段。

（一）招标准备阶段

1. 招标人确定勘察设计内容（招标范围）。

2. 招标人自行招标的，应到工程所在地政府招标投标管理机构办理备案手续；委托代理机构招标的，应提供代理委托合同书。

3. 编制勘察设计招标文件。

4. 发布勘察设计招标公告或发出邀标通知书。

（二）招标投标阶段

5. 向投标人发出投标资格预审书，对投标人进行资格预审（如有）。

6. 招标人向投标人发出招标文件，投标人组织编写投标文件。

7. 招标人组织必要的答疑、现场勘察，解答投标人提出的问题，编写答疑文件或补充招标文件等（如需要）。

8. 投标人递送投标书，招标人接受投标书。

（三）决标阶段

9. 招标人组织开标、评标、决标。

10. 招标人确定中标单位后向招标投标办事机构提交招标投标情况的书面报告。

11. 招标人对中标人在相关网站公示。

12. 公示完后，招标人向投标人发出中标或者未中标通知书。

13. 招标人与中标单位订立委托勘察设计书面合同。

第二节　建设工程勘察设计招标文件

工程勘察设计投标文件一般由八章组成，第一章　招标公告、第二章　投标人须知、第三章　评标办法、第四章　合同条件、第五章　设计任务书、第六章　设计技术规范、第七章　投标文件格式、第八章　设计有关附件、附图。

"第一章　招标公告"

招标公告格式内容大致与施工招标文件相同，具体内容与要求应根据工程监理的要求与需要编制。工程勘察设计招标公告中可以增加设计费用的计费、设计补偿办法说明，这样有利于投标人能够根据招标公告做出是否参与投标的决定。

"第二章　投标人须知"

工程勘察设计招标文件的投标人须与工程施工招标文件的投标人须知结构形式大致相同，同样也包含总则、招标文件、投标文件、投标、开标、评标、合同授予、重新招标和不再招标、纪律和监督、需要补充的其他内容等组成。具体还应根据工程勘察设计的特点与需要编制。对投标保证金、投标补偿费用设定及支付方式、知识产权规定、投标报价、投标文件等内容作相应详细说明。

1. 投标保证金。《工程建设项目勘察设计招标投标办法》规定：招标文件要求投标人提交投标保证金的，保证金数额一般不超过勘察设计费投标报价的 2%，最高不得超过 10 万元人民币。

2. 投标补偿费用。投标补偿费用是招标人用以支付给投标人参加招标活动并递交有效投标设计方案的费用补偿，该费用还应包括招标人有可能使用未中标的投标人（包括招标人有可能使用其设计方案或部分设计要素）所支付的投标补偿费用和支付方式。当估计有效投标方案较多时，招标人可以在招标文件中设置前几名作为补偿，其他则不给予补偿的条款。

3. 知识产权的范围及归属。对于知识产权问题，招标人在招标文件中设置该条款时，要考虑不要侵犯他人的知识产权，同时又要注意保护自身的知识产权和知识产权的归属问题。在这个问题上，招标人在编制招标文件时，可以设置如下字眼的条款：

投标人应在其工作范围内确保其各自独立准备的全部设计文件在中国境内外都没有且也不会侵犯任何第三方的知识产权（包括但不限于著作权、商标权、专利权）或专有技术或商业秘密。

招标人有权在招标中使用中标方案中的中标人享有合法权利的著作权、专利权，对于中标方案中涉及的他人所有的知识产权，中标人有义务获得许可，否则招标人有权解除合同并要求退还已支付的费用，招标人因此受到损害的，有权要求中标人予以赔偿，如果招标人、中标人使用未中标方案作为本项目实施方案，招标人按招标文件规定向提交方案的投标人付给使用费后，该方案的发表权、展览权、使用权归招标人和中标人共有。

4. 投标报价

明确设计费的计算依据、方法，设计费所包含的工作内容；投标报价一般采用投报下浮率方法报价，明确报价范围。

（1）计费依据：

1）修建性详细规划设计收费按国家发改委 2015 年《城市规划设计计费指导意见》文件相关规定进行计费。

2）工程勘察、设计收费依据国家发改委、住建部 2015 年修订本《工程勘察设计收费标准》规定计取。其中设计收费计费额为批准施工图预算。

3）其他要求；

（2）报价范围：

勘察设计招标的投标报价一般投报下浮率。下浮率投报区间 $-20\% \leqslant a \leqslant 0\%$

5. 投标文件

设计投标文件一般由两大部分组成，第一部分为商务投标文件部分；第二部分为设计成果文件投标文件部分。

第一部分：商务投标文件部分

具体由资格审查文件、投标函文件组成。

一、资格审查文件：

（一）资格审查申请函

（二）资格审查申请函附表：

附表1：投标申请人基本情况表

附表2：法定代表人资格证明书

附表3：设计项目负责人身份证明

附表4：拟担任本项目主要设计人员汇总表

附表5：拟担任本项目主要设计人员简历表

附表6：其他需要提交的资料

附表7：联合体协议书（如有）

二、投标函文件：

（1）投标函

（2）投标函附表格式

（3）投标报价书

（4）授权委托书

（5）投标担保金

（6）设计进度计划、质量保证和技术服务措施承诺书

（7）设计项目负责人和其他主要设计人员到位承诺书

（8）项目投资概算汇总表

第二部分：设计成果文件投标文件部分

具体由《设计文本文件》、项目概算书部分、彩色效果图（展板）、电子文件组成。

一、《设计文本文件》

对《设计文本文件》格式、内容作出要求，《设计文本文件》包括但不限于以下内容：

（1）封面；

（2）目录；

（3）设计等说明书

（4）设计图纸包括但不限于：总平面布置图、鸟瞰图、各单体主要平、立、剖面图、景观效果图、设计分析图，竖向规划图、重要节点透视图等。

二、彩色效果图（展板）：

对彩色效果图（展板）作出要求。展示图不得有任何投标人名称、签名、标记和符号等，否则按废标处理。展板包括但不限于：

1. 规划总平面图彩图；

2. 总体鸟瞰图；

3. 各单体标志性建筑物室外透视效果图；

4. 竖向规划图；

5. 交通分析图；

6. 景观手绘图。

三、项目概算书部分

设计一般采用限额设计，投标方案的概算不得超过招标人要求的估算限额，因此，投标单位提交投标文件时应提交项目设计概算。概算书应按照造价部门规定的要求由有资质的造价人员编制，应全面反映项目内容、取费合理、不漏项。

四、电子文件部分

电子文件部分包括《设计文本文件》的电子标书和电子演示多媒体文件两部分，电子文件不能有任何投标人名称、签名、标记和其他能识别投标人的符号等，否则按废标处理。

《设计文本文件》电子标书的效果图一般采用 JPG 格式，平面图一般采用 CAD 格式制作。

《设计文本文件》电子演示多媒体文件一般是多媒体动画演示，动画演示文件时间20～30分钟为宜。

"第三章　评标办法"

招标人应在招标文件中确定评标方法，并且应合理、公正、科学地设置评标因素，以利于优秀设计方案的评选。

一、评标方法的选择

建设工程设计招标的评标方法通常采用综合评标法、最优方案评标法。

1. 综合评标法：是对投标人企业履行合同的能力、技术方案、报价等来评判，最大限度地响应招标文件的实质性要求作为中标人的方法。综合评标法主要以商务因素、技术方案、投标报价等来设置评分因素和标准，并分别给予对应分值。

2. 最优方案评标法：是对投标方案充分响应招标文件实质性要求，且最优作为中标人的方法。最优方案评标法主要以设计方案响应程度和特色最为设置评标因素和评标标准。方案最优方法不设置报价因素和报价。

二、评标办法

评标办法主要是确定评标因素和标准。根据评标程序，需设置初步评审因素与标准、详细评审因素与标准。

1. 初步评审因素与标准

无论是采用综合评标法或最优方案评标法，初步评审因素与标准基本相同，包含形式评审因素与标准、资格评审因素与标准、响应性评审因素与标准。一般以前附表形式表示，见表9-1。

初步评审标准前附表 表 9-1

条款号		评审因素	评审标准
2.1.1	形式评审标准	投标人名称	与营业执照、资质证书一致
		投标文件签署和盖章	符合第二章"投标人须知"有关规定规定,按照招标文件提供的格式具有有效的签署和单位公章
		联合体投标的	有联合体协议书,格式符合要求

续表

条款号		评审因素	评审标准
2.1.1	形式评审标准	投标文件格式	符合第七章"投标文件格式"的要求
		……	………
2.1.2	资格评审标准	营业执照	具备有效的营业执照
		资质等级	符合第二章"投标人须知"有关规定
		类似项目业绩	符合第二章"投标人须知"有关规定
		设计总负责人及其他专业负责人要求	符合第二章"投标人须知"有关规定
		……	……
2.1.3	响应性评审标准	设计周期	符合第二章"投标人须知"有关规定
		投标有效期	符合第二章"投标人须知"有关规定
		投标保证金	符合第二章"投标人须知"有关规定
		投标报价	符合第二章"投标人须知"有关规定
		………	………

2. 详细评审因素与标准

综合评标法、最优方案评标法的详细评审因素与标准有些不同，最优方案评标法的详细评审标准不设置商务评标因素与标准，只设置技术评标因素与标准。

（1）综合评标法的详细评审因素与标准

1）商务因素与标准

工程设计招标的商务因素一般包括投标人的设计资质等级、管理体系认证、类似项目设计业绩、拟投入的设计团队人员的资格、业绩、经验，特别是总设计师、总建筑师等人的资格、业绩、经验，投标人的设计服务承诺和建议，投标人的设计周期和设计进度安排等内容。

针对商务因素设置评标标准，并赋予一定的分值。如建筑方案招标的商务因素与标准可以参考表9-2来设置。

2）技术因素与标准

工程设计招标的技术因素主要是指具体技术方案，一般包括项目的规划设计指标、总平面布局、单体平面布置、功能分区、立体空间设计、建筑创意造型、主要技术经济指标、节能环保、交通和结构、可实施性和持续性等内容。针对技术因素设置评标标准，并赋予一定分值。如建筑方案招标的技术因素与标准可以参考表9-3来设置。

详细评审前附表（一）   表9-2

序号	评分项目	权重值	评分标准	分项分值	得分
1	设计资质及管理体系认证	10	企业设计资质符合招标文件规定的资质等级,是否通过 ISO 质量认证并成功运行一段时间	10	
2	类似项目设计业绩	30	近年完成类似项目业绩	15	
			类似项目是否投入使用	15	

续表

序号	评分项目	权重值	评分标准	分项分值	得分
3	投标人拟投入的项目设计团队人员资格、业绩情况	40	项目总设计师是否主持设计过类似工程	20	
			设计师技术水平(职称、论著、个人获奖情况)及同类工程业绩	10	
			设计组成员是否齐备	10	
4	投标人的设计周期和设计进度安排	10	工期是否合理并满足招标文件要求,为建设好本工程,设计单位提交的各项服务	10	
5	投标人的设计服务承诺和建议	10	服务承诺是否合理并满足招标文件要求,建议是否合理	10	

　　根据以上表 9-2 可以看出，招标人对投标人的业绩及项目团队的资格、业绩是比较在意的，也符合设计招标商务标评标因素和标准的设置要求，有利于保证项目设计质量。

详细评审前附表（二）　　　　　　　　　　　　　　　　　　表 9-3

序号	评分项目	权重值	评分标准	分项分值	得分
1	投标文件的符合性	[0～5]	整个设计内容符合招标文件要求,内容全面,设计总说明书文字表达清楚、思路清晰、重点和难点突出、图纸及文卷质量高。		
2	概念	[5～10]	符合适用、坚固和美观原则,结合地理、气候、风俗、文化和个性特点,反映时代精神,具有创新的风格和意识,富有特色和吸引力,体现城市的历史文化、风貌特色。		
3	规划	[5～10]	符合规划设计条件,主要轴线布置合理,因地制宜,充分考虑地域环境条件,减少对周围环境的损害,建筑环境与空间造型和谐统一,充分协调好周边建筑景观的关系。		
4	景观	[5～15]	视野开阔、利用自然风光,合理布置绿化、水体,方便户外交流休息,保护历史遗迹,保留利用原有树木。		
5	建筑外观	[5～15]	建筑形式清晰、细腻、精致、简洁,视觉效果良好,建筑外观与传统文化及周边环境整体和谐。		
6	使用功能	[5～15]	空间布局合理,噪声隔绝,避免视线干扰,房屋散热,空气流通,朝向和开窗合理。从使用者的角度考虑单元设计,具有预见性和适应性,舒适实用,功能齐全、满足使用要求,有充分的可实施性,多功能使用的灵活性,可再调整分隔,迅速、廉价地改变布局。综合利用地下空间,预留与周边地块地下空间、地铁的衔接通道。		
7	交通	[5～10]	交通流线清晰,电梯的位置和数量合理,停车体系完善,连接方便,避免交通阻隔和绕行,减少无效路程,可快速疏通人流,提高交通效率。		

续表

序号	评分项目	权重值	评分标准	分项分值	得分
8	无障碍	[3~5]	有残疾人专用通道、扶手、卫生间,轮椅从人行道上应能无障碍地到达公共建筑的任何房间,无障碍地到达住宅建筑的首层电梯间或楼梯间,建筑物入口或地下停车库电梯间附近设置残疾人停车位。		
9	配套设施	[3~5]	设置地下管道共同沟(综合走廊)、照明、空气循环与控制、消防、防盗安全、电梯、节电节水自动控制、网络、雨水收集与利用、太阳能和风力利用等系统。		
10	经济	[5~10]	设计模数协调,符合设计标准、规范,造价合理、指标准确,工程造价估算不突破规定的控制要求,材料与构造符合国情并适用于地区,建成后节省管理和维护费用。		

（2）最优方案评标法的详细评审因素与标准

最优方案评标法的详细评审标准不设置商务评标因素与标准,只设置技术评标因素与标准。如建筑方案招标的技术因素与标准可以参考表 9-3 来设置。

详细评审前附表（三）　　　　　　　　　　　　表 9-4

序号	评分项目	评分标准	方案较好	方案一般	方案差
1	投标文件的符合性	整个设计内容符合招标文件要求,内容全面,设计总说明书文字表达清楚、思路清晰、重点和难点突出、图纸及文卷质量高。			
2	概念	符合适用、坚固和美观原则,结合地理、气候、风俗、文化和个性特点,反映时代精神,具有创新的风格和意识,富有特色和吸引力,体现城市的历史文化、风貌特色。			
3	规划	符合规划设计条件,主要轴线布置合理,因地制宜、充分考虑地域环境条件,减少对周围环境的损害,建筑环境与空间造型和谐统一,充分协调好周边建筑景观的关系。			
4	景观	视野开阔,利用自然风光,合理布置绿化、水体,方便户外交流休息,保护历史遗迹,保留利用原有树木。			
5	建筑外观	建筑形式清晰、细腻、精致、简洁,视觉效果良好,建筑外观与传统文化及周边环境整体和谐。			
6	使用功能	空间布局合理,噪声隔绝,避免视线干扰,房屋散热,空气流通,朝向和开窗合理。从使用者的角度考虑单元设计,具有预见性和适应性,舒适实用,功能齐全、满足使用要求,有充分的可实施性,多功能使用的灵活性,可再调整分隔,迅速、廉价地改变布局。综合利用地下空间,预留与周边地块地下空间、地铁的衔接通道。			
7	交通	交通流线清晰,电梯的位置和数量合理,停车体系完善,连接方便,避免交通阻隔和绕行,减少无效路程,可快速疏通人流,提高交通效率。			
8	无障碍	有残疾人专用通道、扶手、卫生间,轮椅从人行道上应能无障碍地到达公共建筑的任何房间,无障碍地到达住宅建筑的首层电梯间或楼梯间,建筑物入口或地下停车库电梯间附近设置残疾人停车位。			

续表

序号	评分项目	评分标准	方案较好	方案一般	方案差
9	配套设施	设置地下管道共同沟(综合走廊)，照明、空气循环与控制、消防、防盗安全、电梯、节电节水自动控制、网络、雨水收集与利用、太阳能和风力利用等系统。			
10	经济	设计模数协调，符合设计标准、规范，造价合理、指标准确，工程造价估算不突破规定的控制要求，材料与构造符合国情并适用于地区，建成后节省管理和维护费用。			

3. 评标与定标

（1）综合评标法的评标与定标

1）评标　评标采用初步评审和详细评审两个阶段进行评审，初步评审根据"初步评审标准前附表"逐一进行评审，只有全部符合通过的投标才可以进入详细评审阶段的评审；详细评审是对通过初步评审的投标文件，根据"详细评审前附表（一）、详细评审前附表（二）"进行评审打分，并按照综合得分从高到低排列。

2）定标　根据专家评标结果推荐的前三名为中标候选人进行公示，公示结束后若无相关投诉，取第一名为中标人。

（2）最优方案评标法的评标与定标

1）评标采用初步评审和详细评审两个阶段进行评审，初步评审根据"初步评审标准前附表"逐一进行评审，只有全部符合通过的投标才可以进入详细评审阶段的评审；详细评审是对通过初步评审的投标文件，根据表 9-4 中"详细评审前附表（三）"进行投票，方案较好的得票数最多者为最优；如果第一轮投票方案较好得票相同时，可以进行第二轮投票，直至投出结果为止。并按照得票数由高到低进行排列。

2）定标　根据专家评标结果推荐的前三名为中标候选人进行公示，公示结束后若无相关投诉，取第一名为中标人。

"第四章　合同条件"

工程设计招标文件的设计合同（建议）一般采用标准合同范本编写合同条件，实践中设计合同范文有两种，一种是《建设工程设计合同（一）》适用《民用建设工程设计合同》GF-2015-0209、第二种是《建设工程设计合同（二）》适用《专业建设工程设计合同》GF-2015-0210。招标人可根据具体情况拟定合同条款，但要符合相关法律法规要求。

"第五章　设计任务书"

设计条件及要求是投标人进行方案设计的纲领性、指导性文件，一般包含如下内容：

（1）设计目的和任务。如对标的的风格、理念要求或其他。

（2）项目综合说明。包括项目名称、建设背景、项目功能、使用性质、周边环境、交通情况、自然地理条件、气候条件以及设防要求等内容。

（3）设计条件。包括主要技术经济指标要求、功能要求、工艺要求、用地及建设规模、建筑红线、建筑高度、建筑密度、容积率范围、绿地率、交通规划条件、市政规划条件等要求。

（4）设计原则、指导思想。

（5）设计使用年限要求。

（6）设计深度及设计成果要求。设计深度应当符合国家规定的深度要求；设计成果要求中应明确成果内容要求、编制格式要求、数量要求等。

（7）规划部门的控规条件。设计成果必须满足详细性控制规划条件，如总占地面积、容积率、绿化（地）率、层高、檐高、建筑红线及其他配套设施等要求。

"第六章 技术规范与标准"

说明本项目采用的设计技术规范与标准。

"第七章 投标文件格式"

投标文件格式应按照"第二章 投标人须知"要求的内容设置，需要投标人提交的资料应满足"第三章评标办法"评审要求。

"第八章 附件、附图"

主要指为投标人编制投标文件需要的基础性资料。如工程地质勘探成果报告书、原有地形地貌图、可研报告、控规条件（详规条件、区位边界图、用地红线图）等内容。

第三节 建设工程勘察设计费计算

签订委托勘察设计合同之前，需要预先根据工程估算或概算的建筑安装工程费、设备购置费作为计费额来确定设计费，以此作为付款控制依据；实际则可按照实际的建筑安装工程结算价作为计费额。由于工程勘察设计费的计算比较复杂，本书只简单对勘察设计费的基础计费知识进行介绍，详细需参照国家发改委、住建部关于发布《工程勘察设计收费管理规定》的通知（计价格〔2015〕10号）和《工程勘察设计收费标准》2015相关规定执行。

一、工程勘察费

工程勘察收费是指勘察人根据发包人的委托，收集已有资料、现场踏勘、制订勘察纲要，进行测绘、勘探、取样、试验、测试、检测、监测等勘察作业，以及编制工程勘察文件和岩土工程设计文件等收取的费用。

（一）工程勘察收费标准

工程勘察收费标准分为通用工程勘察收费标准和专业工程勘察收费标准。

1. 通用工程勘察收费标准适用于工程测量、岩土工程勘察、岩土工程设计与检测监测、水文地质勘察、工程水文气象勘察、工程物探、室内试验等工程勘察的收费。

2. 专业工程勘察收费标准分别适用于煤炭、水利水电、电力、长输管道、铁路、公路、通信、海洋工程等工程勘察的收费。专业工程勘察中的一些项目可以执行通用工程勘察收费标准。

3. 通用工程勘察收费采取实物工作量定额计费方法计算，由实物工作收费和技术工作收费两部分组成。

专业工程勘察收费方法和标准，分别在煤炭、水利水电、电力、长输管道、铁路、公路、通信、海洋工程等章节中规定。

（二）通用工程勘察收费按照下列公式计算

1. 工程勘察收费＝工程勘察收费基准价×（1±浮动幅度值）

2. 工程勘察收费基准价＝工程勘察实物工作收费＋工程勘察技术工作收费

3. 工程勘察实物工作收费＝工程勘察实物工作收费基价×实物工作量×附加调整系数

4. 工程勘察技术工作收费＝工程勘察实物工作收费×技术工作收费比例

（1）工程勘察收费基准价

工程勘察收费基准价是按照本收费标准计算出的工程勘察基准收费额，发包人和勘察人可以根据实际情况在规定的浮动幅度内协商确定工程勘察收费合同额。

（2）工程勘察实物工作收费基价

工程勘察实物工作收费基价是完成每单位工程勘察实物工作内容的基本价格。工程勘察实物工作收费基价在相应的勘察类别的《实物工作收费基价表》中查找确定。

（3）实物工作量

实物工作量由勘察人按照工程勘察规范、规程的规定和勘察作业实际情况在勘察纲要中提出，经发包人同意后，在工程勘察合同中约定。

（4）附加调整系数

附加调整系数是对工程勘察的自然条件（如气温、海拔高度等）、作业内容和复杂程度差异进行调整的系数。附加调整系数为两个或者两个以上的，附加调整系数不能连乘。将各附加调整系数相加，减去附加调整系数的个数，加上定值1，作为附加调整系数值。

二、工程设计收费

工程设计收费是指设计人根据发包人的委托，提供编制建设项目初步设计文件、施工图设计文件、非标准设备设计文件、施工图预算文件、竣工图文件等服务所收取的费用。

（一）工程设计收费

工程设计收费采取按照建设项目单项工程概算投资额分档定额计费方法计算收费。

工程设计收费按照下列公式计算：

1. 工程设计收费＝工程设计收费基准价×（1±浮动幅度值）

2. 工程设计收费基准价＝基本设计收费＋其他设计收费

3. 基本设计收费＝工程设计收费基价×专业调整系数×工程复杂程度调整系数×附加调整系数

（1）工程设计收费基准价

工程设计收费基准价是按照本收费标准计算出的工程设计基准收费额，发包人和设计人根据实际情况，在规定的浮动幅度内协商确定工程设计收费合同额。

（2）基本设计收费

基本设计收费是指在工程设计中提供编制初步设计文件、施工图设计文件收取的费用，并相应提供设计技术交底、解决施工中的设计技术问题、参加试车考核和竣工验收等服务。

（3）其他设计收费

其他设计收费是指根据工程设计实际需要或者发包人要求提供相关服务收取的费用，包括总体设计费、主体设计协调费、采用标准设计和复用设计费、非标准设备设计文件编制费、施工图预算编制费、竣工图编制费等。

（4）工程设计收费基价

工程设计收费基价是完成基本服务的价格。工程设计收费基价在《工程设计收费基价表》表 9-9 中查找确定，计费额处于两个数值区间的，采用直线内插法确定工程设计收费基价。

（5）工程设计收费计费额

工程设计收费计费额，为经过批准的建设项目初步设计概算中的建筑安装工程费、设备与器具购置费和联合试运转费之和。工程中有利用原有设备的，以签订工程设计合同时同类设备的当期价格作为工程设计收费的计费额；工程中有缓配设备，但按照合同要求以既配设备进行工程设计并达到设备安装和工艺条件的，以既配设备的当期价格作为工程设计收费的计费额；工程中有引进设备的，按照购进设备的离岸价折换成人民币作为工程设计收费的计费额。

（6）工程设计收费调整系数

工程设计收费标准的调整系数包括：专业调整系数、工程复杂程度调整系数和附加调整系数。

1）专业调整系数

专业调整系数是对不同专业建设项目的工程设计复杂程度和工作量差异进行调整的系数。计算工程设计收费时，专业调整系数在《工程设计收费专业调整系数表》（表 9-5）中查找确定。

2）工程复杂程度调整系数

工程复杂程度调整系数是对同一专业不同建设项目的工程设计复杂程度和工作量差异进行调整的系数。工程复杂程度分为一般、较复杂和复杂三个等级，其调整系数分别为：一般（Ⅰ级）0.85；较复杂（Ⅱ级）1.0；复杂（Ⅲ级）1.15。计算工程设计收费时，工程复杂程度在（表 9-6～表 9-8）中查找确定。

3）附加调整系数

附加调整系数是对专业调整系数和工程复杂程度调整系数尚不能调整的因素进行补充调整的系数。附加调整系数为两个或两个以上的，附加调整系数不能连乘。将各附加调整系数相加，减去附加调整系数的个数，加上定值 1，作为附加调整系数值。

（二）工程设计收费其他规定

1. 单独委托工艺设计、土建以及公用工程设计、初步设计、施工图设计的，按照其占基本服务设计工作量的比例计算工程设计收费，见表 9-10。

2. 改扩建和技术改造建设项目，附加调整系数为 1.1～1.4。根据工程设计复杂程度确定适当的附加调整系数，计算工程设计收费。

3. 初步设计之前，根据技术标准的规定或者发包人的要求，需要编制总体设计的，按照该建设项目基本设计收费的 5％加收总体设计费。

4. 建设项目工程设计由两个或者两个以上设计人承担的，其中对建设项目工程设计合理性和整体性负责的设计人，按照该建设项目基本设计收费的 5％加收工程设计协调费。

5. 工程设计中采用标准设计或者复用设计的，按照同类新建项目基本设计收费的 30％计算收费；需要重新进行基础设计的，按照同类新建项目基本设计收费的 40％计算收费；需要对原设计做局部修改的，由发包人和设计人根据设计工作量协商确定工程设计收费。

6. 编制工程施工图预算的，按照该建设项目基本设计收费的10%收取施工图预算编制费；编制工程竣工图的，按照该建设项目基本设计收费的8%收取竣工图编制费。

7. 工程设计中采用设计人自有专利或者专有技术的，其专利和专有技术收费由发包人与设计人协商确定。

8. 工程设计中的引进技术需要境内设计人配合设计的，或者需要按照境外设计程序和技术质量要求由境内设计人进行设计的，工程设计收费由发包人与设计人根据实际发生的设计工作量，参照本标准协商确定。

9. 由境外设计人提供设计文件，需要境内设计人按照国家标准规范审核并签署确认意见的，按照国际对等原则或者实际发生的工作量，协商确定审核确认费。

10. 设计人提供设计文件的标准份数，初步设计、总体设计分别为10份，施工图设计、非标准设备设计、施工图预算、竣工图分别为8份。发包人要求增加设计文件份数的，由发包人另行支付印制设计文件工本费。工程设计中需要购买标准设计图的，由发包人支付购图费。

工程设计收费专业调整系数表　　　　　　　　　　　　　表 9-5

工程类型	专业调整系数
1. 矿山采选工程	
黑色、黄金、化学、非金属及其他矿采选工程	1.1
采煤工程，有色、铀矿采选工程	1.2
选煤及其他煤炭工程	1.3
2. 加工冶炼工程	
各类冷加工工程	1.0
船舶水工工程	1.1
各类冶炼、热加工、压力加工工程	1.2
核加工工程	1.3
3. 石油化工工程	
石油、化工、石化、化纤、医药工程	1.2
核化工工程	1.6
4. 水利电力工程	
风力发电、其他水利工程	0.8
火电工程	1.0
核电常规岛、水电、水库、送变电工程	1.2
核能工程	1.6
5. 交通运输工程	
机场场道工程	0.8

续表

工程类型	专业调整系数
公路、城市道路工程	0.9
机场空管和助航灯光、轻轨工程	1.0
水运、地铁、桥梁、隧道工程	1.1
索道工程	1.3
6. 建筑市政工程	
邮政工艺工程	0.8
建筑、市政、电信工程	1.0
人防、园林绿化、广电工艺工程	1.1
7. 农业林业工程	
农业工程	0.9
林业工程	0.8

建筑、人防工程复杂程度表　　　　　　　　　表 9-6

等级	工程设计条件
Ⅰ级	1. 功能单一、技术要求简单的小型公共建筑工程； 2. 高度<24m 的一般公共建筑工程； 3. 小型仓储建筑工程； 4. 简单的设备用房及其他配套用房工程； 5. 简单的建筑环境设计及室外工程； 6. 相当于一星级饭店及以下标准的室内装修工程； 7. 人防疏散干道、支干道及人防连接通道等人防配套工程
Ⅱ级	1. 大中型公共建筑工程； 2. 技术要求较复杂或有地区性意义的小型公共建筑工程； 3. 高度 24～50m 的一般公共建筑工程； 4. 20 层及以下一般标准的居住建筑工程； 5. 仿古建筑、一般标准的古建筑、保护性建筑以及地下建筑工程； 6. 大中型仓储建筑工程； 7. 一般标准的建筑环境设计和室外工程； 8. 相当于二、三星级饭店标准的室内装修工程； 9. 防护级别为四级及以下同时建筑面积<10000m² 的人防工程
Ⅲ级	1. 高级大型公共建筑工程； 2. 技术要求复杂或具有经济、文化、历史等意义的省(市)级中小型公共建筑工程； 3. 高度>50m 的公共建筑工程； 4. 20 层以上居住建筑和 20 层及以下高标准居住建筑工程； 5. 高标准的古建筑、保护性建筑和地下建筑工程； 6. 高标准的建筑环境设计和室外工程； 7. 相当于四、五星级饭店标准的室内装修,特殊声学装修工程； 8. 防护级别为三级以上或者建筑面积≥10000m² 的人防工程

注：1. 大型建筑工程指 20001m² 以上的建筑,中型指 5001～20000m² 的建筑,小型指 5000m² 以下的建筑；
　　2. 古建筑、仿古建筑、保护性建筑等,根据具体情况,附加调整系数为 1.3～1.6；
　　3. 智能建筑弱电系统设计,以弱电系统的设计概算为计费额,附加调整系数为 1.3；
　　4. 室内装修设计,以室内装修的设计概算为计费额,附加调整系数为 1.5；
　　5. 特殊声学装修设计,以声学装修的设计概算为计费额,附加调整系数为 2.0；
　　6. 建筑总平面布置或者小区规划设计,根据工程的复杂程度,按照每 10000～20000 元/ha 计算收费。

园林绿化工程复杂程度表

表 9-7

等级	工程设计条件
Ⅰ级	1. 一般标准的道路绿化工程; 2. 片林、风景林等工程
Ⅱ级	1. 标准较高的道路绿化工程; 2. 一般标准的风景区、公共建筑环境、企事业单位与居住区的绿化工程
Ⅲ级	1. 高标准的城市重点道路绿化工程; 2. 高标准的风景区、公共建筑环境、企事业单位与居住区的绿化工程; 3. 公园、度假村、高尔夫球场、广场、街心花园、园林小品、屋顶花园、室内花园等绿化工程

市政公用工程复杂程度表

表 9-8

等级	工程设计条件
Ⅰ级	1. 庭院户内燃气管道工程; 2. 一般给排水地下管线($DN<1.0$m,无管线交叉)工程; 3. 小型垃圾中转站,简易堆肥工程; 4. 供热小区管网(二级网)工程
Ⅱ级	1. 城市调压站、瓶组站,<5000 户气化站、混气站,<500m³ 储配站工程; 2. 城区给排水管线,一般地下管线($DN<1.0$m,有管线交叉),<1m³/s 加压泵站,简单构筑物工程; 3. >100t/d 的大型垃圾中转站,垃圾填埋场、机械化快速堆肥工程; 4. $\leqslant2$MW 的小型换热站工程
Ⅲ级	1. 城市超高压调压站,市内管线及加压站,穿、跨越管网,$\geqslant5000$ 户气化站、混气站,$\geqslant500$m³ 储配站、门站、气源厂、加气站工程; 2. 大型复杂给排水管线,市政管网,大型泵站、水闸等构筑物,净水厂、污水处理厂工程; 3. 垃圾系统工程及综合处理与利用、焚烧工程; 4. 锅炉房,穿、跨越供热管网,>2MW 换热站工程; 5. 海底排污管线,海水取排水、淡化及水处理工程

工程设计收费基价表

表 9-9

单位:万元

序号	计费额	收费基价
1	200	9.0
2	500	20.9
3	1,000	38.8
4	3,000	103.8
5	5,000	163.9
6	8,000	249.6
7	10,000	304.8
8	20,000	566.8
9	40,000	1,054.0
10	60,000	1,515.2
11	80,000	1,960.1
12	100,000	2,393.4
13	200,000	4,450.8
14	400,000	8,276.7

序号	计费额	收费基价
15	600,000	11,897.5
16	800,000	15,391.4
17	1,000,000	18,793.8
18	2,000,000	34,948.9

注：计费额＞2,000,000 万元的，以计费额乘以 1.6％的收费率计算收费基价。

建筑市政工程各阶段工作量比例表　　　　　　　表 9-10

设计阶段（%） 工程类型		方案设计（%）	初步设计（%）	施工图设计（%）
建筑与室外工程	Ⅰ 级	10	30	60
	Ⅱ 级	15	30	55
	Ⅲ 级	20	30	50
住宅小区（组团）工程		25	30	45
住宅工程		25		75
古建筑保护性建筑工程		30	20	50
智能建筑弱电系统工程			40	60
室内装修工程		50		50
园林绿化工程	Ⅰ、Ⅱ 级	30		70
	Ⅲ 级	30	20	50
人防工程		10	40	50
市政公用工程	Ⅰ、Ⅱ 级		40	60
	Ⅲ 级		50	50
广播电视、邮政工程工艺部分			40	60
电信工程			60	40
建筑工程专业	建筑	35～43		
	结构	24～30		
	设备	28～38		

[**案例 9-1**]　某一建筑工程项目总概算为 17000 万元，其中建筑安装工程费、设备与工器具购置费及联合试运转费之和为 9600 万元，试计算该建筑工程设计项目设计收费。

解：设计费的计算步骤如下：

（1）第一步：计算"基本设计收费"（J）

基本设计收费是指在工程设计中对所编制的初步设计文件和施工图设计文件收取的费用，并提供相应的设计技术交底、解决施工中的设计技术问题、参加试车考核和竣工验收等服务。

计算公式为：$J = Y \times t_1 \times t_2 \times t_3$

式中：J——基本设计收费；Y——工程设计收费基价；t_1——专业调整系数；t_2——工程复杂程度调整系数；t_3——附加调整系数。

该建筑工程项目专业调整系数 $t_1=1.0$，工程复杂程度为复杂（Ⅲ级），工程复杂调整系数 $t_2=1.15$，附加调整系数 $t_3=1.0$。式中：Y——工程设计收费基价；Y_2——Y 所在区间上限；Y_1——Y 所在区间下限；X——工程设计收费计费额；X_2——X 所在区间上限；X_1——X 所在区间上限。

工程设计收费计费额为经过批准的建设项目初步设计概算中的建筑安装工程费、设备与工器具购置费及联合试运转费之和。工程设计收费基价是完成基本服务的价格，可在表 9-9 中查找确定。计费额处于两个数值区间的，采用直线内插法确定工程设计收费基价。代入具体数值得出：$Y=(304.8-249.6)/(10000-8000)\times(9600-8000)+249.6=293.76$（万）$J=293.76\times1.0\times1.15\times1.0=337.824$（万）。

（2）第二步：计算"其他设计收费"（Q）

其他设计收费是指根据工程设计实际需要或发包人的要求提供相关服务收取的费用，包括总体设计费、主体设计协调费、采用标准设计和复用设计费、非标准设备设计文件编制费、施工图预算编制费、竣工图编制费等。该建筑工程项目有主体设计单位，并编制施工图预算。依据本收费标准，主体设计协调费为基本设计收费的 5%，施工图预算编制费为基本设计收费的 10%，即：主体设计协调费 $=337.824\times5\%=16.8912$（万）；施工图预算编制费 $=337.824\times10\%=33.7824$（万）。则：其他设计收费 $Q=16.8912+33.7824=50.6736$（万）。

（3）第三步：计算"工程设计收费基准价"（Z）

工程设计收费基准价是按照本收费标准计算出的工程设计基准收费额，发包人和设计人根据实际情况，在规定的浮动幅度内协商确定工程设计收费合同额。

计算公式为：$Z=J+Q$

式中：Z——工程设计收费基准价；J——基本设计收费；Q——其他设计收费。代入具体数值得出：$Z=337.824+50.6736=388.4976$（万）。

（4）第四步：协商确定该建筑工程项目的"工程设计收费"（S）

工程设计收费是指设计人根据发包人的委托，提供编制建设项目初步设计文件、施工图设计文件、非标准设备设计文件、施工图预算文件、竣工图文件等服务所收取的费用。

计算公式为：$S=Z\times(1\pm$ 浮动幅度值$)$

式中：S——工程设计收费；Z——工程设计收费基准价。

代入具体数值得出：$S=388.4976\times[1\pm(-20\%\sim+25\%)]$（万）。

复习思考题

一、简答题

1. 工程勘察设计招标应具备哪些条件？
2. 工程勘察设计招标文件一般包含哪些内容？
3. 工程设计招标的设计条件与要求包含哪些内容？
4. 如何设置工程设计招标的评标因素？

二、案例题

某房地产公司拟开发一高档住宅小区，小区规划总建筑面积为 26 万 m^2，其中 28 层住宅 8 栋（共 10 万 m^2），层高 3.0m，首层架空；18 层住宅 10 栋（共 6 万 m^2），层高

3.0m，首层架空；13 层住宅 6 栋（共 4 万 m²）、15 层住宅 8 栋（共 6 万 m²）。

开发商委托某设计单位进行设计，根据方案编制的工程设计概算造价为 4.95 亿元。施工图完成后，招标控制价为 4.846 亿元。根据设计合同相关条款规定，设计企业按照标准设计费计算的标准设计费的 80% 收取。附加调整系数取 1.0。

问题：试计算设计单位实际收取的设计费。

第十章 特许经营招标概述

学习目标

了解基础设施和公用事业特许经营的基本概念、特许经营方式、特许经营招标考虑的因素、特许经营协议书的组成。

能力目标

通过本章节学习，能够根据基础设施和公用事业工程项目的特点和建设需要协助办理特许经营招标的能力。

第一节 特许经营招标基础知识

一、特许经营概念

基础设施和公用事业特许经营，是指政府采用竞争方式依法授权中华人民共和国境内外的法人或者其他组织，通过协议明确权利义务和风险分担，约定其在一定期限和范围内投资建设运营基础设施和公用事业并获得收益，提供公共产品或者公共服务。

特许经营适用范围：中华人民共和国境内的能源、交通运输、水利、环境保护、市政工程等基础设施和公用事业领域的特许经营活动。

采用特许经营的目的，主要是缓解政府当前对公共事业设施、基础设施建设必须建设而资金不足的困境，引进民间资本，以双赢的目的推动或达到基础设施、公用事业的发展。

二、特许经营原则

基础设施和公用事业特许经营应遵守的原则：

（一）发挥社会资本融资、专业、技术和管理优势，提高公共服务质量效率。

（二）转变政府职能，强化政府与社会资本协商合作。

（三）保护社会资本合法权益，保证特许经营持续性和稳定性。

（四）兼顾经营性和公益性平衡，维护公共利益。

三、特许经营方式

（一）在一定期限内，政府授予特许经营者投资新建或改扩建、运营基础设施和公用事业，期限届满移交政府。

（二）在一定期限内，政府授予特许经营者投资新建或改扩建、拥有并运营基础设施和公用事业，期限届满移交政府。

（三）特许经营者投资新建或改扩建基础设施和公用事业并移交政府后，由政府授予其在一定期限内运营。

（四）国家规定的其他方式。

四、特许经营模式与招标类型

我国基础设施和公用事业的特许经营招标类型根据特许经营方式的不同而不同，特许经营项目的招标类型主要有如下几种：

1. BOO（建设－经营－拥有或不移交）模式招标

BOO 模式是指政府通过招标选定的投资主体拥有项目的完全产权，项目由投资主体全权负责融资、建设、经营和拥有。特许经营投资人在项目建设、运营期间不得损害项目周围环境和其他公共利益、社会利益。

2. BOT（建造－运营－移交）模式招标

BOT 模式是指一国政府或其授权的政府部门经过一定程序并签订特许协议，将专属国家的特定的基础设施、公用事业或工业项目的筹资、投资、建设、营运、管理和使用的权利在一定时期内赋予本国或/和外国民间企业，政府保留该项目、设施以及其相关的自然资源永久所有权；由民间企业建立项目公司并按照政府与项目公司签订的特许协议投资、开发、建设、营运和管理特许项目，以营运所得清偿项目债务、收回投资、获得利润，在特许权期限届满时将该项目、设施无偿移交给政府。

BOT 模式招标是目前在基础设施中较为常用的特许权经营实现模式。

3. BT（建造－移交）模式招标

BT 模式是 BOT 模式的衍生品。政府为了解决短期资金建设困难，把公共事业设施、基础设施建设项目通过公开招标的方式选择投资主体，由投资主体（项目公司）负责投融资、建设，项目竣工验收合格后，投资主体把项目的使用、占有权移交给政府，政府根据回购协议规定，通过分期回购方式支付回购款给投资主体。

4. TOT（运营、维护和移交）模式招标

TOT 模式是指政府部门或国有企业将建设好的项目的一定期限的产权或经营权，有偿转让给投资人，由其进行运营、维护管理；投资人在约定的期限内通过经营收回全部投资并得到合理的回报，双方合约期满之后，投资人再将该项目交还政府部门或原企业。

5. PPP（混合制经营管理或公私合伙制）模式招标

PPP 模式是指政府与私人组织之间，为了合作建设城市基础设施项目，或是为了提供某种公共物品和服务，以特许权协议为基础，彼此之间形成一种伙伴式的合作关系，并通过签署合同来明确双方的权利和义务，以确保合作的顺利完成，最终使合作各方达到比预期单独行动更为有利的结果。

PPP 模式将部分政府责任以特许经营权方式转移给社会主体（企业），政府与社会主体建立起"利益共享、风险共担、全程合作"的共同体关系，政府的财政负担减轻，社会主体的投资风险减小。

五、特许经营期限

基础设施和公用事业特许经营期限应当根据行业特点、所提供公共产品或服务需求、项目生命周期、投资回收期等综合因素确定，最长不超过 30 年。对于投资规模大、回报周期长的基础设施和公用事业特许经营项目（以下简称特许经营项目）可以由政府或者其授权部门与特许经营者根据项目实际情况，约定超过前款规定的特许经营期限。

六、特许经营招标要素

（一）特许经营招标条件

（1）特许经营必须获得政府的批准；

（2）特许经营项目必须符合国家规定的项目类型；

（3）项目实施方案已获政府批准。项目实施方案一般包括参与特许经营的投标人应具备的条件、特许经营的框架协议、项目建设期和回购期、投资回报率和服务价格的预测、政府的承诺及回购地保证措施。

（二）投标人应当具备的条件

中华人民共和国建设部令第 126 号《市政公用事业特许经营管理办法》第七条规定，参与特许经营投标人应当具备以下条件：

（1）依法注册的企业法人；

（2）有相应的注册资本金和设施、设备；

（3）有良好的银行资信、财务状况及相应的偿债能力；

（4）有相应的从业经历和良好的业绩；

（5）有相应数量的技术、财务、经营等关键岗位人员；

（6）有切实可行的经营方案；

（7）地方性法规、规章规定的其他条件。

（三）特许经营方案

特许经营项目实施方案应当包括但不限于以下内容：

（1）项目名称；

（2）项目实施机构；

（3）项目建设规模、投资总额、实施进度，以及提供公共产品或公共服务的标准等基本经济技术指标；

（4）投资回报、价格及其测算；

（5）可行性分析，即降低全生命周期成本和提高公共服务质量效率的分析估算等；

（6）特许经营协议框架草案及特许经营期限；

（7）特许经营者应当具备的条件及选择方式；

（8）政府承诺和保障；

（9）特许经营期限届满后资产处置方式；

（10）应当明确的其他事项。

七、特许经营招标注意事项

（1）特许经营招标的中标公示期为 20 日。

（2）特许经营招标确定中标人后，中标人与招标人草签项目协议，然后中标人在项目地注册成立项目公司，招标人与项目公司签署包括特许经营协议在内的项目协议。

（3）特许经营招标的中标人或设立的项目公司不一定是项目的直接施工单位，有以下几种情况：

1）中标人或项目公司具备工程勘察设计、施工资质和能力的，招标人可在招标文件中。阐明，投标前报建设行政主管部门备案后，中标人可作为项目直接勘察设计、施工单位。

2）若中标人或项目公司不具备工程勘察设计、施工资质和能力的，项目公司应按照国家《招标投标法》的规定公开重新选定项目勘察设计、施工单位和监理单位等相关参与单位。

3）招标人也可以在招标文件中阐明，中标人或项目公司必须按照国家《招标投标法》

的规定公开重新选定项目勘察设计、施工单位和监理单位等相关参与单位。

第二节　特许经营招标文件

特许经营招标的招标文件与工程施工招标文件的结构相似，一般由六章组成。第一章招标公告（或投标邀请书），第二章　投标人须知，第三章　招标内容及要求，第四章特许经营权协议（框架），第五章　评标办法，第六章　投标文件格式。

"第一章　招标公告（或投标邀请书）"

特许经营招标的招标公告结构与施工招标公告结构基本相同，具体内容与要求应根据特许经营模式要求与需要编制。

"第二章　投标人须知"

投标人须知由投标人须知前附表和正文组成，投标须知正文由总则、招标文件、投标文件、投标、开标、评标、合同授予、重新招标和不再招标、纪律和监督、需要补充的其他内容等组成。特许经营招标文件的投标人须知，可以在施工招标的投标人须知前附表和正文的基础上，根据特许经营的需要进行修编。

"第三章　招标内容及要求"

招标内容及要求包含项目概况、招标内容及要求（招标内容、基本要求、基本条件、政府承诺、其他要求）。

"第四章　特许经营权协议（框架）"

实施机构应当与依法选定的特许经营者签订特许经营协议。需要成立项目公司的，实施机构应当与依法选定的投资人签订初步协议，约定其在规定期限内注册成立项目公司，并与项目公司签订特许经营协议。特许经营协议应通过县级以上人民政府批准同意。

特许经营协议应当主要包括以下内容：

（一）项目名称、内容；

（二）特许经营方式、区域、范围和期限；

（三）项目公司的经营范围、注册资本、股东出资方式、出资比例、股权转让等；

（四）所提供产品或者服务的数量、质量和标准；

（五）设施权属，以及相应的维护和更新改造；

（六）监测评估；

（七）投融资期限和方式；

（八）收益取得方式、价格和收费标准的确定方法以及调整程序；

（九）履约担保；

（十）特许经营期内的风险分担；

（十一）政府承诺和保障；

（十二）应急预案和临时接管预案；

（十三）特许经营期限届满后，项目及资产移交方式、程序和要求等；

（十四）变更、提前终止及补偿；

（十五）违约责任；

（十六）争议解决方式；

147

（十七）需要明确的其他事项。

"第五章　评标办法"

评标办法是评标委员会的评标专家在评标过程中对所有投标文件的评审依据，评标委员会不能采用招标文件中没有标明的方法和标准进行评标。

（一）评标方法

特许经营的评标办法一般采用综合评标法。

（二）评审因素与标准

评审因素分为初步评审因素和标准、详细评审因素和标准两部分内容。

1. 初步评审因素和标准：主要由形式评审因素和标准、资格评审因素和标准（适合资格后审）、响应性评审因素和标准组成。

2. 详细评审因素与标准

特许经营的详细评审因素与标准应根据项目的基本情况、要求等因素进行考虑，主要可以从以下几个方面设立：投标人的综合实力（主要岗位负责人、企业财务能力与融资能力、投标人业绩）、项目的建设管理方案、项目的实施技术方案、项目的融资方案、项目的投标报价、项目协议响应方案、项目的运营和维护方案、项目特许经营期满后的移交方案、技术培训方案、其他承诺等。对各评审因素的评审标准赋予分值或分值区间，总分满分 100 分。

3. 评标程序：

（1）初步评审。评标委员会的评标专家根据初步评审标准对各投标文件进行评审，只有全部符合要求的投标人才能进入下一步的详细评审。

（2）详细评审。评标专家对通过初步评审的投标文件按照详细评审标准进行评审打分，并按综合得分从高到低进行排名，推荐排名前三名的投标作为中标候选人进行公示。

（3）确定中标人。公示结束后，无其他投诉等情况，招标人应当确定排名第一的中标候选人为中标人，并与第一名中标候选人就特许经营权协议条款的细节进行谈判，并由招标人对其资信状况及类似业绩进行审核，若谈判成功且通过审核即被授予合同。否则招标人可以确定排名第二的中标候选人为中标人，并与第二名中标候选人就特许经营权协议条款的细节进行谈判，并由招标人对其资信状况及类似业绩进行审核，以此类推。

"第六章　投标文件格式"

投标文件格式要能清楚、充分反映招标文件的实质性要求以及评标办法的要求，一般包含第一部分　资格审查资料部分，第二部分　投标函部分，第三部分　经营方案部分。每部分格式的具体内容应能充分反映招标文件实质性要求内容、反映评标因素与评标标准要求的内容。

复习思考题

一、简答题

1. 简述特许经营方式有哪些？

2. 简述特许经营模式招标的类型？各有何特点？

3. 简述特许经营招标须具备哪些条件?

二、论述题

我国目前在基础设施和公用事业领域大力推行 PPP 模式,根据自学的知识或查找资料发表对 PPP 的看法。

第十一章　建设工程施工合同管理

学习目标

了解工程施工合同的概念及其特点；熟悉工程施工合同的组成内容；熟悉合同主体的权利和义务；掌握工程施工合同条款的具体内容和策划的方法；熟悉合同履约过程中的合同管理的内容。

能力目标

通过本章学习，达到具有工程施工合同策划的初步能力；具有施工合同管理的初步意识和管理初步能力。

第一节　建设工程施工合同概述

一、建设工程施工合同的概念

建设工程施工合同是发包人与承包人就完成具体工程项目的建筑施工、设备安装、设备调试、工程保修等工作内容，确定双方权利和义务的协议。施工合同是建设工程合同的一种，它是双务有偿合同，在订立时应遵守平等、自愿、公平、诚实信用等原则。

施工合同的当事人是发包人和承包人，双方是平等的民事主体。承发包双方签订施工合同，合同双方均具有履行合同的能力，承包方同时必须具备相应资质条件，在其资质证书标明的业务范围内承接工程；发包方必须把工程发包给具有与工程相应资质等级的施工企业。

二、建设工程施工合同特点

（一）合同标的的特殊性

施工合同实施的最终产品是满足功能使用的建筑产品。建筑产品具有不动性，即区域性，建筑产品在建造过程中会受到自然条件、地质水文条件、社会条件、人为条件等因素的影响，决定了每个施工合同的标的物在某一地区进行一定量的生产，不同于其他产品可以在工厂进行批量生产，具有单件性的特点。所谓"单件性"指不同地点建造的相同类型和级别的建筑，施工过程中所遇到的情况不尽相同，在某一个工程施工中遇到的困难在另外一个工程中不一定发生，相反也是如此，相互间具有不可替代性。

（二）合同履行时间长

由于社会的不断进步，人文文化需求不断增强，对建筑功能的要求不断增多，施工结构变得复杂、技术难度增大、工作量大，致使建设工期都较长，短则一年半载，长则三五年。在较长的合同施工期内，合同双方在履行义务的过程中往往会受到各种因素的影响，如不可抗力、法律法规政策的变化、市场价格的浮动等，这样必然导致原合同约定的内容及履行产生不同程度的变化，也会导致合同履行期限的延长。

（三）合同内容的复杂多样性

工程施工的整个过程涉及的参与主体较多，如建设单位、勘察设计单位、施工单位、监理单位、材料设备供应商等，施工合同约定的合同内容还需与其他相关合同（如设计合同、供货合同、本工程的其他施工合同等）相协调才能使工程得以顺利实施。

（四）合同监督的严格性

施工合同的履行对国家经济发展、公民的工作与生活都会有重大影响，因此，国家相关行政主管部门应根据其职权范围，依照法律、行政法规对施工合同及合同的订立和履行实行严格监督。合同监督主要是对合同主体的合法性、合同标的的合法性、合同内容的全面性、合同订立与合同履行进行监督，以保障合同主体双方、其他利益主体等的合法权益。

三、建设工程施工合同的作用

（1）施工合同是合同双方在工程施工活动各种经济行为的依据。施工合同确定了工程实施和工程管理的主要目标，阐明了在工程施工整个阶段承包人和发包人的权利和义务。

（2）施工合同统一协调工程各参加者的行为。由于一个项目（工程）涉及的专业较多，一个工程项目的完成可能会由一个或者多个单位参加（如建设、施工、勘察设计、监理、材料设备供应商等），而且工程在整个施工过程中会受多方面因素影响，这就要求对各参与单位在各自履行合同时进行自我规范约束。

（3）合同双方争议解决的依据。合同争议是合同双方经济利益冲突的表现形式，它通常由于合同实施环境的变化或合同一方违反合同或未能正确或全面履行合同，双方对合同理解的不一致等原因引起。

第二节 《建设工程施工合同》构成

本书第六章"建设工程施工招标"已简单介绍了建设工程合同构成，现结合国家《建设工程施工合同范文》GF-2013-0201、广东省 2011 版《工程施工合同范文》对合同条款组成与组成合同文件作介绍，具体构成内容如下：

该范文合同包含四部分，第一部分协议书、第二部分通用条款、第三部分专用条款、第四部分合同附件。

"第一部分 协议书"

"协议书"是施工合同的总纲性条文，它包含工程概况、工程承包范围、合同工期、质量标准、合同价款、组成合同的文件、词语含义、承包人承诺、发包人承诺、合同生效等 10 条内容。

组成合同的文件是指具有约束力的合同文件是一个合同整体，彼此应当能相互解释，互为说明，当出现相互矛盾时，组成本合同文件的内容及优先解释顺序如下：

（1）协议书；

（2）履行本合同的相关补充协议（含工程洽商记录、会议纪要、工程变更、现场签证、索赔和合同价款调整报告等修正文件）；

（3）中标通知书（适用于招标工程）；

（4）承包人投标文件及其附件（含评标期间的澄清文件和补充资料）（适用于招标工程）；确认的工程量清单报价单或施工图预算书（适用于非招标工程）；

（5）专用条款；

（6）通用条款；

（7）标准、规范及有关技术文件；

（8）施工设计图纸；

（9）工程量清单；

（10）专用条款约定的其他文件。

"第二部分《通用条款》"

《通用条款》作为任何建设工程施工合同的通适条文，在使用时不能作任何删除改或修改，不能原文照搬套用。通用条款具体包含下面八大内容：

一、总则

总则包含：1. 定义、2. 合同文件及解释、3. 阅读、4. 理解与接受、5. 语言及适用的法律、6. 标准与规范、7. 施工设计图、8. 通讯联络、9. 工程分包、10. 现场查勘、11. 招标错失的修正、12. 投标文件的完备性、13. 文物和地下障碍物、14. 事故处理、15. 交通运输、16. 专项批准事件的签认、17. 专利技术、18. 联合的责任、保障、财产等十八条内容。

二、合同主体

合同主体包含：19. 发包人、20. 承包人、21. 现场管理人员任命和更换、22. 发包人代表、23. 监理工程师、24. 造价工程师、25. 承包人代表、26. 指定分包人、27. 承包人劳务等九条内容。

三、担保、保险与风险

包含：28. 工程担保、29. 发包人风险、30. 承包人风险、31. 不可抗力、32. 保险等五条内容。

四、工期

包含：33. 进度计划和报告、34. 开工、35. 暂停施工和复工、36. 工期和工期延误、37. 加快进度、38. 竣工日期、39. 提前竣工、40. 误期赔偿等八条内容。

五、质量与安全

包含：41. 质量与安全管理、42. 质量标准、43. 工程质量创优、44. 工程的照管、45. 安全文明施工、46. 测量放线、47. 钻孔与勘探性开挖、48. 发包人供应材料和工程设备、49. 承包人采购材料和工程设备、50. 材料和工程设备的检验试验、51. 施工设备和临时设施、52. 工程质量检查、53. 隐蔽工程和中间验收、54. 重新验收和额外检查检验、55. 工程试车、56. 工程变更、57. 竣工验收条件、58. 竣工验收、59. 缺陷责任与质量保修等十九条内容。

六、造价

包含：60. 资金计划和安排、61. 工程量、62. 工程计量和计价、63. 暂列金额、64. 计日工、65. 暂估价、66. 提前竣工奖与误期赔偿费、67. 工程优质费、68. 合同价款的约定与调整、69. 后继法律法规变化事件、70. 项目特征描述不符事件、71. 分部分项工程量清单缺项漏项事件、72. 工程变更事件、73. 工程量偏差事件、74. 费用索赔事件、75. 现场签证事件、76. 物价涨落事件、77. 合同价款调整程序、78. 支付事项、79. 预付款、80. 安全文明施工费、81. 进度款、82. 竣工结算、83. 结算款、84. 质量保证金、85. 最终清算款等二十六条内容。

七、合同争议、解除与终止

包含：86. 合同争议、87. 合同解除、88. 合同解除的支付、89. 合同终止等四条内容。

八、其他

包含：90. 缴纳税费、91. 保密要求、92. 廉政建设、93. 禁止转让、94. 合同份数、95. 合同备案等四条内容。

"第三部分　专用条款"

专用条款与通用条款相对应，通用条款未具体表达的内容，应依据工程项目特点、建设要求在专用条款中给予详细说明和界定。

"第四部分　附件"

合同附件是合同组成部分，与合同具有同等法律效力。附件一　联合体施工协议书、附件二　发包人供应材料和工程设备一览表、附件三　工程质量保修书、附件四　廉政合同。

第三节　建设工程施工合同管理

工程施工合同管理是一种综合性的、高层次的、全面的管理，它包含工程项目施工整个过程的合同策划、合同的履行、合同变更与合同争议处理等方面的管理工作。合同管理要求管理者具有比较全面的知识和丰富的工程建设管理经验。

《建设工程质量管理条例》及相关工程质量管理办法规定，我国对建设工程项目质量实行五方负责制，各方项目负责人对其承担的工程质量实行终身负责制度。各参与主体在合同履行过程中都应对合同进行管理，确保其顺利完成合同任务。不同主体的合同管理侧重点会有所不同。

1. 业主的合同管理主要是根据企业的实际情况和项目建设的要求，经过统筹考虑，编制一个完善的施工合同，在项目实施过程中，通过合同与合同管理来实现项目的总体目标。业主合同管理的主要工作内容：

（1）依法编制工程合同，对工程合同进行总体策划，决定项目的管理模式、合同形式、合同承包范围、合同其他具体条款；

（2）对合同顺利实施提供必要条件和必要的协助；

（3）对工程的质量、进度、成本进行有效的控制，特别是工程成本的控制；

（4）掌握工程进度款支付条件、支付工程款；

（5）组织工程验收与接收。

2. 承包商的合同管理主要是按照合同条款要求全面履行合同职责，保证施工现场安全文明施工，保证工程质量达到合同或规范标准、全面完成合同工程内容和移交使用。

3. 政府行政管理部门的合同管理主要是依法对工程发承包合同进行备案审查，确保合同的公平性、合法性，维护合同双方的权益。

工程施工合同管理一般可分为合同签订前合同管理和合同签订后合同管理两个阶段，第一阶段合同管理主要工作内容是合同策划和合同总体分析；第二阶段合同管理主要工作内容是合同实施控制管理。

第一阶段　合同签订前合同管理

合同签订前合同管理主要对项目进行合同总体策划，确定项目合同种类、合同的承包范围、合同形式、合同具体条款等内容，并对合同进行总体分析（含风险分析）。只有策划编制一个完善的、公平的、无风险的合同，才有利于合同的履约，才有利于确保建设目标的顺利实现。因此，在项目合同签订前进行必要的合同策划和合同分析是十分必要的。

一、工程施工合同策划概念

工程施工合同策划就是通过缜密的思考，结合企业与项目建设需要的实际，按照合同要素与结构，确定合同目标、合同范围、合同形式、合同具体内容，确保合同的严密性、科学性、公平合理性和可履行性，最终能通过合同顺利实现项目目标。

目前我国工程施工合同策划可分为非招标工程的合同策划与谈判，招标工程的合同策划与响应。

（1）非招标工程的合同策划与谈判

非招标工程合同签订前的合同策划与谈判主要是由业主负责起草合同，承包人可以对合同条款提出自己的意见，然后双方对有异议的条款进行磋商或谈判，在整个合同谈判过程中可以讨价还价，只有双方达成一致意见，才能形成最终合同。

（2）招标工程的合同策划与响应

招标工程的合同策划与响应主要是招标人在招标前就已经策划与起草好合同，随同招标文件一起发送，而投标人只能实质性响应，不能提出意见和讨价还价。这时投标人只能认真分析合同，预估合同的风险程度，如果认为合同风险过大，只能放弃投标；或者经过合同分析，认为风险或大部分风险经过运作可以适当避险，可以参与投标。

二、合同策划的意义

（1）合同策划能充分反映项目实施思想，反映企业的经营指导方针和根本利益，反映企业战略。

（2）通过事先明确合同各方面权利、义务和责任，有效指导合同各方认真履行其权利、义务并承担过失责任。

（3）通过完善的合同策划，可以确保合同的顺利履行，减少矛盾和争议，顺利地实现工程项目总目标。

三、施工合同策划

施工合同具有严密性、科学性和公平性。在进行合同策划时建议尽量使用《建设工程施工合同范文》GF-2013-0201，减少合同履行过程中因合同的错误、遗漏而引起争议。

合同条款的策划，一般应根据合同三要素（主体、客体、标的内容）科学合理设置。施工合同标的内容一般应包含：

（1）工程发承包范围；（2）工程承包方式；（3）工程计价形式；（4）工程质量与安全；（5）工程合同工期；（6）工程合同价款；（7）双方的权利、义务；（8）违约责任；（9）争议处理。

（一）工程发承包范围

合同中应详细明确合同包含的范围、具体内容，特别是工作界面要清楚，不然有可能会引起扯皮或工作衔接不良，引起争议。

（二）承包方式

工程施工合同的承包方式一般分为工程项目施工总承包、专业承包、劳务承包三种形式。

（1）施工总承包合同形式：细分为完全包工包料承包方式、部分包工包料（主要材料、设备甲方供应）承包方式；

（2）专业承包方式：细分为完全包工包料承包方式、部分包工包料（主要材料、设备甲方供应）承包方式；

（3）劳务承包合同的承包方式：包工不包料承包方式。

（三）合同的计价形式

合同计价形式一般分为固定价格合同、可调价格合同、成本加酬金合同三种合同计价形式。

1. 固定价格合同

固定价格合同一般包括固定总价和固定单价合同两种合同计价形式。它是指在合同约定的风险范围内不可调整合同价格，也就是说在合同实施期间不因资源价格等因素的变化而调整合同价格。

（1）固定总价合同

固定总价的价格计算：以已审核的设计图纸、工程量清单（如有）、工程范围、采用的定额、相关规范等为依据，由承包方报价，最后以甲方接受的价格一笔包死。

在招标文件中招标人可能给出工程量清单，也可能没有给出工程量清单，承包商必须根据工程信息复核或计算工程量，在规定的工程范围内若投标人工程量计量有漏项或计算不正确，则招标人认为其已包括在整个合同的总价中，招标人在规定的范围和约定的风险范围内不因计算错误而给予补偿。只有当设计变更、工程范围发生变化或事件的发生符合合同规定的调价条件时才允许调整合同价格。

采用固定总价合同，承包人承受的风险相对较大，报价时承包人在分析现有条件的情况下，还要考虑约定工程范围内的工程量的变化、物价的变动、气候环境的变化等因素对施工、成本的影响。

固定总价合同的适用条件：

1）工程设计图纸达到要求深度，图纸完整、详细、清楚。

2）合同中工程承包范围清楚明确，工程量计算准确。

3）工程结构、技术简单，工程规模小、工期较短（一般在一年以内），承包商报价时能预见以一个有经验的承包商能够合理预见的与施工相关的风险。

（2）固定单价合同

1）工程量清单综合单价

工程量清单下的清单单价合同也称估算工程量单价合同，其合同价格是以招标人提出的工程量清单为计量计价基础，投标人根据相关定额、资源市场价格及施工方案并考虑风险来计算工程量清单综合单价

此类合同，工程结算工程量为实际发生完成的合格工程量（含变更、签证工程量），结算单价以中标单价（子目单价）。其结算具有如下特点：

① 工程的结算价等于中标人投标时的清单报价乘以实际完成的合格的永久工程量。

分部分项工程造价＝实际完成的分部分项工程量×中标单价

② 当材料价格变动较大时，可以设定一个价格变动范围，当材料价格变动超出此范围时，可以对单价作出调整，从而相应调整合同工程价款。此种调整应在合同中约定调整事件与方法。调整事件与方法参照《合同范文》相关条款或自行约定。

③ 工程量清单计价方式合同甲乙双方共同分担合同履行中的风险。发包人承担工程量风险，承包人承担报价风险。

固定单价合同的适用条件：

A. 适用于工期长、技术复杂、实施过程中不可预见因素发生的可能较多的工程；

B. 在初步设计完成后就进行施工招标的工程；

C. 施工图深度不够且比较粗糙、技术经济指标不明确的招标工程。

2）纯单价合同

采用这种计价方式的合同，发包方只向承包方给出发包工程的有关详细工程范围和必要说明，不提供实物工程量。投标人投标时只需对给定的工程范围的分部分项工程做出报价，合同实施过程中按实际完成的工程量进行结算。

纯单价合同的适用条件：

适用于没有施工图、工程量不明、却急需开工的紧迫工程。如设计单位来不及提供正式施工图纸，或虽有施工图但由于某些原因不能比较准确地计算工程量等。

2．可调价格合同

可调价合同，是针对固定价格而言，有可调总价和可调单价两种形式。可调价合同通常用于工期较长的建设工程。如工期在一年以上的工程，发包人和承包人在招投标阶段和签订合同时不可能合理预见到一年以后的物价浮动及后续政策、法规变化对合同价款的影响，为了合理分担外界因素的影响风险，应采用可调价格合同。对于工期较短的合同，专用条款内也要约定外部条件变化对施工产生成本影响可以调整合同价款的条款。

可调价格合同的计价方式与固定价格合同基本相同，只是增加可调价的条款，因此在专用条款内应明确约定调价的计算方法。

3．成本加酬金合同

成本加酬金合同是指发包人负责工程全部的成本（包括直接成本和间接成本），而承包人获得完成工程的酬金的计价方式。这类计价方式适用于紧急工程施工或采用新技术新工艺施工，双方对施工成本都无法预先确定和控制，为了合理分担风险采用的计价方式。合同双方应在合同专用条款中约定成本构成和酬金计算方法。

按照酬金计算方式的不同，成本加酬金合同又可分为成本加固定比率酬金、成本加固定金额酬金、成本加奖罚式酬金、最高限价成本加固定最大酬金等形式。

（1）成本加固定比率酬金

采用这种合同计价方式，发包人承担完成工程的实际成本，承包人按预定的酬金比率和实际成本收取酬金。工程总价的计价方式为：

$$C = Cd(1+p)$$

式中：Cd——实际成本，p——预定的酬金比率。

（2）成本加固定金额酬金

采用这种合同计价方式，发包人承担完成工程的实际成本，承包人的酬金按预先商定的固定金额支取。工程总价的计价方式为：

$$C=Cd+F$$

式中：C——合同价格，Cd——实际成本，F——双方事先约定的酬金金额（金额为固定值）。

（3）成本加奖罚式酬金

采用成本加奖罚式酬金合同，事先双方合理约定工程的建造目标成本和一个固定酬金，以及承包人完成工程建造的实际成本与目标成本比较，根据比较和固定酬金为基础进行酬金奖罚。可以分为三种情况：

1）实际成本＝目标成本，按照原约定酬金支付承包人酬金；

2）实际成本＞目标成本，承包人实得酬金＝固定酬金－处罚酬金；

3）实际成本＜目标成本，承包人实得酬金＝固定酬金＋奖励酬金；

式中：处罚酬金或奖励酬金＝固定酬金×预先约定的酬金处罚或奖励百分率。

（4）最高限价成本加固定最大酬金

采用这种计价方式的合同，要预先确定工程的最高限价成本、投标人报价、最低成本和固定最高酬金等成本控制指标值及酬金。

1）当实际完成成本没有超过最低成本时，承包人可以得到实际成本和固定最高酬金，同时还可以与发包人按照预先约定的比例分享节约的费用；

2）如果实际成本处于最低成本和报价成本之间时，承包方只能得到实际成本和固定最高酬金；

3）如果实际成本处于报价成本和最高限价成本之间时，承包方只能得到实际成本，不能得到固定最高酬金；

4）如果实际成本超过最高限价成本时，承包方只能得到最高限价成本，但不能得到固定最高酬金，而且要承担实际成本与最高限价成本差额的费用。

在工程实践中，究竟采用何种计价方式合同，应根据建设工程的特点，业主对工期、质量、成本费用及总体建设设想，综合考虑后确定。

（四）工程质量与安全

建设工程质量合同策划首先要明确应达到的质量标准，其次是明确直接影响工程质量的测量放线、原材料供应与质量检验、设备供应与实验、工程质量检查、隐蔽工程验收、安全文明施工等相关条款内容。

1. 工程质量与标准：一般建设工程质量要符合施工图纸、相关技术标准要求，达到《建筑工程施工质量验收统一标准》GB 50300—2013 要求的合格以上标准要求。如果招标人有特殊要求的（如省、市优良工程、样板工程等），应在招标文件或合同中说明，并给予相应的说明是否给予成本补偿。

2. 施工检测网：明确发包人向承包人提供原始基准点、基准线、基准高程等书面资料的时间，检测网的检测与保护责任等。

3. 建筑原材料设备供应与质量：工程使用材料设备的供应形式有两种：一是由承包人负责采购；二是由发包人负责全部或部分采购。合同条款中应予以明确材料设备采购人和采购范围。

合同中应明确不同供应方式的材料验收方式方法，以及因材料质量原因造成工程质量的责任承担。

（1）承包人负责供应材料设备时的质量

1）材料设备的质量验收。承包人应按照标准与规范、设计要求和其他技术要求采购，并提供产品合格证明，对材料设备质量负责。承包人应在材料设备到货前 24 小时，以书面形式通知发包人和监理工程师，由承包人与发包人在监理工程师的见证下共同清点并办理相关手续。

2）材料设备不符合要求时的责任。承包人采购的材料设备与设计要求、标准与规范不符时，承包人应按监理工程师要求的时间运出施工场地，重新采购符合要求的产品，承担由此发生的费用，工期不予顺延。当工程师没有按约定时间到场验收，事后或使用后发现材料设备不符合要求时，承包人须重新更换或拆除或修复，并承担费用损失，但由此造成的工期延误则可以相应顺延。

3）承包人使用代用材料。承包人需要使用替换材料的，应向监理工程师提出申请，经监理工程师认可并取得发包人批准后才能使用，由此引起合同价款的增减由造价工程师与发包人承包人协商确定；协商不能达成一致的，由造价工程师暂定，通知承包人并抄报发包人。

4）材料设备在使用前检验或试验。承包人应按工程师的要求对材料设备进行检验或试验，不合格的不得使用，检验、试验费用由承包方承担。

对于须要进行见证取样试验的材料设备，承包人应在见证取样前 24 小时通知监理工程师参加见证取样检验。如果监理工程师或其委派的代表不能按时到场参加检验，监理工程师应至少提前 24 小时发出延期检验指令并书面说明理由，延期不得超过 48 小时。如果监理工程师或其委派的代表未发出延期检验指令也未能按时到场检验，承包人可自行检验，并认为该检验是在监理工程师在场的情况下完成的。检验完成后，承包人应立即向监理工程师提交检验数据的有效证据，监理工程师应认可检验结果。

（2）发包人负责供应材料设备时的质量

发包人应按照批准的施工进度计划和承包人的使用申请，按合同的材料设备供应一览表的品种、规格、型号、数量、质量标准将材料设备按时运抵施工现场，并组织到货清点。

1）发包人供应材料设备的现场验收。

① 发包人应按一览表的约定提供材料设备，并向承包人提供产品合格证明，对其质量负责。

② 发包人在其所供应的材料设备到货前 24 小时，应以书面形式通知承包人，由承包人派人与发包人共同清点并按承包人的合理要求堆放。

清点的工作主要包括外观质量检查；对照发货单据进行数量清点并检查（如外观有无损坏）；大宗建筑材料进行必要的抽样检验（物理、化学试验）等。

2）材料设备接收后移交承包人保管。发包人供应的材料设备经双方共同清点接收后，由承包人妥善保管，发包人支付相应的保管费用（如合同中规定此项保管费已包含在单价中，则不另外计费）。因承包人的原因发生损坏丢失，由承包人负责赔偿。发包人不按规定通知承包人验收，发生的损坏丢失由发包人负责。

3）发包人供应的材料设备与约定不符时的责任。

发包人供应的材料设备与一览表不符时，发包人应按照下列规定承担相应责任：

① 材料设备的单价与一览表不符，由发包人承担所有差价；

② 材料设备的品种、规格、型号、质量标准与一览表不符，承包人可以拒绝接受保管，由发包人运出施工场地并重新采购；

③ 材料设备的品种、规格、型号、质量标准与一览表不符，经发包人同意，承包人可代为调剂替换，由发包人承担相应费用；

④ 到货地点与一览表不符，由发包人负责运至一览表指定地点；

⑤ 供应数量少于一览表约定的数量时，由发包人补齐；多于一览表约定数量时，发包人负责将多出部分运出施工场地；

⑥ 到货时间早于一览表约定时间，由发包人承担因此发生的保管费；到货时间迟于一览表约定的供应时间，发包人赔偿因而造成的承包人损失，造成工期延误的，工期相应顺延。

4）材料和设备的使用前检验

为了防止材料和设备在现场储存时间过长或保管不善而导致质量的降低，应在用于永久工程施工前进行必要的检查试验，特别是保质期较短的材料使用前必须要进行检验。

发包人供应的材料设备进入施工现场后需要在使用前检验或者试验的，由承包人负责检查试验，费用由发包人负责。按照合同对质量责任的约定，此次检查试验通过后，仍不能解除发包人供应材料设备存在的质量缺陷责任。即承包人检验通过之后，如果又发现材料设备有质量问题时，发包人仍应承担重新采购及拆除重建的追加合同价款，并相应顺延由此延误的工期。

4. 工程质量验收

承包人应当严格按照设计图纸、技术标准、技术规范以及监理工程师依据合同发出的指令施工，不得擅自修改工程设计，不得偷工减料，保证工程施工质量，随时接受监理工程师的检查检验，并为监理工程师的检查检验提供便利和协助。合同中应约定工程质量验收、不符合质量要求的处理、隐蔽工程验收与重新检验、安全文明施工等条款。

（1）不符合质量要求的处理

当工程质量按照图纸、相关验收标准验收，工程质量达不到约定标准，承包人应拆除和重新施工，直到符合约定标准为止。具体处理方式可以按照下列方法处理：

1）因承包人的原因达不到规定标准，由承包人承担返工费用，工期不予顺延。

2）因发包人的原因达不到规定标准，由发包人承担返工的全部合同价款，工期相应顺延。

3）因双方原因达不到规定标准，分清双方责任的大小，按照责任比例由双方分别承担损失（费用和工期）。

（2）施工过程中的检查和返工

工程质量达不到约定标准的部分，工程师一经发现，可要求承包人拆除和重新施工，承包人应按工程师及其委派人员的要求拆除和重新施工，承担由于自身原因导致拆除和重新施工的费用，工期不予顺延。

经过工程师检查检验合格的工程，后来又发现因承包人原因出现质量问题，承包人应承担责任，赔偿发包人的直接损失，工期不应顺延。

5. 隐蔽工程验收与重新检验

发承包双方对需要进行中间验收的单项工程和部位应在合同中给予约定，同时约定进行检查、试验的时间和程序。承包人应为检验和试验提供便利条件。

（1）检验程序

1）验收通知

工程具备隐蔽条件或达到专用条款约定的中间验收部位，承包人应先进行自检，并在隐蔽或中间验收前 48 小时以书面形式通知工程师验收。通知包括隐蔽和中间验收的内容、验收时间和地点。承包人应准备验收记录，并提供必要的资料和协助。

2）隐蔽验收

工程师接到承包人的验收通知后，应在通知约定的时间与承包人共同进行检查或试验。检测结果合格，经工程师在验收记录上签字后，承包人可进行工程隐蔽和继续施工。若验收不合格，承包人应在工程师限定的时间内修改后重新验收。

如果监理工程师不能按时参加验收，应至少提前 24 小时发出延期验收指令并书面说明理由，延期不得超过 48 小时。如果监理工程师或其委派的代表未发出延期验收指令也未能到场验收，承包人可自行验收，并认为该验收是在监理工程师在场的情况下完成的。验收完成后，承包人应立即向监理工程师提交验收数据的有效证据，监理工程师应认可验收记录。

经工程师验收，工程质量符合标准、规范和设计图纸等要求，验收 24 小时后，工程师不在验收记录上签字，视为工程师已经认可验收记录，承包人可进行隐蔽或继续施工。

（2）重新检验

当工程师对某部分的工程质量有怀疑，均可要求承包人对已经隐蔽的工程进行重新检验。承包人接到通知后，应按要求进行剥离或开孔，并在检验后重新覆盖或修复。

重新检验表明质量合格，发包人承担由此发生的全部追加合同价款，赔偿承包人损失，并相应顺延工期；检验不合格，承包人承担发生的全部费用，工期不予顺延。

6. 安全文明施工

合同中应明确安全文明施工目标要求，发包人、承包人的责任等主要条款。

（1）安全文明施工目标要求：安全文明施工应达到《建设工程安全生产管理条例》以及各地方行政主管部门规定的要求。承包人应按合同约定的期限和安全文明施工内容编制安全文明施工措施计划，报发包人批准后实施；执行监理工程师发出的安全文明施工的工作指令。

（2）发包人责任

1）发包人应配合承包人做好安全文明施工工作，定期对其派驻施工现场管理人员进行安全文明施工教育培训，对他们的安全负责。

2）发包人有下列行为之一或由于发包人原因造成安全事故的，由发包人承担责任，由此增加的费用和延误的工期由发包人承担；但由于承包人原因造成安全事故的，由承包人承担责任。

① 要求承包人违反安全文明施工操作规程施工的。

② 对承包人提出不符合国家、省有关安全文明施工法律法规和强制性标准规定要求的。

③ 明示或暗示承包人购买、租赁、使用不符合安全施工要求的安全防护用具、机械设备、施工机具及配件、消防设施和器材的。

④ 发包人应负责赔偿下列情形造成的第三者人身伤亡和财产损失。

⑤ 工程或工程的任何部分对土地的占用所造成的第三者财产损失。

⑥ 由于发包人原因在施工场地及其毗邻造成的第三者人身伤亡和财产损失。

（3）承包人责任

1）承包人应严格按照国家有关安全文明施工的标准与规范制定安全文明施工操作规程，配备必要的安全生产和劳动保护设施，加强对施工作业人员的施工安全教育培训，对他们的安全负责。

2）承包人应对合同工程的安全文明施工负责，采取有效的安全措施消除安全事故隐患，并接受和配合依法实施的监督检查。

3）承包人应加强施工作业安全管理，特别应加强经监理工程师同意并由其报发包人批准的输送电线路工程，使用易燃、易爆材料、火工器材、有毒与腐蚀性材料等危险品工程以及爆破作业和地下工程施工等危险作业的安全管理，尽量避免人员伤亡和财产损失。

4）承包人应按监理工程师的指令制定应对灾害的紧急预案，并按预案做好安全检查，配置必要的救助物资和器材，切实保护好有关人员的人身和财产安全。

5）承包人违反本条规定或由于承包人原因造成安全事故的，由承包人承担责任，由此增加的费用和延误的工期由承包人承担；但由于发包人原因造成安全事故的，由发包人承担责任。

6）由于承包人原因在施工场地内及其毗邻造成的第三者人身伤亡和财产损失，由承包人负责赔偿。

（五）工程合同工期

合同工期是建设业主实现目标的标志之一，也是考量承包人施工管理能力的指标之一。工程工期是根据整个项目的工程的规模，依据相关"工期定额"合理确定，招标人不得随意压缩工期，如需压缩工期，要给予说明并给予赶工费补偿。

合同中应明确工程工期（含开工日期、竣工日期）、暂停施工、工期延误、竣工的条款。

1. 工期

招标工程的合同工期为投标人投标文件中承诺的工期，应写明具体工期、开工日期、竣工日期。

开工日期一般为现场工程师下达的开工令注明的时间为工程开工时间；竣工日期一般以工程验收合格承包人提交验收申请的时间为竣工时间，如工程验收不合格，则以复检验收合格的时间为该工程的竣工时间。合同中包括有多个单位工程的应约定各单位工程的工期。

2. 暂停施工

在施工过程中，会受到诸多外部因素和内部因素的影响导致工程暂停施工，从而造成工期的延误和费用的损失。合同中应明确暂停施工的责任与处理。

（1）工程师指示的暂停施工

根据现场的实际情况，监理工程师认为确有必要暂停施工时，应向承包人发出暂停施工指令，并在 48 小时内提出处理意见。承包人应按监理工程师的指令停止施工，并妥善保护已完工程。监理工程师在发出暂停施工通知后的 48 小时内提出书面处理意见，承包人根据工程师的处理意见进行相应的处理。

上述实际情况主要包括（但不限于）：政策法规的变化导致工程停、缓建；地方临时性要求在某一时段内不允许施工，如每年的高考时间，学校周边的工地暂停施工；施工质量不合格的暂停施工；继续施工可能危及现场或毗邻地区建筑物或人身安全；发生不可预见的危险物或文物需要现场保护的暂停施工或后续施工条件不具备连续施工的暂停施工等。

（2）暂停施工责任

1）发包人原因的暂停施工

因发包人原因造成暂停施工的，由发包人承担所发生的费用，工期相应顺延，并赔偿承包人因而造成的损失。当发生下边两种情况时，承包人有权视情况体制施工，发包人承担相关责任。

① 延误支付预付款。发包人不按时支付预付款，承包人在约定时间 7 天后向发包人发出预付通知。发包人收到通知后仍不能按要求预付，承包人可在发出通知后 7 天停止施工。发包人应从约定应付之日起，向承包人支付应付款的贷款利息。

② 拖欠工程进度款。发包人不按合同规定及时向承包人支付工程进度款且双方又未达成延期付款协议时，导致施工无法进行。承包人可以停止施工，由发包人承担违约责任。

2）承包人原因的暂停施工

① 承包人某种失误或违约造成，或应由承包人负责的必要暂停施工。

② 承包人为合同工程的施工调整部署，或为合同工程安全而采取必要的技术措施所需要的暂停施工。

③ 因现场气候条件（除不可抗力停工外）导致的必要暂停施工。因承包人原因造成暂停施工的，由承包人承担发生的费用，工期不予顺延。

3）不可抗力引起的暂停施工

不可抗力事件发生后，承包人应立即通知发包人和监理工程师，并在力所能及的条件下迅速采取措施，尽力减少损失，发包人应协助承包人采取措施。

因发生不可抗力事件导致工期延误的，工期相应顺延；不能按期竣工的，承包人无须为此支付任何误期赔偿费。发包人要求赶工的，承包人应采取赶工措施，赶工费用由发包人支付。

（3）暂停施工处理程序

承包人根据工程师的处理意见实施处理达到预期效果后，可向监理工程师提交复工报审表要求复工。工程师应当在收到复工通知后的 48 小时内给予相应的答复。如果工程师未能在规定的时间内提出处理意见，或收到承包人复工要求后 48 小时内未予答复，承包人可以自行复工。

3. 工期延误

整个施工过程起工期的延误的因素有很多，有可能是承包人原因引起的，也可能是因业主原因或业主应承担责任的不可抗力因素引起的。合同中应明确工期延误的补偿条件。

（1）因承包人原因引起的工期延误不给予补偿。

（2）因业主原因或业主应承担责任的不可抗力因素引起的应给予补偿。合同履行期间，由于下列原因造成工期延误的，承包人有权要求发包人增加由此发生的费用和（或）顺延工期，并支付合理利润。

1）发包人未能按照约定提供施工设计图纸及其他开工条件；

2）发包人未能按照约定的时间支付工程预付款、安全文明施工费和进度款；

3）发包人代表或施工现场发包人雇用的其他人员造成的人为因素；

4）监理工程师未按照合同约定及时提供所需指令、回复等；

5）工程变更（含增加合同工作内容、改变合同的任何一项工作等）；

6）工程量增加；

7）一周内非承包人原因停水、停电、停气造成停工累计超过8小时；

8）不可抗力；

9）发包人风险事件；

10）因发包人原因导致的暂停施工；

11）非承包人失误、违约，以及监理工程师同意的工期顺延；

12）发包人造成工期延误的其他原因。

4. 提前竣工奖励与延迟竣工处罚

合同中应约定工程提前竣工或延迟竣工的奖励与处罚条款。一般按照每提前竣工一天给予多少奖励，每延迟竣工一天给予多少处罚。

（1）提前竣工。提前竣工首先要计算提前竣工天数来判断是否提前竣工。

提前竣工天数＝实际竣工天数－计划竣工天数

（2）延迟竣工。同样，延迟竣工首先要计算延迟竣工天数来判断是否延迟竣工。

实际延误天数＝实际施工天数－计划施工天数

（六）工程合同价款

招标工程以中标人的投标价作为合同价款；如果非招标工程的工程合同价款，在发、承包双方认可的工程价款基础上，由发、承包双方在合同中约定。

施工合同中应对下列事项进行工程合同价款的约定；合同中没有约定或约定不明的，由双方协商确定；协商不能达成一致意见的，按照相关规定执行。

1. 工程价格的计价模式

计价模式是指采用工料计价或工程量清单综合单价计价模式。综合单价又分为不完全费用单价和完全费用单价两种。

2. 预付工程款的数额、支付时间及抵扣方式

合同中如果有工程预付款的，应在专用条款中具体约定。

（1）预付工程款数额。预付工程款额度没有统一的规定，一般是根据施工工期、建筑安装工作量、主要材料和构配件费用占建筑安装工作量的比例以及材料储备周期等因素经测算来确定，但一般不能超过合同价款的30％。如下面几种做法：

1）招标人（或合同双方商定）在合同中约定一个预付比例，如合同价款的10％、15％或20％等；也可以是具体数额；如300万元、1000万元等。

2）利用公式计算。根据主要材料（含构件等）占年度承包工程总价的比重，主要材

料储备定额天数和年度施工天数等因素来确定。其计算公式是：

工程预付款数额＝［工程总价×主要材料比重（％）／年度施工天数］×材料储备定额天数。

工程预付款比率＝（工程预付款数额／工程总价）×100％。

其中：年度施工天数按365天日历天计算；材料储备定额天数由当地材料供应的路途运输天数、加工整理天数、供应间隔天数、保险天数等因素决定。

（2）预付工程款支付时间。支付时间一般在合同签订生效后一个月内或约定开工日前7天。

（3）预付工程款抵扣。预付工程款抵扣方式可以按照以下方法处理：

1）根据工程的实际及施工计划，设定从某个月或某个阶段开始按照平均扣还比例从当月支付的工程款中扣回，扣完为止。例如某高层住宅工程，合同规定预付款为合同价款的15％，预付款为1200万元，合同约定预付款从±0.000开始抵扣，平均每月按照15％的预付款额扣回。

2）从未施工的工程上需要的主要材料及构件的价值相当于工程预付款数额时起扣，从每次中间结算或每月进度工程价款中，按照主要材料及构件比重扣抵工程价款，至工程竣工之前全部扣清。这里确定起扣点是关键，其依据是：未完施工工程所需主要材料和构配件的费用等于工程预付款的数额。公式：$T=P-M/N$

式中：T——起扣点，工程预付款开始扣回的累计完成工程金额；

P——承包工程合同总额；

M——工程预付款数额；

N——主要材料、构件所占比重。

[案例11-1] 某基础工程合同总额600万元，合同约定工程预付款为合同总价的20％，主要材料、构件所占比重为60％，问：工程款扣回的起扣点为多少万元？

案例分析：

① 工程预付款＝600×20％＝120（万元）

② 根据公式 $T=P-M/N$，$T=(600-120/60\%)=400$（万元）。

则当工程完成400万元时，本项工程预付款开始起扣。

3. 工程计量与进度款支付的方式、数额及时间

（1）工程计量：工程量的正确计量是发包人向承包人支付工程进度款的前提和依据。计量和付款周期可采用按月或分段结算方式。发包人只对工程质量合格的已完永久工程进行计量，这时必须有监理工程师签署的工程合格文件。

1）按月结算。合同中应约定承包人每月完成工作量计量时间和方式。如承包人应于每月25日递交上月完成的工作量报告（报告中应包含当月发生的签证或工程变更增加的工程量），发包人接到报告后7天内（或约定时间内）给予审核核定并通知承包人参与核对，双方同意后作为计量结果。

2）按工程形象部位（目标划分）分段计量，如当工程形象进度达到±0.00以下基础及地下室、主体1～3层、4～6层时，进行中间结算付款。

（2）进度款支付时间：进度款支付周期与工程计量周期保持一致；约定支付时间：如计量后7天内、14天以内支付进度款。

（3）约定支付数额：一般每月（每次）支付工程进度款应在经工程师和业主审核计量工程价款的60％～90％之间，如已核工作量对应价款的80％、85％等。

4. 工程价款的调整因素、方法、程序、支付及时间

施工合同应按照《施工合同范本》规定发生的调整事件、调整方法来调整合同价款，如《施工合同范本》中没有明确规定的，双方可以在"专用条款"中约定。

工程施工过程中会受到各种因素的干扰而引起工程价款的变动，需作出合理调整，例如：

（1）工程变更后综合单价调整。

1）新的工程量清单综合单价确定。（财建〔2004〕369号）第十条规定了分部分项工程量清单的漏项或非承包人原因引起的工程变更，造成增加新的工程量清单项目时，新增项目综合单价的确定原则是以已标价工程量清单为依据，具体处理原则：

① 合同中已有适用的综合单价，按合同中已有的综合单价确定，其前提是其采用的材料、施工工艺和方法相同，亦不因此增加关键线路上工程的施工时间。

② 合同中有类似的综合单价，参照类似的综合单价确定，其前提是其采用的材料、施工工艺和方法基本相似，不增加关键线路上工程的施工时间，可就其变更后的差异部分，参考类似的项目单价由发、承包双方协商新的项目单价。

③ 无法找到适用和类似的项目单价时，应采用招标时的基础资料，按成本加利润的原则，由发、承包方双方协商新的综合单价。

2）工程量的增减综合单价确定。因非承包人的原因引起工程量的增减与招标文件中提供的工程量有偏差，而且该偏差对工程量清单项目综合单价将产生影响，是否给予综合单价调整及调整方法要在合同中约定。如可以按照下列情况约定：

① 当工程量清单项目工程量的变化幅度在一定范围内（一般不超过10％）时，其综合单价不作调整，执行原有综合单价。如某工程施工合同约定当工程量的变化超过6％时，超出部分工程量单价按照原单价下浮10％。

② 当工程量清单项目工程量的变化幅度在一定范围以外（一般在10％以外）时，且其对分部分项工程费的影响超过0.1％时，其综合单价以及对应的措施费（如有）均应作调整。调整的方法是由承包人对增加的工程量或减少后剩余的工程量提出新的综合单价和措施项目费，经发包人确认后调整。

（2）物价上涨的调整。若工程施工工期较长时，投标人投标报价时不能对一年或以后的材料设备的价格给予准确的判定，本着风险公担的原则，合同中应约定主要材料设备价格的变化幅度超过中标人投标报价时的一定范围值时给予调整，否则不予调整。如某工程施工合同钢材价格上涨超过投标报价时3％时，给予调整，这时要注意钢材价格上涨的具体时间，只有在上涨时期内工程的材料用量才给予价格调整，而不是整个工程的价格调整；人工费只有在工程造价管理机构发布的人工费调整时给予调整。

（3）约定工程价款的调整程序。

明确工程价款调整因素后，发、承包双方应在合同中约定价款调整的时间和办理程序。可参照下面条款约定：

1）调整因素确定后14天内，由承包人向发包人递交调整工程价款报告。承包人在14天内未递交调整工程价款报告的，视为承包人自动放弃，工程价款不作调整。

2）发包人收到调整工程价款报告之日起 14 天内应给予确认或提出意见，如在 14 天内未作确认也未提出协商意见时，视为调整工程价款报告已被确认。

5. 索赔与现场签证的程序、金额确认与支付时间

现场签证是工程施工过程中工程变更或工程量增加的零星事件的一种确认，是经过甲乙双方现场管理人员丈量、核对的，对双方都具有一定的约束力，签证是工程施工索赔的一个重要不可或缺的证据。应在合同中对有关签证的事项给予具体约定：

（1）甲方管理人员签证的权限：现场代表权限、部门经理权限、工程总监权限、总经理权限，这样便于防止签证的失控，有利于成本的控制。

（2）签证的金额：现场签证一般不签具体金额，现场人员只签工程量、用工量、机械台班数、水电用量；金额由双方造价人员计算、核定。

（3）对索赔、签证时间给予时效规定，超过时效则认为受益方自动放弃等内容。如某施工合同约定，当突然事件发生处理完毕后 3 天内，承包人必须按照规定程序办理签证，该签证作为结算依据，如逾期则视为承包人自动放弃。

6. 不可抗力内容、范围的确定及价格调整方法

工程施工过程不可避免会遇到不可抗力或自然条件给施工单位增加工作量，工期延长。如遇到大雨，增加的排水、清理塌方工作量等。施工合同应对不可抗力因素、不可抗力引起费用的承担等作规定。

（1）不可抗力因素

不可抗力包括因战争、敌对行动（无论是否宣战）、入侵、外敌行为、军事政变、恐怖主义、骚乱、暴动、空中飞行物坠落或其他非合同双方当事人责任或原因造成的罢工、停工、爆炸、火灾等，以及：1）当地气象部门规定的情形；2）当地地震部门规定的情形；3）当地卫生部门规定的情形；4）其他情形。

（2）不可抗力引起费用的承担

因不可抗力事件导致的费用，由合同双方当事人按照下列规定承担，并相应调整合同价款：

1）永久工程本身的损害、已运至施工场地的材料和工程设备的损害，以及因工程损害导致第三者人员伤亡和财产损失，由发包人承担。

2）承包人施工设备和用于合同工程的周转材料损坏以及停工损失，由承包人承担；发包人提供的施工设备损坏，由发包人承担。

3）施工场地内的人员伤亡和本款第（1）点、第（2）点以外财产损失及其相关费用，由合同双方当事人各自承担。

4）停工期间，承包人应监理工程师要求照管工程的费用，由发包人承担。

5）工程所需的清理、修复费用，由发包人承担。

（3）不可抗力引起工期的处理

因发生不可抗力事件导致工期延误的，工期相应顺延；不能按期竣工的，承包人无须为此支付任何误期赔偿费。发包人要求赶工的，承包人应采取赶工措施，赶工费用由发包人支付。

7. 发生工程价款争议的解决方法及时间

工程施工过程中发生争议时有发生，争议的解决方式有三种，一是双方协商解决，二是由仲裁机构仲裁，三是提交法院诉讼。实践中一般首选双方协商解决；当双方协商达不成一致意见时，可以提请仲裁机构裁定（仲裁机构可以自主选择，不受地域级别管辖限制）或选择有管辖权的人民法院诉讼（法院为工程属地法院）。

8. 工程竣工价款结算与核对、支付及时间

《建筑法》第十八条规定："发包单位应当按照合同约定，及时拨付工程款项"。因此，合同中应约定工程竣工经验收合格后，发、承包双方办理竣工结算时间内和程序。

（1）实际工期

合同中应约定工程实际工期的计算，它涉及工期延误的索赔。

1）实际竣工日期：工程竣工验收通过，承包人送交竣工验收报告的日期为实际竣工日期。工程按发包人要求修改后通过竣工验收的，实际竣工日期为承包人修改后提请发包人验收的日期。

2）合同工期：合同工期指协议书中写明的工期与经过工程师确认应给予承包人顺延工期之和。

3）实际工期：从开工日起到上述确认为竣工日期之间的日历天数。开工日正常情况下为专用条款内约定的日期，也可能是由于发包人或承包人要求延期开工，经工程师确认的日期。

（2）竣工结算程序

1）承包人递交竣工结算报告

工程竣工验收报告经发包人认可后 28 天内，承包人向发包人递交竣工结算报告及完整的结算资料。

2）发包人的核实和支付

发包人自收到竣工结算报告及结算资料后 28 天内进行核实，给予确认或提出修改意见。发包人认可竣工结算报告后，及时办理竣工结算价款的支付手续。

3）移交工程

承包人收到竣工结算价款后 14 天内将竣工工程交付发包人，施工合同即告终止。

（3）竣工结算的违约责任

1）发包人的违约责任

① 发包人收到竣工结算报告及结算资料后 28 天内无正当理由不支付工程竣工结算价款，按承包人同期向银行贷款利率支付拖欠工程价款的利息，并承担违约责任。

② 发包人收到竣工结算报告及结算资料后 28 天内不支付工程竣工结算价款，承包人可以催告发包人支付结算价款。发包人在收到竣工结算报告及结算资料后规定时间内仍不支付，承包人可以与发包人协议将该工程折价，也可以由承包人申请人民法院将该工程依法拍卖，承包人就该工程折价或者拍卖的价款优先受偿。

2）承包人的违约责任

工程竣工验收报告经发包人认可后 28 天内，承包人未能向发包人递交竣工结算报告及完整的结算资料，造成工程竣工结算不能正常进行或工程竣工结算价款不能及时支付时，如果发包人要求交付工程，承包人应当交付；发包人不要求交付工程，承包人仍应承

担保管责任。

9. 工程质量保修金的数额、预扣方式及时间

在合同质量保修书中应当约定工程质量保修金的数额、预扣方式及时间。

（1）工程质量保修金。工程质量保修金一般为施工合同价款的3％～5％，在专用条款中约定。

（2）工程质量保修金的扣留。工程质量保修金的扣留方式有两种方式：第一种是到工程结算时一并扣留，具体方法是当工程款支付到合同金额的80％～85％时停止支付工程款，待工程竣工决算时扣留保修金后支付；第二种是从每月的工程款中按照约定比例扣留（扣留比例是工期长短而定），当扣留额达到保修金总额时停止扣留。

（3）工程质量保修金的返还。保修金可以约定一定的比例分时间段返还保修金，但发包人应在质量保修期满后一定时间（一般不超过14天），将剩余的保修金及其利息返还给承包商。

10. 与履行合同、支付价款有关的其他事项等

施工合同在履行过程中除上述重要条款外，还需要制定其他必要条款供合同双方遵守执行。如合同保险、保护农民工权益条款等。

[案例11-2] 某建筑工程总公司通过招标承揽一住宅楼工程，合同约定承包合同总额为1600万元，主要材料及结构件金额占合同总额60％，预付款为合同金额的15％，预付款扣款的方法是以未施工工程尚需的主要材料及构件的价值相当于预付款额度时开始起扣，从每工程进度价款中按材料及构件比重抵扣工程价款，工程保修金为合同总额的5％，保修金从每月的工程进度款中按10％的比例扣留，直到扣完为止。开工上半年各月实际完成合同价值如表11-1所示（单位：万元）。

问题：工程师如何按月支付工程款。

各月完成工程价值　　　　　　　　　　　　　　　　　　　　　表 11-1

二月	三月	四月	五月	六月
100	200	250	280	180

案例分析：

（1）预付备料款＝1600×15％＝240（万元）。

（2）求预付款的起扣时间点：

开始扣回预付款时的合同价值＝1600－（240÷60％）＝1600－400＝1200（万元）

当累计完成合同价值为1200万元后，开始扣预付款。

（3）工程保修金总额：1600×5％＝80万元。

（4）二月完成工程价值100万元。

本月应扣留保修金＝100×10％＝10（万元）。

本月结算实际应支付工程款100－10＝90（万元）。

（5）三月完成工程价值200万元，累计完成工程价值300万元。

本月应扣留保修金＝200×10％＝20（万元）。

本月结算实际应支付工程款200－20＝180（万元）。

（6）四月完成工程价值 250 万元，累计完成工程价值 550 万元。

本月份应扣保修金 = 250×10% = 25（万元）。

本月份结算实际应支付工程款 = 250－25 = 225（万元）。

（7）五月份完成工程价值 280 万元，累计完成工程价值 830 万元。

本月份应扣保修金 = 280×10% = 28（万元），累计扣留保修金 83 万元，超出保修金总额的 80 万元，故本月应扣留保修金 25 万元。

本月份结算实际应支付工程款 = 280－25 = 255（万元）。

（七）双方权利与义务

1. 甲方权利与义务

（1）支付工程款及其他应付款项的义务。

（2）发包人应按照合同约定完成下列工作，包括但不限于：

1）办理土地征用、拆迁、平整施工场地等工作，使施工场地具备施工条件，并在开工后继续负责解决上述工作遗留的问题。

2）将施工所需水、电、通信线路从施工场地外部接驳至专用条款约定的地点，保证施工期间的需要。

3）开通施工场地与城乡公共道路间的通道。

4）向承包人提供施工场地的工程地质勘察资料，以及施工现场及毗邻区域内供水、排水、供电、供气、供热、通信、广播电视等地下管线资料，气象和水文观测资料，邻近建筑物和构筑物、地下工程的有关资料，并保证资料的真实、准确、完整。

5）办理施工许可及其他所需证件、批准文件和办理临时用地、停水、停电、中断道路交通、爆破作业等的申请批准手续（承包人自身施工资质的证件除外）。

6）确定水准点与坐标控制点，组织现场交验并以书面形式移交给承包人。

7）按照专用条款约定的时间向承包人提供一式两份约定的标准与规范。

8）组织承包人和设计人进行图纸会审和设计交底。

9）协调处理施工场地周围地形关系问题和做好邻近建筑物、构筑物（包括文物保护建筑）、古树名木等的保护工作。

10）及时接收已完工程，并按照合同约定及时支付工程款及其他各种款项。发包人可将其中部分工作委托给承包人办理，具体由合同双方当事人在专用条款中约定。除合同价款已包括外，由发包人承担所需费用，并向承包人支付合理利润。

（3）修正不正确合同条款及格式的义务。

（4）澄清并改正被认定有失公平的合同条款的义务。

（5）协助承包人实施、完成并保修合同工程的义务。

2. 乙方权利与义务

承包人应按照合同约定完成下列工作，包括但不限于：

（1）按照合同约定和监理工程师的指令实施、完成并保修合同工程。

（2）按照合同约定和监理工程师的要求提交工程进度报告和进度计划。

（3）按照合同约定和造价工程师的要求提交工程价款报告和支付申请，包括安全文明施工费、进度款、结算款和调整合同价款等。

（4）负责施工场地安全保卫工作，防止因工程施工造成的人身伤害和财产损失，提供和维修非夜间施工使用的照明、围栏设施等安全标志。

（5）按照专用条款约定的数量和要求，向发包人提供施工场地办公和生活的房屋及设施，并在施工现场保留本合同、约定的标准与规范、变更资料等各一份，供监理工程师、造价工程师需要时使用。

（6）遵守政府部门有关施工场地交通、环境保护、施工噪声、安全文明施工等的管理规定，办理有关手续，并以书面形式通知发包人。

（7）合同工程或其某单位工程已竣工未移交给发包人之前，负责已完工程的照管工作。工程接收证书颁发时尚有部分未竣工工程的，还应负责该未竣工工程的照管工作，直至竣工后移交给发包人为止。照管期间发生损坏的，应予以修复并承担费用；发包人要求采取特殊保护措施的，由发包人承担相应费用。

（8）做好施工场地地下管线和邻近建筑物、构筑物（包括文物保护建筑）、古树名木的保护工作。

（9）遵守政府部门有关环境卫生的管理规定，保证施工场地的清洁和做好交工前施工现场的清理工作，并承担因自身责任造成的损失和罚款。

（10）工程完工后，应按照合同约定提交竣工验收申请报告和竣工结算文件。

（八）违约责任

在合同中应明确合同违约责任、违约处罚方式和方法。

（九）争议处理

合同履行过程中，如果发生争议，争议的解决途径一般有两种，一种是双方协商解决，另一种是通过仲裁机构仲裁或项目属地法院判决。

四、合同总体分析

（一）合同分析概念

合同分析是指分析已策划好的合同结构是否完善，内容是否符合相关法律法规要求、是否有霸王条款、是否有利于项目目标的顺利实施。

合同策划阶段通过合同总体分析，找出合同纰漏和风险存在，以便进行修正，保证合同的顺利履行。

（二）合同总体分析的方法内容

1. 合同的法律基础。分析合同结构是否符合《合同法》要素规定，合同条款是否符合相关法律法规要求，是否存在违背合同履行人的意愿。

2. 发承包人的义务。分析发包人、承包人的合同权利、义务和责任是否明晰。

3. 分析合同有关范围、承包方式、质量要求、工期、安全文明施工、合同价款等条文是否完善、明晰。

4. 分析施工过程中因工程变更处理、施工环境变化等影响合同质量、价款、工期的处置条款是否完善、明晰。

5. 分析合同竣工验收、竣工结算条款是否完善、明晰。

6. 分析合同违约责任的处理条款是否可行。

第二阶段　实施阶段合同履约管理

工程实施阶段合同履约管理是合同主体按照合同条款赋予的权利、义务，通过合同管理的手段逐一进行落实或督促落实合同目标，发现偏差和补正偏差，各合同主体之间相互沟通、相互协调来顺利实现合同目标。

所谓合同履约是指工程施工合同签订生效后，发包人和承包人根据合同规定的时间、地点、方式、内容及标准等要求，完全自觉履行合同赋予的权利、义务和应承担责任的行为。

一、工程施工合同履行原则

合同的履行原则是合同当事人履行合同应当遵循的基本原则，它包含全面履行原则、协作履行原则、实际履行原则、诚实信用原则、情事变更原则。

1. 全面履行原则

《合同法》第 60 条中规定了合同的全面履行原则，要求当事人按合同约定的标的及质量、数量，合同约定的履行期限、履行地点、适当的履行方式、全面完成合同义务。在合同履行过程中，合同当事人除应尽通知、协助、保密等义务之外，还应当为合同的履行提供必要的条件以及防止损失扩大。《民法通则》第 114 条规定：当事人一方因另一方违反合同受到损失的，应及时采取措施防止损失的扩大；没有及时采取措施致使损失扩大的，无权就扩大的损失要求赔偿。

2. 协作履行原则

协作履行原则是指当事人不仅有义务履行己方义务，同时应当负有协助对方当事人履行合同的约定。

合同履行过程中，双方应当"互谅、互助、尽可能为对方履行合同义务提供相应的便利条件"。

本着共同的目的，互相监督检查，及时发现问题，平等协商解决，保证工程建设目标的顺利实现。

3. 实际履行原则

签订合同后，当事人应按照合同约定履行义务，任何一方违约时，不能以支付违约金或赔偿损失的方式来代替合同的履行，守约方要求继续履行的，应当继续履行。

4. 诚实信用原则

当事人在签订和履行合同时，应实事求是、以善意的方式行使权利和履行合同义务。不应以欺骗的方式、隐瞒事实真相获取利益。

5. 情事变更原则

《合同法司法解释二》第 26 条规定："合同成立以后客观情况发生了当事人在订立合同时无法预见的、非不可抗力造成的不属于商业风险的重大变化，继续履行合同对于一方当事人明显不公平或者不能实现合同目的，当事人请求人民法院变更或者解释合同的，人民法院应当根据公平原则，并结合案件的实际情况确定是否变更或者解除。"

（1）变更合同。变更合同可以使合同双方的权利义务重新达致平衡，使合同的履行变得公正合理。变更可以对合同的主要条款进行变更，如合同标的数额的增减、标的物的变更、履行方式等。

（2）解除合同。根据案件的具体情况并结合适用情势变更原则的具体规定，如果变更合同尚不能消除双方显失公平的结果，就可以进行解除合同。

二、实施阶段合同履约管理

实施阶段施工合同履约管理主要是针对整个施工过程中的施工准备阶段、施工过程阶段、竣工阶段，通过合同管理这一有效的先进合同控制手段来检查、督促落实具体工作任务，圆满完成总体目标。

（一）施工准备阶段合同管理

一个项目的顺利实施不但要有一个完备的合同，更要有一个合同实施保证制度体系，因此，施工准备阶段的合同管理主要是建立合同管理制度体系。

1. 项目负责人制度。由项目负责人组建项目部管理机构，机构设置合理，人员满足项目施工要求，建立完善的工程各种管理制度。

2. 实行合同交底制度。

合同交底应是在对合同进行详细分析基础上，对合同的核心内容，特别是关系到合同能否顺序实施的技术、经济核心条款交代清楚的一种工作。做好合同交底工作，使公司各职能部门、项目部各业务部门都能在理解合同的基础上更好地开展工作。

（1）合同交底主要内容

合同交底一般包括以下主要内容：

1）工程概况及合同工作范围；

2）合同关系及合同涉及各方之间的权利、义务与责任；

3）合同工期及阶段工期目标，目标控制的网络表示及关键线路说明；

4）合同质量控制目标及合同规定执行的规范、标准和验收程序；

5）合同对本工程的建造质量、原材料、设备采购、验收的规定；

6）成本控制目标，特别是合同价款的支付及调整的条件、方式和程序；

7）合同双方争议问题的处理方式、程序和要求；

8）合同双方的违约责任；

9）索赔事件的处理策略；

10）合同风险的内容及防范措施；

11）合同档案管理的要求。

根据上述内容，合同管理人员可以通过合同交底卡的形式来进行交底，做到一目了然。表11-2是某建筑公司对××住宅楼工程施工合同的合同交底卡。

（2）合同交底作用

1）合同交底有利于项目相关管理人员充分了解合同，避免不了解或对合同理解不一致带来工作上的失误，导致利益的损害。

2）合同交底有利于合同当事人提前发现合同问题，进一步完善合同风险防范措施，使合同风险的事件得以提前控制。

3）合同交底有利于承包人从高层到执行层人员清楚明白自己权利的界限、义务和工程范围、工作的程序和各种行为的法律后果，有效防止由于权利义务的界限不清引起的内部职责争议和外部合同责任争议的发生，提高合同管理的效率。

（3）合同交底程序

合同交底是施工单位（承包人）公司合同管理人员向项目部成员陈述合同意图、合同要点、合同执行计划的过程。实际工作中合同交底必须做到是全面、全员、全过程交底。所谓全面交底就是对合同涉及的所有部门要交底；对项目所涉及的所有合同内容要交底，包括招标文件、投标文件、合同文本、其他承诺等。所谓全员交底是指涉及施工管理的所有人员包括公司本部、项目部和公司各职能部门的有关人员。所谓全过程交底是指从合同签订至合同实施整个施工过程都要交底。如在施工过程中,当出现工程变更或材料补充、材料替换时要进行交底。施工单位合同交底通常可以按下列三个层次进行:

1)施工单位总部向工程项目部交底

施工单位合同谈判和签订人员或合同管理人员向项目负责人及项目合同管理人员进行合同交底,全面介绍合同背景、合同工作范围、合同目标、合同执行要点及特殊情况处理,并解答项目负责人及项目合同管理人员提出的问题,最后形成书面合同交底记录。

2)项目负责人向项目部职能部门负责人交底

项目负责人或由其委派的合同管理人员向项目部职能部门负责人(或分包单位负责人)进行合同交底,陈述合同基本情况、合同执行计划、各职能部门的执行要点、合同风险防范措施等,并解答各职能部门提出的问题,最后形成书面交底记录。

3)项目部职能部门负责人向其所属执行人员交底

项目部各职能部门负责人向其所属执行人员进行合同交底,陈述合同基本情况、本部门的合同责任及执行要点、合同风险防范措施等,并回答所属人员提出的问题,最后形成书面交底记录。

项目部各职能部门将交底情况反馈给项目部合同管理人员,由其对合同执行计划、合同管理程序、合同管理措施及风险防范措施进行进一步修改完善,最后形成合同管理文件,送公司合同管理部门存档和下发各执行人员,指导其施工活动。

[案例 11-3]

某建筑公司通过招标承接某房地产公司一高层商住楼,该工程占地面积2235m²,地下一层,地上28层,其中裙楼三层,总建筑面积16250m²,框架剪力墙结构。开工前施工单位技术部门进行了图纸交底,合同管理部门组织相关人员逐级进行该工程的合同交底。根据合同分析及合同内容,该公司合同交底的内容见表11-2某建筑公司合同交底表(卡)。

某建筑公司合同交底表(卡) 表 11-2

工程名称:××住宅楼工程

序号	项目名称	交底内容					
1	工程概况	工程地址	××路×号	建筑面积	16250m²	承包范围	土建、安装
		结构形式	框剪结构	承包模式	包工包料	合同造价	2380万元
		合同签订时间	2009.6.1	签约地点	××市××房地产公司办公楼内		
2	业主资料	发包方全称	××房地产公司			单位性质	有限公司
		合作程度	首次合作	资信状况	良	现场联系人	×××
3	发包方权责(特殊条款)	(1)现场协调; (2)提供标高定位的基准点线; (3)审批乙方施工方案,组织图纸会审。					
4	承包方权责(特殊条款)	(1)遵守施工管理规定,办理施工所需手续; (2)编写施工方案及进度计划; (3)审批乙方施工方案,组织图纸会审。					

序号	项目名称	交底内容					
5	工期	总工期	380 日历天	开工时间	×年×月×日	竣工时间	×年×月×日
		节点工期	裙楼工期 125 日历天				
		工程罚款	延期罚款 5000 元/天		工期奖励		无
		工期顺延条款	业主责任及不可抗力情况下可以顺延。				
6	质量	合同质量等级	合格		争创目标		优良
		质量罚款	造成损失由乙方赔偿		质量奖励		无
		质量保修期	按照合同规定		预留保修金		总造价 4%
7	合同价款	合同定价模式	按工程量清单投标报价计价				
		价款调整方式	按实计算工程量				
		价款调整内容	设计变更、技术核定单、现场签证				
8	工程款支付	备料款比例	5%	付款办法	按月进度	结算完成付款比例	95%
		付款方式	按月进度付款额的 80%支付,预付款从±0.000 起扣,平均每月按 15%扣回				
		保修金比例	4%	保修金期限	按合同规定		
		未按期付款权限	我方承诺在甲方资金困难时暂不停工但不超过二个月。				
9	材料采购	甲供材料	无				
		材料定价方式	按造价站发布同期价格信息调整				
		甲供材料结算方式	无				
		乙供材料	工程所需材料均由乙方采购				
10	竣工验收	实际竣工时间规定	如验收通过,以完工日期为竣工日期				
11	竣工结算	结算资料提供约定	结算资料提交后一个月内				
		结算期限约定	竣工后 60 天内				
12	现场管理	标准化工地标准	以甲方现场管理规定为准		奖罚		无
		文明工地标准	以甲方现场管理规定为准		奖罚		无
13	合同条款时效约定	合同签订后自动生效,付款完毕后自行终止。					
14	签证管理	按合同约定审批程序执行					
15	违约责任	严格执行合同规定					
16	合同附件及其他	安全协议					

交底小结:项目各成员应以合同条款及公司有关规定为依据,加强项目造价、安全、质量、进度、合约管理。注意经常、及时办理现场签证等可追加工程款手续。

合同交底人:×××   交底方式:会议

被交底人:×××、×××、×××……   交底时间: 年 月 日

3. 建立会议制度

影响工程施工的因素繁多，参与主体也多，因此施工过程中应建立会议或联席会议制度，共同商议解决工程中出现或预估可能出现的问题。如工程设计变更问题、工程质量问题、安全问题、进度滞后问题等。

4. 建立资料文档制度

工程施工合同是承发包双方签订的一级合同，是保证合同双方经济利益的根本依据。但是工程实施过程中往往会有许多来往函件、会议纪要、变更通知、洽商等书面文件。这些文件同样具有指导施工的约束力，具有与合同同等法律效力。因此，在施工过程中应建立文档资料制度，各部门应有专人收集和保存此类资料，它也是承包人进行施工索赔的有力证据。

（二）施工过程阶段合同履约管理

施工过程阶段合同履约管理就是紧扣合同目标，对合同实施过程进行全面监督、跟踪、检查，及时对履行的偏差进行纠偏，保障工程实施过程中的工程质量、工程进度、工程成本、安全文明施工得到有效实施控制，加强施工过程的管理，减少不必要的经济损失。

1. 工程质量合同控制管理

（1）施工单位的企业质量合同控制管理

施工企业应当建立合同完善的质量保证体系，使工程项目的全部合同事件处于受控状态，以保证合同目标的实现。

施工企业（分包单位）应当在其资质业务范围内承接工程。项目部内应明确项目负责人、总工程师、技术负责人的工作职责；现场施工管理人员（施工员、质量员、安全员、资料员）和特殊工种人员必须持证上岗。

现场使用的仪器、设备必须经检测合格后方可使用，并做好记录。

（2）材料设备质量控制管理

1）根据施工图纸技术要求、合同中对材料质量与标准要求，材料采购或进场时，认真核对材料的型号、品种以及是否有产品合格证明等来做好材料设备的质量验收。

对材料设备不符合要求的，不得使用，应按监理工程师要求的时间运出施工场地，重新采购符合要求的产品。

2）材料设备在使用前应当检验或试验的，承包人应按工程师的要求对材料设备进行检验或试验，不合格的不得使用。

3）对于须要进行见证取样试验的材料设备，应按照合同规定进行取样与送检，检验合格后方能使用。

（3）工程施工质量验收管理

工程施工质量应满足合同要求的质量标准。严格按照施工承包人应当严格按照设计图纸、技术标准、技术规范、施工方案（含专项施工方案）以及监理工程师依据合同发出的变更指令等进行施工，上一道工序验收不合格不得进行下一道工序施工。保证每一分部分项工程、每一检验批都合格。

（4）隐蔽工程验收与签证管理

按照合同条款规定的进行隐蔽工程验收并做好验收记录。隐蔽工程施工或验收过程中应注意资料的收集（如做好验收记录表、拍摄并保存照片）和保存；及时办理有关签证手续，拍摄制作施工前、中、后实际情况的照片、录像等资料和及时归档，为今后结算或索赔搜集保存证据资料。

2. 工程施工进度合同控制管理

（1）工期管理

工程开工后，承包人应按照合同工期和批准的施工进度计划组织施工，应对项目工期进行分解，以表格的形式详细制定年度、季度、月度、周或旬计划，接受工程师对进度计划的检查和监督实施。

按照周或月或季度或年的分解计划，常态化把实际进度与计划工期对比，如发现偏差，应及时找出偏差原因，制定纠偏措施，通过会议形式确定该措施。

工程师应掌握暂停施工或赶工的事因，对工期的延误与修正、暂停施工与复工等及时发出指令。

（2）工期延误的索赔管理

承包人应根据施工合同条款的相关规定，施工过程中若果发生影响工期或进度的事件，应按照合同规定的有效时间内及时向工程师发出工期或费用索赔申请函；工程师接到承包人工期或费用索赔申请函的，应按照合同规定的有效时间内及时审核并给予答复。

3. 工程施工成本合同控制管理

成本控制是合同管理的重要手段，先进的合同成本控制管理已从静态控制转为动态控制。所谓动态控制就是在静态控制的基础上，对工程变更、工程签证、材料替换等引起工程费用增减及时计量与计价的控制，及时掌握实际工程成本与计划成本之间的差异。在工程成本实际控制中，应寻求质量、进度、成本三者的平衡管理。

（1）设计变更的管理

实际施工中发生设计变更往往不可避免，设计变更一般会引起工程量的增减，引起工程成本的加大或减少、工期的延长或缩短。实际中确实需要变更的，应按照合同条款有关设计变更的程序，先由设计单位发出设计修改通知单后，由造价工程师进行变更价款的确定。只有设计变更与变更价款得到业主认可后方可实施变更。

（2）工程进度款的支付管理

预付款：合同约定有预付款的，应按照约定适时扣回预付款。

进度款：承包人应在合同条款约定的每个付款周期内向发包人递交周期进度款支付申请报表，报表内容应包含付款周期承包人完成的合格永久工程的计量与计价、设计变更工程和签证工程的计量以及计价，以及相应的佐证资料。

质量保修金：根据合同约定按照比例扣留工程质量保修金。

做好工程进度款的支付控制，建立工程进度款支付台账，确保不超付工程款。

（3）工程结算资料的收集与整理

造价工程师随着施工的进度，逐步收集与结算有关的图纸、设计变更、会议纪要、现场签证、工程洽商、施工日记、分部分项工程验收记录、有关变更或签证的录像资料；国家或地方造价管理部门的有关计量、计价的法规文件等。

（4）建立台账。按月、节点做好工程量计量、计价、工程款支付等台账，防止工程款提前支付或超额支付。

4. 安全文明施工合同管理控制

施工主体应根据《建设工程安全生产管理条例》、《建设工程施工现场管理规定》、《建筑施工安全检查标准》JGJ59—2011以及地方政府建设行政主管部门的有关施工安全管理规定，实行全程跟踪检查、落实安全工作。

（1）制定现场安全文明施工管理制度；

（2）编制安全文明施工管理方案；

（3）坚持人员持证上岗；

（4）做好五牌一图标志牌。施工总平面布置图，工程概况牌、文明施工管理牌、组织网络牌、安全纪律牌、防火须知牌。

（5）定期或不定期组织安全检查，仔细排查安全隐患，做到防患于未然。

（6）做好施工现场的硬底化和绿化，确保排水畅通、用电安全，达到安全文明施工标准化标准。

（三）竣工验收阶段合同管理

承包人按照合同约定的范围和施工图纸要求、技术标准施工完毕，应当申请组织验收、交付使用，并办理工程结算。竣工阶段的施工合同管理主要包含工程竣工验收、竣工结算、竣工资料的规整与移交、工程保修。

1. 竣工验收

《建筑法》第六十一条规定："建筑工程经验收合格后，方可交付使用；未验收或者验收不合格的，不得交付使用。"工程具备竣工验收条件后，承包人应准备验收资料，按照工程验收程序申请工程竣工验收。

2. 竣工结算

《建筑法》第十八条规定："发包单位应当按照合同约定，及时拨付工程款项。"因此，工程竣工经验收合格后，发、承包双方应在合同约定的时间内，按照约定的程序办理竣工结算，合同无约定的，参照（财建［2004］369号）第十四条（三）项规定时间执行。

具体见表11-3：

工程竣工结算审查时间表　　　　　表11-3

	工程竣工结算书金额	核对时间
1	500万元以下	从接到竣工结算书之日起20天
2	500万～2000万元	从接到竣工结算书之日起30天
3	2000万～5000万元	从接到竣工结算书之日起45天
4	5000万元以上	从接到竣工结算书之日起60天

3. 竣工资料的规整与移交

承包人自工程开工之日起，资料管理人员就应按照国家标准化资料形式、内容要求，着手收集、准备竣工资料，工程竣工验收合格之后，资料按规定装订成册，及时向城市建设资料档案馆移送工程竣工资料。

4. 工程质量保修

按照《建设工程质量管理条例》规定，我国建设工程实行质量保修制度，签订合同的同时应签订工程质量保修书。房屋建筑工程《工程质量保修书》格式见本章附件。

（1）保修费用

按照《工程质量保修书》规定，分清保修责任和费用承担。

（2）质保金的返还

按照《工程质量保修书》规定，按时退回应退承包人的工程质量保修金。

[案例11-4]　背景：某工程项目建设单位与施工单位签订了施工承包合同，合同中规定钢材由建设单位指定厂家，施工单位负责采购，厂家负责运输到工地，并委托了监理单位实行施工阶段的监理。当第一批钢材运到工地时，施工单位认为是由建设单位指定的钢筋，在检查了产品合格证、质量保证书后即可以用于工程，反正如有质量问题均由建设单位负责。监理工程师认为必须进行材质检验。此时，建设单位现场项目管理代表正好到场，认为监理工程师多此一举，但监理工程师坚持必须进行材质检验，可施工单位不愿进行检验，于是监理工程师按规定进行了抽检，检验结果达不到设计要求，遂要求对该批钢筋进行处理，建设单位现场管理代表认为监理工程师故意刁难，要求监理单位赔偿损失，并支付试验费用。

[问题]

1. 施工单位的做法是否正确？并说明理由。

2. 如施工单位将该批钢材用于工程中造成质量问题其是否有责任？说明理由。

3. 若该批钢材用于工程中造成质量问题建设单位是否有责任？说明理由。

4. 材料的损失由谁承担？试验费由谁承担？

5. 该批钢材应如何处理？

案例评析：

1. 不正确。对到场的材料施工单位有责任必须进行抽样检验。

2. 有责任。施工单位对用于工程的材料必须确保其质量。

3. 没有。建设单位只是指定厂家，采购是由施工单位负责的。

4. 材料的损失由厂家承担，试验费用由施工单位承担。

5. 退场或降低等级使用。

复习思考题

一、思考题

1. 组成施工合同文件有哪些？

2.《施工合同文本》规定发包人的权利义务有哪些？

3. 施工合同策划应该考虑哪些内容？

4. 施工合同交底一般包含哪些内容？

5. 简述施工阶段合同管理的内容。

二、案例题

背景：某工程项目系一钢筋混凝土框架结构多层办公楼，施工图纸已齐备，资金来源已落实，现场已完成三通一平工作，满足开工条件。该工程由业主自筹资金，实行邀请招标发包。

业主要求工程于 2007 年 5 月 15 日开工，至 2008 年 5 月 14 日完工，总工期 1 年，共计 365 天。按国家工期定额规定，该工程的定额工期为 395 个日历天。合同约定该工程的质量等级为合格，业主要求尽量达到优质。达到优质则业主另付施工单位合同价 3% 的优质优价奖励费。

问题：

1. 本工程向招标管理部门申请招标前，业主应取得以下哪几项批准手续及证明：

1）已列入地方基建计划，取得当地计划行政主管部门的计划批文；

2）建设工程投资许可证；

3）建设用地规划许可证；

4）施工许可证；

5）房屋产权证；

6）契税完税证明。

2. 根据该工程的具体条件，业主在合同策划时选用何种计价方式合同比较合适，说明理由。

3. 本工程预付款双方约定为合同价款的 12%，工程保修金为合同价款的 5%。请协助业主拟定预付款支付、扣回及保修金的扣留条款。

案 例 赏 析

通过本案例赏析，可以进一步理解工程施工合同的主要内容以及施工合同策划的重点。掌握如何根据工程的特点和业主的经营要求，在合同中对合同双方的权利、义务及违约责任等给予明确、具体、合理的规定。

[背景] 二〇〇四年某民营房地产公司在南昌开发一高档楼盘，该楼盘占地约 220 亩，建筑总面积为 16.78 万 m^2，均为多层和小高层住宅，地下为联通的阳光地下停车场。该楼盘的建筑设计由 WY 建筑设计室、小区绿化景观由贝尔高林公司担纲设计，房产公司力图打造南昌市具有欧陆风情的、都市闲情生活方式。该项目采用谈判发包方式进行发包，根据公司运营情况、楼盘进展及市场情况，项目部门经过反复讨论，最后完成合同条款的拟定。

该合同条款的主要部分内容摘录如下。

一、工程质量目标

1. 工程质量标准

全部单位工程应达到市级优良及以上，且项目入伙三个月后，保证工程质量有效的总投资率<120 条/每百户的有效投诉率（有效投诉率以业主到物业公司报修且属于工程质量缺陷为准）；其中：渗漏有效投诉率<0.1 条/每户的有效投诉率，墙体开裂有效投诉率<0.1 条/每户的有效投诉率，装修有效投诉率<0.3 条/每户的有效投诉率，电气有效投诉率<0.1 条/每户的有效投诉率，给排水有效投诉率<0.1 条/每户的有效投诉率。

2. 具体节点细部要求

（1）抹灰工程的砂浆搓毛不能有色差；阳角须有成品塑料护角或其他保护措施。

（2）砖砌体内外必须满勾缝。

（3）墙体开槽必须采用机械开槽，槽宽≥60mm时必须挂设钢丝网，宽度不小于200mm。

（4）砂浆找平、抹灰必须有防空鼓、防裂、防漏措施。

（5）外墙砖砌与梁、柱结合处必须顶钢丝网，宽度300mm。

（6）外墙凸出墙面的线条、楼梯、窗眉等部位做成成品滴水槽。

（7）地下室、屋面、卫生间、厨房、窗户周边、外墙等无渗漏。

3. 工程质量验收

工程质量验收标准以国家现行工程施工质量验收标准为依据，验收达到合格。

4. 工程质量有争议的责任

（1）双方对工程质量有争议，由双方同意的工程质量检测机构鉴定，所需费用及因此造成的损失，由责任方承担。双方均为责任，由双方根据其责任分别承担。

（2）工程质量达不到预定标准的部分，甲方一经发现，应要求乙方拆除和重新施工，乙方应按要求拆除和重新施工，直到符合预定标准。因乙方原因达不到约定标准，由乙方承担拆除和重新施工的费用，工期不予延期。

（3）工序检验过程中，如主控项目达不到检验要求，根据情况每处处以200～500元的处罚，同时乙方负责返工直至达到验收要求。

二、工程进度目标

1. 进度要求（略）

2. 乙方的施工进度应符合以下节点要求：

（1）一标段

1）1—1号、1—2号、1—3号楼节点部位：施工至±0.00、三层结构封顶、主体、竣工验收。

2）1—4号、1—6号楼节点部位：施工至±0.00、五楼结构封顶、主体结构封顶、竣工验收。

（2）二标段

1—8号、1—9号、1—10号楼节点部位为：施工至±0.00、十三层结构封顶主体结构封顶、竣工验收。

三、工程造价

1. 合同价款的确定

本工程为包人工、包材料、包机械、包工期、包质量、包安全、包文明施工、包验收的包干价；按国家规定由乙方缴纳的各种税收及其他费用已包含在本工程造价内，由乙方向税收等部门缴纳。

2. 工程款支付

（1）具体见招标文件中"工程款支付及履约保证金返还方式"（略）。

（2）乙方均须向甲方提供项目所在地税务机关认可的正式发票，否则由甲方负责代扣代缴税前税费。

3. 工程进度款的核实

在乙方完成本合同规定的控制工期的分段工程的前提下，乙方申请工程进度款。

（1）乙方向甲方递交已完工程量统计表及已完工程形象进度表。

（2）乙方根据甲方确认的已完工程量编制进度预算报表，甲方核实后支付工程进度款。

（3）进度与质量挂钩，报送工程进度报表时附上监理及甲方人员签署的分项工程质量验收意见。若所报工程量达不到验收规范要求，甲方有权暂缓支付该部分工程款。

四、设计变更和签证

1. 一般规定

（1）在工程变更时，发生的费用无法根据变更文件进行计量的，乙方应在变更工程持续实施过程中向甲方、监理提供现场签证并填写签证单，变更工程被隐蔽无法计量的，甲方有权拒绝签证。

（2）办理签证时，乙方应提供经甲方确认的有关方案或数据原件，签证单原件一式两份，双方各持一份。

（3）现场签证单统一使用甲方指定的现场签证单格式，此单由施工单位填写，甲方审核并加盖甲方、乙方公章方为有效，违反本要求的签证单无效。

（4）为避免签证出现混乱、重复结算，乙方在办理签证时必须明确每份签证的具体原因、施工部位、施工时间、签证单的编号等，否则不予办理。

（5）设计变更、现场签证、甲方要求增加项目，甲方要统一编号后全部按甲方盖章认可为准。

2. 签证时效

（1）甲方对工程进行变更导致合同价款调整，乙方应在接到甲方联系单、设计变更单15天内编制补充预算并上报甲方（补充预算必须含详细工程量计算书及价款），否则视为无效。如变更导致合同价款调增，乙方逾期上报视为乙方放弃补偿要求，如导致合同价款调减，甲方有权从合同价款中扣除相应调减价款。

（2）乙方应在收到设计变更15天内，向甲方提交此变更的补充预算，甲方一般应在接到补充预算15天内将上报的补充预算审核完毕。

3. 变更的计价原则

（1）合同中已有适用于变更工程的价格，按合同已有价格计算变更合同价款；合同中只有类似于变更工程的价格，可以参照类似价格变更合同价款；合同中没有适用或类似于变更的工程的价格，由双方协商解决，不能协商确定交由工程定额管理部门仲裁确定。

（2）双方约定单项设计变更增减价款在2000元以内的，不予计价。

五、材料、设备

1. 乙方采购材料、设备

（1）施工主要材料和设备（甲方供应的材料设备及甲方指定品牌的限价材料除外），乙方均需向甲方送报三家以上供应商的资料，其中包括材料设备样品、各种质量证明和其他有关技术资料，经甲方审核并封样后方可采购，且必须在报送产品范围内选择；未报甲方确认的材料设备，按甲方掌握价格的90%进行结算。

（2）所有材料和设备必须符合设计要求、验收标准相关规定，所有材料和设备均由乙方负责送检测部门进行检测（乙方应将检测单位报甲方批准，甲方有权指定有资质的检测单位），材料的送检抽样必须在施工现场进行，且须由甲方或监理在场监督，送检合格后方能使用。

（3）甲方指定样板或品牌的材料和设备，进货时按样板质量验收，如发现不符合样板质量要求或未按照指定的品牌进行采购，除按甲方掌握的该材料成本价计入结算外，并由乙方按材料款的 20% 向甲主支付违约金，或要求乙方重新订货，由此造成的一切损失由乙方负责。

（4）乙方所提供的各种材料计划量应控制在定额范围内，材料用量以竣工结算为准；由于乙方少报或多报计划量造成的工期、质量及相关费用等损失由乙方承担。

（5）材料、设备限价（限价价格已含采购保管费）。

2. 甲方供应材料设备

（1）甲方供材料设备是指由甲方直接和厂家或材料设备供应商签订供货合同，支付合同货款，材料设备供应商卸货，乙方负责材料设备的场内倒运、验收及保管，并对供货数量负责。

（2）甲方应在材料设备进场前 24 小时通知乙方，货物运到现场后，乙方应安排适当通道及卸货位置，并在到货后的 2 小时内组织验收收货。逾期未验收，视为乙方已认可甲方验收结果，如材料设备损坏、丢失、二次搬运则由乙方承担全部责任。

（3）乙方应在图会审后 30 天内编制属于甲方供应的设备的供货计划，包括数量、规格、到货时间，报甲方审核，乙方不及时上报或上报数量或规格有误，因此引起的一切责任均由乙方负责。由于设计变更引起的甲供材料设备数量、规格的变化，乙方应在收到变更通知 5 天内书面通知甲方。

六、竣工结算

1. 在通过工程竣工验收、办理完工程交接手续及竣工资料移交手续后 30 天内向甲方递交竣工结算报告及完整的结算资料，结算资料必须符合甲方审核要求，甲方收到完整的竣工结算资料后 60 天内审核完毕。

2. 为方便双方核对，减少核对时间，乙方上报的结算额，不得高出最终审定的结算额的 5%，否则，向甲方支付超额 10% 的违约金，并在结算工程总价款中扣除。

七、工程移交

1. 乙方应在竣工后 10 天内撤出全部临建、施工人员、机械设备和剩余材料（除收尾工程所需的以外），并将所有承包范围内的工程清理干净。如果乙方不能及时拆除或清理，造成的费用及责任由乙方承担。

2. 乙方应填移交书，经甲方及物业公司验收通过后，视为工程移交完毕；乙方逾期未向甲方移交，造成甲方向业主交楼时间延误，造成的费用和责任由乙方承担。

3. 工程在未移交甲方之前，乙方负责维修；如甲方提前使用，因损坏发生的维修费用由甲方承担。

4. 工程竣工验收并达到合同验收要求，乙方不得因经济纠纷而拒绝交付工程。

附件

房屋建筑工程质量保修书

发包人（全称）：＿＿＿＿＿＿＿＿＿＿＿＿

承包人（全称）：＿＿＿＿＿＿＿＿＿＿＿＿

发包人、承包人根据《中华人民共和国建筑法》、《建设工程质量管理条例》和《房屋建筑工程质量保修办法》和建质〔2005〕7号文件《建设工程质量保证金管理暂行办法》，经协商一致，对＿＿＿＿＿＿＿＿＿＿＿＿（工程全称）签订工程质量保修书。

一、工程质量保修范围和内容

承包人在质量保修期内，按照有关法律、法规、规章的管理规定和双方约定，承担工程质量保修责任。

质量保修范围包括地基基础工程、主体结构工程，屋面防水工程、有防水要求的卫生间、房间和外墙面的防渗漏、电气管线、给排水管道、设备安装和装修工程，以及双方约定的其他项目，具体保修的内容，双方约定如下：＿＿＿＿＿＿＿＿＿＿＿＿＿＿＿＿＿＿

＿＿＿＿＿＿＿＿＿＿＿＿＿＿＿＿＿＿＿＿＿＿＿＿＿＿＿＿＿＿＿＿＿＿＿＿＿

二、质量保修期

双方根据《建设工程质量管理条例》及有关规定，约定本工程的质量保修期如下：

1. 地基基础工程和主体结构工程为设计文件规定的该工程合理使用年限。

2. 屋面防水工程、有防水要求的卫生间、房间和外墙面的防渗漏为＿＿5＿＿年。

3. 装修工程为＿2＿年。

4. 电气管线、给排水管道、设备安装工程为＿2＿年。

5. 供热与供冷系统为＿2＿个采暖期、供冷期。

6. 住宅小区内的给排水设施、道路等配套工程为＿＿2＿＿年；

7. 其他项目保修期限约定如下：＿＿＿＿＿＿＿＿＿＿＿＿

质量保修期自工程竣工验收合格之日起计算。由于发包人原因导致工程无法按规定期限进行竣（交）工验收的，在承包人提交竣（交）工验收报告90天后，工程自动进入质量保修期。

三、质量保修责任

1. 属于保修范围、内容的项目，承包人应当在接到保修通知之日起7天内派人保修。承包人不在约定期限内派人保修的，发包人可以委托他人修理。

2. 发生紧急抢修事故的，承包人在接到事故通知后，应当立即到达事故现场抢修。

3. 对于涉及结构安全质量问题，应当按照《房屋建筑工程质量保修办法》的规定，立即向当地建设行政主管部门报告，采取安全防范措施；由原设计单位或者具有相应资质等级的设计单位提出保修方案，承包人实施保修。

4. 质量保修完成后，由发包人组织验收。

四、保修费用

缺陷责任期内，由承包人原因造成的缺陷，承包人应负责维修，并承担鉴定及维修费用。如承包人不维修也不承担费用，发包人可按合同约定扣除保证金，并由承包人承担违约责任。承包人维修并承担相应费用后，不免除对工程的一般损失赔偿责任。

由他人原因造成的缺陷，发包人负责组织维修，承包人不承担费用，且发包人不得从保证金中扣除费用。

五、其他

双方约定的其他工程质量保修事项：_____

本工程质量保修书，由施工合同发包人、承包人双方在竣工验收并且有共同签署，作为施工合同附件，其有效期限至保修期满。

发包人（公章）：   承包人（公章）：

法定代表人（签字）：   法定代表人（签字）：

年   月   日   年   月   日

第十二章　建设工程施工索赔

学习目标

了解工程施工索赔的概念和产生索赔的原因及其分类；熟悉索赔的程序和方法；掌握工期索赔、费用索赔成立的条件及其工期、费用索赔计算。

能力目标

通过本章学习，能够根据具体事件的发生是否具备索赔条件的分析能力；具备施工索赔的基本能力。

第一节　建设工程施工索赔概述

一、施工索赔的概念

索赔是当事人双方在合同履行过程中根据合同约定，为维护自身合法利益而向对方（责任方）提出一种损失补偿（包括经济补偿和工期补偿）的一种行为。《中华人民共和国民法通则》第 111 条规定："当事人一方不履行合同义务或履行合同义务不符合合同约定条件的，另一方有权要求履行或者采取补救措施，并有权要求赔偿损失。"

合同索赔权利的享有是双向的，既可以是承包人因非自身原因向发包人提出，也可以是发包人因承包人原因而向承包人提出。

一般情况，习惯把承包商向业主提出的索赔称为施工索赔；而把业主对承包商的索赔，通常称为反索赔。

二、索赔特征

1. 索赔是一种合法的正当权利要求，是经济补偿行为，是双方合作的方式而不是对立的无理争取或惩罚。

2. 索赔是双向的。承包人可以向发包人索赔，发包人同样可以向承包人索赔。在工程实践中，发包人索赔的概率较小而且主动性大。发包人的索赔可以通过冲账、扣拨工程款、扣保证金等实现对承包人的索赔；而承包人对发包人的索赔则往往比较困难。

3. 只有实际发生了经济损失或权利损害，一方才能向对方（责任方）索赔。经济损失是指发生了因对方（责任方）因素造成合同以外的额外支出。如人工费、机械费、管理费等额外开支；权利损害是指虽然没有经济上的损失，但造成了一方权利上的损害，如由于恶劣的气候条件对工程进度的不利影响，承包人有权要求延长工期等。实际发生了经济损失或权利损害两者可以独立存在或同时发生存在。

4. 索赔是单方行为，双方还没有达成协议。

5. 索赔必须有切实有效的证据。

三、工程施工索赔的分类

1. 按索赔有关当事人的不同分类

（1）承包人与发包人之间的索赔。主要是有关工程量计算、变更工期、质量和价格方面的争议，也有中断或终止合同等其他违约行为的索赔。

（2）总承包人与分包人之间的索赔。与第一项大致相似。但大多数是分包商向总承包商索要付款或赔偿及总承包人向分包商罚款或扣留支付款等。

（3）发包人或承包人与贷货商、运输人间的索赔。（属商贸方面的争议，如质量不符合技术要求、数量缺短、交货拖延、运输损坏等）。

（4）发包人或承包人与保险人间的索赔。系被保险人受到灾害、事故或其他损害或损失、按保险单向其投保的保险人索赔。

2. 按索赔目的分类

（1）工期索赔。主要是指非承包人自身原因而导致关键线路施工进度的延误，承包人要求发包人合理延长工期，推迟竣工日期的一种时间补偿。

（2）经济索赔。主要是指承包人要求发包人补偿非自身责任事件发生造成承包人费用增加的一种经济补偿。

3. 按索赔依据分类

（1）合同内索赔。索赔以合同文件作为依据，发生了合同规定给承包人以补偿的干扰事件，承包人根据合同规定提出索赔要求。这是最常见的索赔。

（2）合同外索赔。索赔所涉及的内容难以在合同文件中找到依据，但可以从合同条文引申（隐含）含义中和合同适用法律或政府颁发的有关法规中找到索赔的依据。

（3）道义索赔。指由于承包人失误（如报价失误、环境调查失误等），或发生承包人应负责的风险而造成承包人重大的损失，无论在合同文件内、外都找不到索赔依据。发包人从道义上给予承包人适当补偿。发包人是否给予承包人道义补偿，要视事情发生的性质和承包人的实际损失及发包人的意愿。

4. 按索赔事件的性质分类

（1）工期拖延索赔

由于发包人未能按合同规定提供施工条件，如未及时交付设计图纸、技术资料、场地、道路等；或非承包人原因发包人指令停止工程实施；或其他不可抗力因素作用等原因，造成工程中断，或工程进度放慢，使工期拖延，承包人对此提出索赔。

（2）不可预见的外部障碍或条件索赔

如果在施工期间，承包人在现场遇到一个有经验的承包人通常不能预见到的外界障碍或条件，例如地质与预计的（发包人提供的资料）不同，出现未预见到的岩石、淤泥或地下水等。

（3）工程变更索赔

由于发包人或工程师指令修改设计、增加或减少工程量、增加或删除部分工程、修改实施计划、变更施工次序，造成工期延长和费用损失，承包人对此提出索赔。

（4）工程终止索赔

由于某种原因，如不可抗力因素影响、发包人违约，使工程被迫在竣工前停止实施，并不再继续进行，使承包人蒙受经济损失，因此提出索赔。

（5）其他索赔。如货币贬值、汇率变化，物价和工资上涨、政策法令变化、发包人推迟支付工程款等原因引起的索赔。

5. 按索赔的处理方式分类

（1）单项索赔。单项索赔是针对某一干扰事件提出的索赔。此类索赔的处理是在合同实施过程中，干扰事件发生时或发生后立即进行，并在合同规定的索赔有效期内向发包人提交索赔意向书和索赔报告。

（2）总索赔。又叫一揽子索赔或综合索赔。这是在国际工程中经常采用的索赔处理和解决方法。一般在工程竣工前，承包人将工程过程中未解决的单项索赔集中起来，提出一份总索赔报告。合同双方在工程交付前或交付后进行最终谈判，以一揽子方案解决索赔问题。这种索赔可能因为业主代表（或监理工程师）得更换或时间长，对某事件产生遗忘，索赔起来争议多，成功率相对低。

四、引起施工索赔的事件

因建设工程的施工往往延续时间较长，在工程建设过程中可能发生各种变化，引起合同当事人的经济（或工期）额外损失，从而产生索赔。产生工程项目索赔的原因非常复杂，主要有以下几方面：

1. 不可抗力事件

建筑工程在整个施工过程中受自然条件、社会条件的不可预见因素的影响，当这些事件发生后会导致工程成本和工期的增加，从而引起索赔。

不可抗力事件是有经验的承包商也无法事前预料，通常分为自然事件和社会事件。

自然事件主要是不利的自然条件和客观障碍是指施工中遭遇到的实际自然条件比招标文件中所描述的更为困难和恶劣，是一个有经验的承包商无法预测的不利条件与人为障碍，导致了承包商必须花费更多的时间和费用，在这种情况下，承包商可以向业主提出索赔要求。如在施工过程中，发生了如地震、放射性污染、核危害等人力不可抗拒的自然灾害和风险，或出现流沙泥、地质断层、地下文物或构筑物等因素，都可能使工程造价发生变化而引起施工索赔。

社会事件则包括国家政策、法律的变更、战争等。土建工程施工与地质条件密切相关，如地下水、断层、溶洞、地下文物遗址等。

2. 工程变更事件

在工程施工过程中，由于设计的错漏、环境的改变，或发包人改变建筑功能或体量或其他，或为了节约成本，或为了加快施工进度等，使工程项目的建设费用发生变化，从而产生工期、人工、材料、机械等方面的索赔。

3. 由于物价上涨、货币及汇率变化事件

物价上涨的因素，导致人工费、材料费、施工机械费的不断增长，造成工程成本大幅度上升，承包商的利润受到严重影响而引起承包商提出索赔要求。FIDIC 施工合同条件中规定，如果在投标截止日期前的 28 天（基准日）以后，工程施工所在国政府或其授权机构对支付合同价格的一种或几种货币实行限制或货币汇兑限制，业主应补偿承包商因此而受到的损失。

4. 拖欠支付工程款事件

如果业主不按照合同约定的时间支付中期工程进度款或最终工程款，承包商可据合同约定或法律法规的规定，向业主索赔拖欠的工程款并索赔利息，督促业主迅速偿付。对于故意严重拖欠工程款，承包商可以按照法定程序向工程属地人民法院提起诉讼。

5. 不依法履行施工合同事件

在履行施工合同的过程中，往往因一些意见分歧和经济利益的驱动等人为因素，使合同双方都不严格执行合同文件而引起的索赔。

如业主不正当地终止工程，会导致承包人已购材料、设备的损失及人员窝工或无计划的撤离造成损失，从而引起承包人提出索赔。这种情况承包商有权要求补偿损失，其数额是承包商在被终止工程中的人工、材料、机械设备的全部支出，以及各项管理费用、保险费、贷款利息、保函费的支出（减去已结算的工程款）合理利润的损失。

五、施工索赔成立的条件

承包商向业主提出索赔，必须有正当的索赔理由，对正当的索赔理由的说明必须有可靠的证据。当合同一方向另一方提出索赔时，要有正当的索赔理由，且有索赔事件发生时的有效证据，并在合同约定的时限内提出。故索赔成功要具备下面三个条件：

1. 正当的索赔理由。如事件的发生已造成了承包人成本的额外支出或工期损失；且发生损害的索赔事件按合同约定不属于承包人的行为责任或风险责任；

2. 有效的索赔证据。指与索赔有关的证明文件和资料。如合同文件、签证单、变更通知书、各类纪要等。

3. 在合同约定的时限和规定的程序提交索赔意向通知和索赔报告。

第二节 建设工程施工索赔程序与要求

建筑工程施工索赔主要发生在承包商与发包商之间的索赔，本文主要就承包商的索赔和发包商的索赔具体步骤和主要工作内容进行论述。

一、承包商的索赔

承包商的索赔也称施工索赔。索赔基本程序包括索赔提出意向的通知、提交索赔报告、索赔报告的评审和索赔谈判等步骤。

1. 提出索赔意向通知

索赔事件发生后，承包人应在索赔事件发生后，按照合同相关条款规定的时间内提出索赔意向通知书，向监理工程师和业主声明对此事件提出索赔。发包人应按合同约定的时间对承包人提出的索赔进行答复和确认。若双方在合同中对此通知未作具体约定时，按下列办法处理：

（1）承包人应在索赔事件发生后 28 天内向发包人发出索赔意向的通知，否则，承包人将丧失索赔的权利，无权获得追加付款，竣工时间不得延长。

（2）承包人应保持证明索赔可能需要的现场、记录等，供发包人检查并确认责任；

（3）发包人确认引起的索赔事件后，准备详细索赔的证据等有关资料。

索赔意向通知书主要内容：

（1）事件发生情境：事件发生的时间和情况的简单描述；

（2）合同依据的条款：双方签订的合同文件、相关法律法规规定的权利；

（3）对该事件发展动向的分析；

（4）该事件对工程成本和工期造成影响的严重程度。

2. 递交索赔报告要求

（1）索赔有效期 在发包人确认索赔事件后，承包人应在合同约定的实效内向发包人提交一份详细的索赔报告。若双方在合同中对此报告未作具体约定时，按下列办法处理：

1）在发包人确认索赔事件后 42 天内，承包人应向发包人提交一份详细的索赔报告，包括索赔依据、要追加的付款和工期的全部资料。

2）如果索赔事件的影响持续存在，承包人应按照工程师合理要求时间间隔，定期陆续报出每一时间段内的索赔要求和累计索赔金额及后续证据资料。

承包人应在索赔事件产生的影响结束后 28 天内，递交一份最终索赔报告。

（2）索赔的形式 索赔分为单项索赔和综合索赔两种形式。

1）单项索赔：就是采取一事一索赔的方式，即在每一索赔事件发生后，递交索赔通知书，编报索赔报告书，要求单项解决支付，不与其他的索赔事项混在一起。单项索赔是施工索赔通常采用的形式，它避免了多项索赔的相互影响制约，而且时间短、事件记忆清楚、证据资料容易收集和完整，索赔比较容易成功。

2）总（综合）索赔：又称总索赔，俗称一揽子索赔。即对整个工程（或某项工程）中所发生的数起索赔事项，综合在一起进行索赔。这种索赔影响因素较多，成功率较低。实践中只有当施工过程收到严重干扰时，承包人的实际施工活动发生较大变化，无法为索赔保持准确而详细的成本记录资料，新、旧费用也无法分清的情况下采用的索赔方式。

采用总（综合）索赔时，承包人须合理说明并提供以下证明：

① 索赔报价是合理的；

② 实际发生的总成本是合理的；

③ 索赔事件责任非承包商责任；

④ 计算实际损失的方法是唯一的。

（3）索赔报告编制内容方法

1）事件背景。概述事件发生的日期和详细过程；描述承包人为该索赔事项付出的努力和附加开支；承包人最终的具体索赔要求。

2）索赔所依据的合同条款、法律法规；用于说明自己有索赔权，这是索赔能否成立的关键。

3）费用计算。索赔申请单、费用索赔款项的额度、各种费用清单一览表及费用计算资料。

4）工期延期计算。工期索赔清单一览表及计算过程资料。

5）与索赔事件相关的文件证明资料。引用的每个证据要有效力或可信度，对重要的证据资料附以图、文字说明或其他证件。

3. 索赔报告处理

监理工程师在收到承包人送交的索赔报告后，对承包商递交的索赔报告进行认真分析、评审，并于 28 天内给予答复，如果有必要可以要求承包人进一步补充索赔理由和证据。如果工程师在 28 天内既未予答复，也未对承包人作进一步要求的话，则视为承包人提出的该项索赔要求已经认可。

当工程师确定的索赔额或工程范围超过其权限范围时，必须报请业主批准。

业主首先根据事件发生的原因、责任范围、合同条款审核承包商的索赔申请和工程师的处理报告，再依据工程建设的目的、投资控制、竣工投产日期要求以及针对承包人在施工中的缺陷或违反合同规定等的有关情况，决定是否批准工程师的处理意见，而不能超越合同条款的约定范围。

4. 索赔谈判

当工程师、业主处理经过认真分析提出不同意见时，约请承包人进行洽谈，协商双方都能接受的赔偿结果。如果双方洽商不成，承包人有权提交仲裁解决。只有当承包人接受最终的索赔处理决定，索赔事件的处理即告结束。

二、反索赔

《建设工程施工合同示范文本》规定，承包人未能按合同约定履行自己的各项义务或发生错误而给发包人造成损失时，发包人也应按合同约定承包人索赔的时限要求，向承包人提出索赔。反索赔主要体现在事件的发生责任在于承包人，其主要索赔内容包括工期延误的索赔、质量不符合要求的索赔、承包商不履行合同义务索赔。

1. 工期延误索赔

在工程项目施工过程中，由于多方面的原因，往往使竣工日期拖后，影响到业主对该工程的利用，给业主带来经济损失，按惯例，业主有权对承包商进行索赔，即由承包商支付误期损害赔偿款。业主在确定误期损害赔偿费用的费率时，一般要考虑以下因素：

（1）业主盈利损失；

（2）由于工程拖期而引起的贷款利息增加；

（3）工程拖期带来的附加监理费；

（4）继续租用原建筑物或租用其他建筑物的租赁费。

（5）已售工程对准业主的赔偿。

2. 质量不符合要求的索赔

当承包商施工质量不符合合同要求，或使用的设备和材料不符合合同规定，或在缺陷责任期未满以前承包商在规定的期限内未完成缺陷修补，业主雇请其他单位来完成修补工作，发生的成本和利润由承包商负担。

3. 承包商不履行合同义务索赔

如果承包商未能按照合同履行义务，如不按时支付指定分包商的工程款；不按照合同条款指定的项目投保，并保证保险有效，业主可以投保并保证保险有效，业主所支付的必要的保险费可在应付给承包商的款项中扣回。

如承包商不正当的放弃工程或者业主合理终止承包商的承包，则业主有权从承包商手中收回由新的承包商完成工程所需要的工程款与原合同未付部分的差额。

若双方在合同中未有约定发包人向承包人提出索赔的时间、程序和要求时，按下列规定办理：

（1）发包人应在确认引起索赔的事件发生后 28 天内向承包人发出索赔通知，否则，承包人免除该索赔的全部责任。

（2）承包人在收到发包人的索赔报告后 28 天内，应作出回应，表示同意或不同意并附具体意见，如在收到发包人的索赔报告后 28 天内，未向发包人作出答复，视为该项索赔报告已经认可。

第三节 建设工程施工索赔文件

一、索赔文件

索赔文件也称索赔报告，是索赔一方向被索赔方以书面形式提出的一种要求和主张。在合同履行过程中，一旦出现索赔事件，承包商应该按照索赔文件的构成内容，及时向业主提交索赔报告。一般索赔报告（主要指单项索赔）包括标题、索赔事件描述、索赔依据、索赔要求、索赔计算书、附件等部分。

1. 索赔报告标题

标题要求能够简要、准确地概括索赔的中心内容，如"关于ＸＸ事件的索赔"。

2. 索赔事件描述

主要包括事件发生时间、发生的工程部位、原因和经过、影响范围以及承包商采取的防止事件扩大的措施、事件持续时间、最终结束影响的时间、事件处置过程中有关主要人员办理的有关事项等。

3. 索赔的依据

索赔的依据主要是组成工程项目的合同文件及有关法律规定。在索赔文件中施工单位应明确每一索赔部分引用合同中的具体条款或法律规定，说明自己有权利和应获得经济补偿或工期延长。

4. 索赔要求

是指索赔事件造成损失，承包商要求补偿的金额及工期。

5. 索赔计算书

包括经济赔偿额和工期展延计算。施工单位必须指明计算依据及计算资料，利用计算依据及计算资料合理计算证实索赔金额和工期，保证计算索赔的金额、工期的真实性、合理性。主要描述损失费用、工期延长的计算基础、计算方法、计算公式及详细计算过程和计算结果。

6. 附件

指索赔文件中所列举的事实、理由、影响等各种证明文件、证据、图表文字说明等。

施工单位在索赔文件后应附完善的证据，能够有力地支持或证明索赔理由、索赔事件的影响、索赔值的计算。

二、索赔证据

当某事件发生后，确实造成承包人增加工作量或人工支出，承包人可以根据合同及相关法律法规进行索赔，但索赔是否全部成功，则需要有充分的证据来佐证。一般情况下，可以作为索赔的证据资料有：

1. 合同文件等资料

招标文件、中标人的投标文件、工程施工合同及附件、中标通知书、发包人认可的施工组织设计、工程图纸、技术规范、发包人提供的水文地质、地下管网资料、红线图、坐标控制点资料等。

2. 各种施工记录资料

施工日志、工长工作日志、备忘录、晴雨表等。施工中发生的影响工期或工程资金的所有重大事情均应写入备忘录存档。

3. 工程有关施工部位的照片及录像

工程（特别是隐蔽工程）在施工过程中，如碰到与施工图纸或地质勘查资料反映的地质情况与实际不符，应进行三个阶段（施工前原貌、施工过程、施工完毕）的照片拍摄。

4. 工程项目有关各方往来文书

工程各项往来信件、电话记录、指令、信函、通知、答复等。有关工程的本能信件内容常包括某一时工程进展情况的总结以及与工程有关的当事人。尤其是这些信件的签发日期对计算工程延误时间具有很大的参考价值。

5. 工程会议纪要

工程各项会议纪要，协议及其他签约、定期与业主代表的谈话资料等。

6. 业主或监理发布的各种书面指令和确认书

施工过程各种签证、变更指令等书面资料。

7. 有关各时期的天气的温度、风力、雨季等气象资料

做好施工现场的晴雨表记录。

8. 投标前业主提供的各种工程资料

如招标文件、图纸、地质资料、各种文件资料。

9. 施工现场记录

工程各项有关设计交底记录、变更图纸、变更施工指令等及送达的份数、日期记录、工程材料和机械设备的采购、订货、运输、验收、使用方面的凭据及材料供应清单、合格证书、工程送电、送水、道路开通封闭的日期及数量记录、工程停电、停水和干扰事件影响的日期及恢复施工的日期等。

10. 业主或监理签认的签证

承包人要求预付通知、工程量核实确认单。

11. 各种检查验收报告和技术鉴定报告

由业主（监理）签字的工程检查和验收报告反映出某一单项工程在某一特定阶段竣工程度，并记录了该单项工程竣工的时间和验收的日期。如质量验收单、隐蔽工程验收单、验收记录、竣工验收资料、竣工图。

12. 工程财务资料

工程结算资料和有关财务报告。如工程预付款、进度款拨付的数额及日期记录、工程结算书、保修单等。

购料订单收讫发票、收款票据、设备使用单据，注销账应付支票、账目图表、总分类账、财务信件、经会计师核证的财务决算表、工程预算、工程成本报告书。工人或雇请人员的薪水单据应按日期编存归档，薪水单上费用的增减能揭示工程内容增减的情况和开始的时间。

13. 其他

分包合同、物价指数、国家有关影响工程造价工期的文件、规定等。

三、索赔注意事项

由于一般工程投资大、工期长，施工环境因素变化大。施工过程中存在许多不可预见、不可抗拒的因素，索赔事件随时都有可能发生。当索赔事件发生后，施工单位应如何

做到索赔成功，可以从以下方面考虑：

1. 熟悉合同文件、合同条款及法律规定

在合同文件相关条款中规定了发包人、承包人的责任、义务；工程总进度、阶段性进度；质量要求；工程进度款、预付款的支付方法及其他。承包人要善于利用合同中的这些条款及合同、法规明示或默示的有利条款，当符合索赔的事件发生时能进行合理索赔。

2. 把握索赔时效

建设工程施工中，索赔事件随时都有可能发生，当索赔事件发生时，承包人应当按照合同中规定的索赔程序和索赔时限提出索赔，否则，如果承包人错过索赔时效，发包人有权利认为承包人自动放弃索赔权利而拒绝补偿。

如果合同中没有明确规定时，可依据 FIDIC 施工合同条件中规定：当索赔事件发生后的 28 天内，承包人应向发包人提出索赔通知；承包人应在索赔意向通知提交后的 28 天内，或工程师可能同意的其他合理时间，向监理工程师递交详细索赔报告。

实践说明，承包人最好当月完成索赔、采用单项索赔的成功率较高。

[案例 12-1]　建设单位甲与施工单位乙就某工程签订的施工合同文件中，对施工过程中发生的变更、签证等索赔事件，明确规定："本工程所有的签证必须在该事件发生后的 14 天内，由承包人向发包人提交工程价款变更报告，以此确定工程价款的变更，逾期提交的，视为承包人自动放弃签证索赔的权利。"

当施工企业在工程将近完工时，向建设单位递交了涉及价款 800 多万元的索赔报告，并附有签证文件。

建设单位收到承包人的索赔报告并通过审核后，建设单位在规定的时间内回复。回复的内容是这样的："我司收悉并予审核贵公司于 2009 年 12 月 3 日送来的索赔报告，根据总承包合同相关条款之规定，对于此前发生的超过 14 天的变更事项，贵单位在目前阶段已经丧失了获取签证价款索赔的权利。本着合作和尊重事实的态度，我方愿意就一些责任清楚、事实确凿的个别签证事项给予认可，以'让步'的形式给予补偿 100 万元。若贵单位以此为借口而以消极的态度应对工程验收，我方将以合同条款规定进行反索赔，一旦发展到诉讼地步，我司将收回本函所作出的全部让步，已经过了索赔时效的签证，我司将全部拒绝签认。我司拥有的质量、工期索赔权，我司不会放弃。"

最后承包方仔细权衡了双方证据、合同条款及相关法律规定，最终只能以默认而告终。

3. 注重证据收集

建筑工程施工工期长，索赔事件在各个阶段均有可能发生，施工单位自进场施工开始，就要注重收集、制作、保留有效证据，证据必须有工程师、发包人代表签认。承包人只有持有效证据，同时在合同规定的索赔程序和时间内办理索赔才能获取补偿。

根据《民事诉讼法》第 63 条的规定，证据主要有书证、物证、视听资料、证人证言、当事人陈述、鉴定结论和勘验笔录等。

（1）书证

指以文字、符号、图表等记载或表达的内容来证明事件事实的证据。工程施工索赔书面证据主要有：合同文本、招标文件、投标文件、图纸、工程说明、各种施工指令、工程签证、来往函件、会议纪要、变更指令、验收报告、施工日记、晴雨表等。

实际上大部分合同中规定作为承包人索赔的证据均要转化为"签证"或"洽商"文件的书证形式，结算时承包人只有提供"签证"或"洽商"证据和索赔文件才能获得合理的经济、工期的补偿。"签证"或"洽商"是承包人工程索赔的重要证据。

1）签证

是指施工图纸、工程量清单中没有或漏项，而实际施工又实际发生的一种证明文件。它是工程发包方与承包方双方协商一致的结果，是双方法律行为。可以直接或者与签证对应的履行资料一起作为工程进度款支付与工程结算的依据。作为有效的签证必须具备以下要件：

① 签证主体必须为乙方与甲方或甲方委托的监理双方当事人，签证单上只有一方当事人签字不是签证，签证是一种互证。

② 甲、乙双方必须对行使签证权利的人员进行必要的授权，缺乏授权的人员签署的签证单一般不具有效力。

③ 签证的内容必须涉及工期顺延和（或）费用的变化等内容。

④ 签证双方必须就涉及工期顺延和（或）费用的变化等内容协商一致，通常表述为双方一致同意、甲方同意、甲方批准等。

2）洽商

是指工程实施过程中就工程的变更通过甲乙双方协商一致，正确解决甲方、乙方经济补偿的协议文件。

实践中，许多合同文件中规定工程的变更估计变更金额超出一定范围时，所有的变更文件涉及的经济补偿都必须通过洽商文件的形式进行工程款的结算。

（2）物证

具有客观存在的外形、重量、规格、特征等。工程索赔的物证做好是事件发生前后的影像。

[案例 12-2]　某房地产公司开发一别墅楼盘，原设计别墅后门采用钢架造型雨棚，当施工单位把所有的钢架安装完毕后，开发商修改雨棚设计，由原来的钢架雨棚修改为混凝土面贴西瓦。然后施工单位办理了签证手续，甲方现场代表签证。但结算时造价工程师拒接支付钢架制作、拆除费用，理由是钢架拆除后，甲方没有收到被拆除的钢架，所以认定施工单位尚未施工安装钢架。

类似这种事件，施工单位必须让发包方签收拆除物品，为索赔留存有力证据。

（3）视听资料

指利用照片、录像或录音反映出的形象或声音来证明事件真实的证明材料。上例中如果施工单位在拆除钢架前拍照或录像，并在签证单上写明个数，则索赔成功率就会大很多。

4. 描述事实准确

索赔报告、签证等对事件描述基本准确、数据计算准确，数据不要背离事实，给对方一个诚实的好印象，这样索赔成功的机会会大些。

5. 做好索赔谈判准备

索赔谈判是一项艰难的过程，要求谈判者有较强的谈判能力、熟悉业务、熟悉相关合同条款，掌握相当的谈判经验。不管是谁，谈判前应当做好与谈判相关的准备工作。谈判之前可以从以下几个方面考虑：

（1）分清发生索赔事件的责任方。如业主，设计、监理、业主指定分包商责任均有可能成为承包方索赔的理由。

（2）掌握充分的依据。除合同外，是否还有其他法律规定的索赔理由。

（3）索赔证据的完备性。索赔既要有足够的证据而且要完备。如是否在合同约定的时限内提出索赔，事件发生后承包人是否采取积极减损措施，索赔数额计算方式是否客观合理。

（4）谈判人员的组成要科学。理想组合由具有丰富经验、谈判能力较强的领导领队，熟悉工程实务的项目工程师、了解合同体系的造价工程师共同参与。

第四节　建设工程施工索赔费用的计算

工程施工过程中发生干扰事件引起计划工期的改变和工程成本的增加不可避免，干扰事件发生后，承包人根据干扰事件发生的干扰后果进行分析提起索赔，目的就是获得工期延误补偿和获得为消除干扰事件损失的补偿。

一、工期延误索赔计算

工期索赔一般采用分析法进行计算，其主要依据合同规定的总工期计划、进度计划，以及双方共同认可的对工期修改文件，调整计划和受干扰后实际工程进度记录。如施工日记、工程进度表等，施工单位应在每个月底以及在干扰事件发生时，分析对比上述资料，以发现工期拖延以及拖延原因，提出有说服力的索赔要求。

（一）网络图分析法

网络分析法是利用经工程监理、发包人确认的工程进度计划的网络图（包括总进度计划、分部分项工程进度计划图），分析干扰事件是否在关键线路上，只有发生在关键线路上的延误事件才能够获得工期延误补偿。但要注意关键线路并不是固定不变的，原来处于关键线路上的工作可能随着进度变成非关键线路的工作，原来处于非关键线路上的工作可能随着进度变成关键线路的工作。网络分析就是通过分析干扰事件发生前、发生后网络计划之间的差异而计算工期索赔值的，通常适用于各种干扰事件引起的工期索赔。

（二）比例类推法

当某些干扰事件发生时，常常只影响在某些单项工程、单位工程或分部分项工程的工期，从而影响总工期，可采用简单的比例类推方法。比例类推方法可分为两种情况：

1. 按工程量进行比例类推

当计算出某一分部分项工程的工期延长后，还要把局部工期转变为整体工期，此时可以用局部工程的工作量占整个工程工作量的比例来折算。

［案例 12-3］某工程基础施工中，出现了不利的地质障碍，业主指令承包人进行处理，土方工程量由原来的 2760m³ 增至 3280 m³，原工期定为 45 天。因此承包人可提出工期索赔值为：

工期索赔值＝原工期×（额外或新增加工程量△/原工程量）＝45×［（3280-2760）/2760］＝8.5 天≈8（天）

若原合同中规定 10％ 范围内的工程量增加为承包人应承担的风险时，则：

工期索赔值 ＝ 原工期 × (3280－2760－2760×10％)/2760 ＝ 45×(3280－2760×110％)/2760 ＝ 4(天)

2. 按造价进行比例类推

若施工中出现了很多大小不等的工期索赔事由，较难准确地单独计算且又麻烦时，可经双方协商，采用造价补偿比较法确定工期补偿天数。

[**案例12-4**]　某工程合同总价为 1000 万元，总工期为 24 个月，现业主指令增加额外工程 90 万元，则承包人提出的工期索赔为：

工期索赔值 ＝ 原合同工期 × 额外或新增加工租价格/原合同价

24×90/1000 ＝ 2.16 月 ≈ 2 (个月)

(三) 直接法

有时干扰事件直接发生在关键线路上或一次性地发生在一个项目上，造成总工期的延误，这时可通过施工日志，变更指令等资料，完成变更工程所用的实际增加时间为 "工期索赔值"。如果承包人按工程师的书面工程变更指令，完成变更工程所用的实际工时即为工期索赔值。

二、费用索赔计算

(一) 费用索赔计算原则

1. 实际损失原则。依据干扰事件引起的承包商的实际损失等原则。

2. 合同原则。依据合同有关条款，分清责任。业主在审核承包商的索赔报告时应注意：

(1) 应扣除承包商自己责任造成的损失；

(2) 符合合同规定的补偿条件，扣除承包商应承担的风险；

(3) 合同规定的计算基础。合同中的人工费单价、材料费单价、机械费单价、各种费用的取值可作为索赔值计算的基础。

3. 合理原则。工程量计量符合实际。计费方式、方法合理、取费合理。成本核算合规则。

(二) 索赔费用组成

索赔费用的主要组成部分，同工程款的计价内容相似。包括直接费、间接费和利润。

1. 直接费

一般包括人工费、材料费、施工机械使用费。

2. 间接费

索赔间接费主要包括工地管理费、保函手续费、保险费、临时设施费、咨询费、交通设施费、代理费、利息、税金、总部管理费、其他。

3. 利润

索赔利润的款额与中标人投标报价单重的利润率一致。一般来说，索赔利润的条件是由于工程范围的变更、文件有缺陷或技术性错误、业主未能提供现场等情况下，承包商可以提起利润索赔。对于工程暂停的索赔，由于利润通常是包括在每项实施工程内容的价格之内的，而延长工期并未影响削减某些项目的实施，也未导致利润减少。所以，工程暂停不能索赔利润。

（三）索赔费用计算方法

索赔费用计算方法与工程项目报价相似，先计算直接费（人工、材料、机械、交通费等），然后计算应分担在该事件上的管理费、利润等间接费。

索赔费用的计算方法有：实际费用法、总费用法和修正的总费用法。

1. 实际费用法

实际费用法是实际工程索赔时比较常用的一种计算方法。这种方法的计算原则是以承包商为完成某项索赔事件所支付的实际开支为基础，向业主要求费用补偿。

计算时，在额外直接费的基础上，再加上应得的间接费和利润，即是承包商应得的索赔金额。采用工程量清单报价时，以增加的工程量乘以相应工程的综合单价即为索赔金额。由于实际费用法所依据的是实际发生的成本记录或单据，所以，在施工过程中，要准确地积累记录资料，作为索赔的有力证据。

2. 总费用法

总费用法就是当发生多次索赔事件以后，重新计算该工程的实际总费用，再从实际总费用减去投标报价时的估算总费用，即为索赔金额，即：

索赔金额＝实际总费用－投标报价估算总费用

不少人对采用该方法计算索赔费用持批评态度，因为实际发生的总费用中可能包括了承包商的原因，如施工组织不善而增加的费用；同时投标报价估算的总费用也可能为了中标而过低。所以这种方法只有在难以采用实际费用法时才应用。

3. 修正的总费用法

修正的总费用法是对总费用法的改进，即在总费用计算的原则上，去掉一些不合理的因素，使其更合理。修正的内容如下：

（1）将计算索赔款的时段局限于受到外界影响的时间，而不是整个施工期；

（2）只计算受影响时段内的某项工作所受影响的损失，而不是计算该时段内所有施工工作所受的损失；

（3）与该项工作无关的费用不列入总费用中；

（4）对投标报价费用重新进行核算：按受影响时段内该项工作的实际单价进行核算，乘以实际完成的该项工作的工程量，得出调整后的报价费用。

按修正后的总费用计算索赔金额的公式如下：

索赔金额＝某项工作调整后的实际总费用－该项工作的报价费用

修正的总费用法与总费用法相比，有了实质性的改进，它的准确程度已接近于实际费用法。

［案例 12-5］　某建筑公司（乙方）于某年 4 月 20 日与某厂（甲方）签订了修建建筑面积为 3000m^2 工业厂房（带地下室）的施工合同。乙方编制的施工方案和进度计划已获监理工程师批准。该工程的基坑施工方案规定：土方工程采用租赁一台斗容量为 1m^3 的反铲挖掘机施工。甲、乙双方合同约定 5 月 11 日开工，5 月 20 日完工。在实际施工中发生如下几项事件：

① 因租赁的挖掘机大修，晚开工 2d，造成人员窝工 10 个工日；

② 基坑开挖后，因遇软土层，接到监理工程师 5 月 15 日停工的指令，进行地质复查，配合用工 15 个工日；

③ 5 月 19 日接到监理工程师于 5 月 20 日复工令，5 月 20 日～5 月 22 日，因罕见的大雨迫使基坑开挖暂停，造成人员窝工 10 个工日；

④ 5 月 23 日用 30 个工日修复冲坏的永久道路，5 月 24 日恢复正常挖掘工作，最终基坑于 5 月 30 日挖坑完毕。

问题：

（1）简述工程施工索赔的程序。

（2）建筑公司对上述哪些事件可以向厂方要求索赔，哪些事件不可以要求索赔，并说明原因。

（3）每项事件工期索赔各是多少 d？总计工期索赔是多少 d？

分析与解答：

（1）根据《建设工程施工合同（示范文本）》规定的施工索赔程序如下：

① 索赔事件发生后 28 天内，向工程师发出索赔意向通知；

② 发出索赔意向通知后的 28d 内，向工程师递交经济损失补偿和（或）延长工期的索赔报告及有关详细资料；

③ 工程师在收到承包人送交的索赔报告和有关资料后，于 28d 内给予答复，或要求承包人进一步补充索赔理由和证据；

④ 工程师在收到承包人送交的索赔报告和有关资料后 28d 内未给予答复或未对承包人作进一步要求，视为该项索赔已经认可；

⑤ 当该索赔事件持续进行时，承包人应当阶段性向工程师发出索赔意向，在索赔事件终了后 28d 内，向工程师提供索赔的有关资料和最终索赔报告。

（2）根据索赔成立条件：

事件①：索赔不成立。因此事件发生原因属承包商自身责任。

事件②：索赔成立。因该施工地质条件的变化是一个有经验的承包商所无法合理预见的。

事件③：索赔成立。这是因特殊反常的恶劣天气造成工程延误。

事件④：索赔成立。因恶劣的自然条件或不可抗力引起的工程损坏及修复应由业主承担责任。

（3）索赔工期计算

事件②：索赔工期 5d（5 月 15 日～5 月 19 日）

事件③：索赔工期 3d（5 月 20 日～5 月 22 日）

事件④：索赔工期 1d（5 月 23 日）

共计索赔工期为：5+3+1＝9（d）

［案例 12-6］ 某公司新建住宅楼，通过公开招标确定了施工单位，合同价款形式为固定价格合同，施工合同按 2013 年住建部颁发的《建设工程施工合同（示范文本）》GF 2013—0201 为基础签署。

施工进度计划已经达成一致意见。合同规定由于甲方责任造成施工窝工时，窝工费用按原人工费、机械台班费 60% 计算。

在专用条款中明确 6 级以上大风、大雨、大雪、地震等自然灾害按不可抗力因素处理。工程师应在收到索赔报告之日起 28d 内予以确认，工程师无正当理由不确认时，自索赔报告送达之日起 28d 后视为索赔已经被确认。

在施工过程中出现下列事件：

① 因业主不能及时提供图纸，使工期延误 10d，10 人窝工；

② 因施工机械故障，使工期延误 8d，5 人窝工；

③ 因外部供电故障，使工期延误 3d，20 人窝工；

④ 因下大雨，工期延误 7d，20 人窝工。

根据双方商定，人工费定额为 32 元/工日，机械台班费为 2000 元/台班。

根据上述约定乙方索赔报告中提出工期补偿 28d，费用补偿 10650 元（所有事件窝工费用及机械费用之和）索赔的要求。

问题：

（1）乙方上述要求是否合理？为什么？

（2）经工程师认定的索赔工期为多少 d？

（3）如果工程师未在收到报告后 28d 内给予答复意见或确认，工期延长多少 d？结算时费用补偿为多少？

分析解答：

（1）事件 1 合理，理由该事件是由于甲方的延误造成的；

事件 2 不合理，机械故障是乙方自身原因造成的；

事件 3 可以索赔工期，但费用不能索赔，因外部供电故障不属于甲方责任；

事件 4 根据合同约定，工期可以索赔，但费用不能索赔，因大雨属于不可抗力。

（2）工程师认定的索赔工期为 20d。

（3）工期延长 28d，费用为 10650 元。

复习思考题

一、思考题

1. 产生施工索赔原因有哪些？施工索赔有哪些分类？

2. 施工索赔的程序包含哪些步骤与内容？索赔成功注意些什么？

3. 索赔费用如何计算？

二、案例题

某高层建筑工程，计划开工日期为 2000 年 6 月 5 日，竣工日期为 2002 年 10 月 20 日，合同内约定按月进度支付工程款，每月 25 号递交当月工程支付报告，在统计报告递交后 14d 内甲方审定并支付工程进度款的 90%。工程按期开工，工程进展顺利，在工程进行到主体结构施工时，出现了下述问题：

1. 三层结构部分完成时，承包人按合同约定，及时向甲方提交了已完工作量统计报告，但是甲方未按合同约定的付款方式和期限支付工程进度款，乙方在此情况下开始停工，直到甲方支付工程进度款和违约赔偿金后乙方才开始复工，工期耽误了 180d。

2. 甲方按合同约定支付了工程进度款，乙方按正常管理方式恢复施工。在工程施工到 12 层时，发生了不幸的事故，某一脚手架工人在施工时因未按规定使用安全设施，不慎从脚手架上坠落，造成死亡，施工单位及时向甲方和国家安全生产管理部门通报，因此工期耽误了 20d。

问题：

（1）事件 1 中承包商是否可以向甲方提出工人窝工索赔和施工单位在停工期间保护管理施工现场所发生的费用索赔？

（2）事件 2 中承包商是否可以向甲方提出工期索赔，为什么？

（3）如果本工程合同工期为 300d，甲方批准工期可以延长 180d，本工程实际完工工期为多少 d？因事件 2 造成工期延长 20d，甲方是否可以向承包商提出因工期延长 20d 所增加发生的现场管理费的索赔要求？

附录 1

中华人民共和国
《标准施工招标资格预审文件》
（2010 年版）

_____（项目名称）_____标段施工招标

资 格 预 审 文 件

招标人：_____ (盖单位章)

法定代表人

或委托代理人_____ (签字或盖章)

招标代理机构：_____ (盖单位章)

法定代表人

或委托代理人_____ (签字或盖章)

年　　　月　　　日

目　　录

第一章　资格预审公告

_____(项目名称)_____标段施工招标

资格预审公告(代招标公告)

1. 招标条件

本招标项目_____(项目名称)已由_____(项目审批、核准或备案机关名称)以_____(批文名称及编号)批准建设,项目业主为_____,建设资金来自_____(资金来源),项目出资比例为_____,招标人为_____。项目已具备招标条件,现进行公开招标,特邀请有兴趣的潜在投标人(以下简称申请人)提出资格预审申请。

2. 项目概况与招标范围

_____(说明本次招标项目的建设地点、规模、计划工期、招标范围、标段划分等)。

3. 申请人资格要求

3.1　本次资格预审要求申请人具备_____资质,_____业绩,并在人员、设备、资金等方面具备相应的施工能力。

3.2　本次资格预审_____(接受或不接受)联合体资格预审申请。联合体申请资格预审的,应满足下列要求:_____。

3.3　各申请人可就上述标段中的_____(具体数量)个标段提出资格预审申请。

4. 资格预审方法

本次资格预审采用_____(合格制/有限数量制)。

5. 资格预审文件的获取

5.1　请申请人于___年___月___日至___年___月___日(法定公休日、法定节假日除外),每日上午___时至___时,下午___时至___时(北京时间,下同),在___(详细地址)持单位介绍信购买资格预审文件。

5.2　资格预审文件每套售价_____元,售后不退。

5.3　邮购资格预审文件的,需另加手续费(含邮费)_____元。招标人在收到单位介绍信和邮购款(含手续费)后___日内寄送。

6. 资格预审申请文件的递交

6.1　递交资格预审申请文件截止时间(申请截止时间,下同)为___年___月___日___时___分,地点为___。

6.2　逾期送达或者未送达指定地点的资格预审申请文件,招标人不予受理。

7. 发布公告的媒介

本次资格预审公告同时在___(发布公告的媒介名称)上发布。

8. 联系方式

招标人:_____　　招标代理机构:_____

地　　址:_____　　地　　址:_____

邮　　编:_____　　邮　　编:_____

联系人:_____　　联系人:_____

电　　话： _____	电　　话： _____
传　　真： _____	传　　真： _____
电子邮件： _____	电子邮件： _____
网　　址： _____	网　　址： _____
开户银行： _____	开户银行： _____
账　　号： _____	账　　号： _____

年　　月　　日

第二章　申请人须知

申请人须知前附表

条款号	条款名称	编列内容
1.1.2	招标人	名称： 地址： 联系人： 电话：
1.1.3	招标代理机构	名称： 地址： 联系人： 电话：
1.1.4	项目名称	
1.1.5	建设地点	
1.2.1	资金来源	
1.2.2	出资比例	
1.2.3	资金落实情况	
1.3.1	招标范围	
1.3.2	计划工期	计划工期：_____ 日历天 计划开工日期：_____ 年 _____ 月 _____ 日 计划竣工日期：_____ 年 _____ 月 _____ 日
1.3.3	质量要求	
1.4.1	申请人资质条件、能力和信誉	资质条件： 财务要求： 业绩要求： 信誉要求： 项目经理（建造师，下同）资格： 其他要求：
1.4.2	是否接受联合体资格预审申请	□不接受 □接受，应满足下列要求：
2.2.1	申请人要求澄清 资格预审文件的截止时间	
2.2.2	招标人澄清 资格预审文件的截止时间	

条款号	条款名称	编列内容
2.2.3	申请人确认收到 资格预审文件澄清的时间	
2.3.1	招标人修改 资格预审文件的截止时间	
2.3.2	申请人确认收到 资格预审文件修改的时间	
3.1.1	申请人需补充的其他材料	
3.2.4	近年财务状况的年份要求	_____年
3.2.5	近年完成的类似项目的 年份要求	_____年
3.2.7	近年发生的诉讼及仲裁情况的年份要求	_____年
3.3.1	签字或盖章要求	
3.3.2	资格预审申请文件副本份数	_____份
3.3.3	资格预审申请文件的装订要求	
4.1.2	封套上写明	招标人的地址:_____ 招标人全称: _____(项目名称)_____标段施工招标资格预审申请文件 在_____年_____月_____日_____时_____分前不得开启
4.2.1	申请截止时间	___年___月___日___时___分
4.2.2	递交资格预审申请文件的地点	
4.2.3	是否退还资格预审申请文件	
5.1.2	审查委员会人数	
5.2	资格审查方法	
6.1	资格预审结果的通知时间	
6.3	资格预审结果的确认时间	
9	需要补充的其他内容	
...	...	
...	...	

1. 总则

1.1 项目概况

1.1.1 根据《中华人民共和国招标投标法》等有关法律、法规和规章的规定，本招标项目已具备招标条件，现进行公开招标，特邀请有兴趣承担本标段的申请人提出资格预审申请。

1.1.2 本招标项目招标人：见申请人须知前附表。

1.1.3 本标段招标代理机构：见申请人须知前附表。

1.1.4 本招标项目名称：见申请人须知前附表。

1.1.5 本标段建设地点：见申请人须知前附表。

1.2 资金来源和落实情况

1.2.1 本招标项目的资金来源：见申请人须知前附表。

1.2.2 本招标项目的出资比例：见申请人须知前附表。

1.2.3 本招标项目的资金落实情况：见申请人须知前附表。

1.3 招标范围、计划工期和质量要求

1.3.1 本次招标范围：见申请人须知前附表。

1.3.2 本标段的计划工期：见申请人须知前附表。

1.3.3 本标段的质量要求：见申请人须知前附表。

1.4 申请人资格要求

1.4.1 申请人应具备承担本标段施工的资质条件、能力和信誉。

（1）资质条件：见申请人须知前附表；

（2）财务要求：见申请人须知前附表；

（3）业绩要求：见申请人须知前附表；

（4）信誉要求：见申请人须知前附表；

（5）项目经理资格：见申请人须知前附表；

（6）其他要求：见申请人须知前附表。

1.4.2 申请人须知前附表规定接受联合体申请资格预审的，联合体申请人除应符合本章第 1.4.1 项和申请人须知前附表的要求外，还应遵守以下规定：

（1）联合体各方必须按资格预审文件提供的格式签订联合体协议书，明确联合体牵头人和各方的权利义务；

（2）由同一专业的单位组成的联合体，按照资质等级较低的单位确定资质等级；

（3）通过资格预审的联合体，其各方组成结构或职责，以及财务能力、信誉情况等资格条件不得改变；

（4）联合体各方不得再以自己名义单独或加入其他联合体在同一标段中参加资格预审。

1.4.3 申请人不得存在下列情形之一：

（1）为招标人不具有独立法人资格的附属机构（单位）；

（2）为本标段前期准备提供设计或咨询服务的，但设计施工总承包的除外；

（3）为本标段的监理人；

（4）为本标段的代建人；

(5) 为本标段提供招标代理服务的;

(6) 与本标段的监理人或代建人或招标代理机构同为一个法定代表人的;

(7) 与本标段的监理人或代建人或招标代理机构相互控股或参股的;

(8) 与本标段的监理人或代建人或招标代理机构相互任职或工作的;

(9) 被责令停业的;

(10) 被暂停或取消投标资格的;

(11) 财产被接管或冻结的;

(12) 在最近三年内有骗取中标或严重违约或重大工程质量问题的。

1.5 语言文字

除专用术语外,来往文件均使用中文。必要时专用术语应附有中文注释。

1.6 费用承担

申请人准备和参加资格预审发生的费用自理。

2. 资格预审文件

2.1 资格预审文件的组成

2.1.1 本次资格预审文件包括资格预审公告、申请人须知、资格审查办法、资格预审申请文件格式、项目建设概况,以及根据本章第 2.2 款对资格预审文件的澄清和第 2.3 款对资格预审文件的修改。

2.1.2 当资格预审文件、资格预审文件的澄清或修改等在同一内容的表述上不一致时,以最后发出的书面文件为准。

2.2 资格预审文件的澄清

2.2.1 申请人应仔细阅读和检查资格预审文件的全部内容。如有疑问,应在申请人须知前附表规定的时间前以书面形式(包括信函、电报、传真等可以有形表现所载内容的形式,下同)要求招标人对资格预审文件进行澄清。

2.2.2 招标人应在申请人须知前附表规定的时间前,以书面形式将澄清内容发给所有购买资格预审文件的申请人,但不指明澄清问题的来源。

2.2.3 申请人收到澄清后,应在申请人须知前附表规定的时间内以书面形式通知招标人,确认已收到该澄清。

2.3 资格预审文件的修改

2.3.1 在申请人须知前附表规定的时间前,招标人可以书面形式通知申请人修改资格预审文件。在申请人须知前附表规定的时间后修改资格预审文件的,招标人应相应顺延申请截止时间。

2.3.2 申请人收到修改的内容后,应在申请人须知前附表规定的时间内以书面形式通知招标人,确认已收到该修改。

3. 资格预审申请文件的编制

3.1 资格预审申请文件的组成

3.1.1 资格预审申请文件应包括下列内容:

(1) 资格预审申请函;

(2) 法定代表人身份证明或附有法定代表人身份证明的授权委托书;

(3) 联合体协议书;

（4）申请人基本情况表；

（5）近年财务状况表；

（6）近年完成的类似项目情况表；

（7）正在施工和新承接的项目情况表；

（8）近年发生的诉讼及仲裁情况；

（9）其他材料：见申请人须知前附表。

3.1.2　申请人须知前附表规定不接受联合体资格预审申请的或申请人没有组成联合体的，资格预审申请文件不包括本章第 3.1.1（3）目所指的联合体协议书。

3.2　资格预审申请文件的编制要求

3.2.1　资格预审申请文件应按第四章"资格预审申请文件格式"进行编写，如有必要，可以增加附页，并作为资格预审申请文件的组成部分。申请人须知前附表规定接受联合体资格预审申请的，本章第 3.2.3 项至第 3.2.7 项规定的表格和资料应包括联合体各方相关情况。

3.2.2　法定代表人授权委托书必须由法定代表人签署。

3.2.3　"申请人基本情况表"应附申请人营业执照副本及其年检合格的证明材料、资质证书副本和安全生产许可证等材料的复印件。

3.2.4　"近年财务状况表"应附经会计师事务所或审计机构审计的财务会计报表，包括资产负债表、现金流量表、利润表和财务情况说明书的复印件，具体年份要求见申请人须知前附表。

3.2.5　"近年完成的类似项目情况表"应附中标通知书和（或）合同协议书、工程接收证书（工程竣工验收证书）的复印件，具体年份要求见申请人须知前附表。每张表格只填写一个项目，并标明序号。

3.2.6　"正在施工和新承接的项目情况表"应附中标通知书和（或）合同协议书复印件。每张表格只填写一个项目，并标明序号。

3.2.7　"近年发生的诉讼及仲裁情况"应说明相关情况，并附法院或仲裁机构作出的判决、裁决等有关法律文书复印件，具体年份要求见申请人须知前附表。

3.3　资格预审申请文件的装订、签字

3.3.1　申请人应按本章第 3.1 款和第 3.2 款的要求，编制完整的资格预审申请文件，用不褪色的材料书写或打印，并由申请人的法定代表人或其委托代理人签字或盖单位章。资格预审申请文件中的任何改动之处应加盖单位章或由申请人的法定代表人或其委托代理人签字确认。签字或盖章的具体要求见申请人须知前附表。

3.3.2　资格预审申请文件正本一份，副本份数见申请人须知前附表。正本和副本的封面上应清楚地标记"正本"或"副本"字样。当正本和副本不一致时，以正本为准。

3.3.3　资格预审申请文件正本与副本应分别装订成册，并编制目录，具体装订要求见申请人须知前附表。

4. 资格预审申请文件的递交

4.1　资格预审申请文件的密封和标识

4.1.1　资格预审申请文件的正本与副本应分开包装，加贴封条，并在封套的封口处加盖申请人单位章。

4.1.2 在资格预审申请文件的封套上应清楚地标记"正本"或"副本"字样，封套还应写明的其他内容见申请人须知前附表。

4.1.3 未按本章第4.1.1项或第4.1.2项要求密封和加写标记的资格预审申请文件，招标人不予受理。

4.2 资格预审申请文件的递交

4.2.1 申请截止时间：见申请人须知前附表。

4.2.2 申请人递交资格预审申请文件的地点：见申请人须知前附表。

4.2.3 除申请人须知前附表另有规定的外，申请人所递交的资格预审申请文件不予退还。

4.2.4 逾期送达或者未送达指定地点的资格预审申请文件，招标人不予受理。

5. 资格预审申请文件的审查

5.1 审查委员会

5.1.1 资格预审申请文件由招标人组建的审查委员会负责审查。审查委员会参照《中华人民共和国招标投标法》第三十七条规定组建。

5.1.2 审查委员会人数：见申请人须知前附表。

5.2 资格审查

审查委员会根据申请人须知前附表规定的方法和第三章"资格审查办法"中规定的审查标准，对所有已受理的资格预审申请文件进行审查。没有规定的方法和标准不得作为审查依据。

6. 通知和确认

6.1 通知

招标人在申请人须知前附表规定的时间内以书面形式将资格预审结果通知申请人，并向通过资格预审的申请人发出投标邀请书。

6.2 解释

应申请人书面要求，招标人应对资格预审结果作出解释，但不保证申请人对解释内容满意。

6.3 确认

通过资格预审的申请人收到投标邀请书后，应在申请人须知前附表规定的时间内以书面形式明确表示是否参加投标。在申请人须知前附表规定时间内未表示是否参加投标或明确表示不参加投标的，不得再参加投标。因此造成潜在投标人数量不足3个的，招标人重新组织资格预审或不再组织资格预审而直接招标。

7. 申请人的资格改变

通过资格预审的申请人组织机构、财务能力、信誉情况等资格条件发生变化，使其不再实质上满足第三章"资格审查办法"规定标准的，其投标不被接受。

8. 纪律与监督

8.1 严禁贿赂

严禁申请人向招标人、审查委员会成员和与审查活动有关的其他工作人员行贿。在资格预审期间，不得邀请招标人、审查委员会成员以及与审查活动有关的其他工作人员到申请人单位参观考察，或出席申请人主办、赞助的任何活动。

8.2 不得干扰资格审查工作

申请人不得以任何方式干扰、影响资格预审的审查工作，否则将导致其不能通过资格预审。

8.3 保密

招标人、审查委员会成员，以及与审查活动有关的其他工作人员应对资格预审申请文件的审查、比较进行保密，不得在资格预审结果公布前透露资格预审结果，不得向他人透露可能影响公平竞争的有关情况。

8.4 投诉

申请人和其他利害关系人认为本次资格预审活动违反法律、法规和规章规定的，有权向有关行政监督部门投诉。

9. 需要补充的其他内容

需要补充的其他内容：见申请人须知前附表。

第三章 资格审查办法（合格制）

资格审查办法前附表

条款号		审查因素	审查标准
2.1	初步审查标准	申请人名称	与营业执照、资质证书、安全生产许可证一致
		申请函签字盖章	有法定代表人或其委托代理人签字或加盖单位章
		申请文件格式	符合第四章"资格预审申请文件格式"的要求
		联合体申请人	提交联合体协议书，并明确联合体牵头人（如有）
		……	……
2.2	详细审查标准	营业执照	具备有效的营业执照
		安全生产许可证	具备有效的安全生产许可证
		资质等级	符合第二章"申请人须知"第 1.4.1 项规定
		财务状况	符合第二章"申请人须知"第 1.4.1 项规定
		类似项目业绩	符合第二章"申请人须知"第 1.4.1 项规定
		信誉	符合第二章"申请人须知"第 1.4.1 项规定
		项目经理资格	符合第二章"申请人须知"第 1.4.1 项规定
		其他要求	符合第二章"申请人须知"第 1.4.1 项规定
		联合体申请人	符合第二章"申请人须知"第 1.4.2 项规定
		……	……

1. 审查方法

本次资格预审采用合格制。凡符合本章第 2.1 款和第 2.2 款规定审查标准的申请人均通过资格预审。

2. 审查标准

2.1 初步审查标准

初步审查标准：见资格审查办法前附表。

2.2 详细审查标准

详细审查标准：见资格审查办法前附表。

3. 审查程序

3.1　初步审查

3.1.1　审查委员会依据本章第 2.1 款规定的标准，对资格预审申请文件进行初步审查。有一项因素不符合审查标准的，不能通过资格预审。

3.1.2　审查委员会可以要求申请人提交第二章"申请人须知"第 3.2.3 项至第 3.2.7 项规定的有关证明和证件的原件，以便核验。

3.2　详细审查

3.2.1　审查委员会依据本章第 2.2 款规定的标准，对通过初步审查的资格预审申请文件进行详细审查。有一项因素不符合审查标准的，不能通过资格预审。

3.2.2　通过资格预审的申请人除应满足本章第 2.1 款、第 2.2 款规定的审查标准外，还不得存在下列任何一种情形：

（1）不按审查委员会要求澄清或说明的；

（2）有第二章"申请人须知"第 1.4.3 项规定的任何一种情形的；

（3）在资格预审过程中弄虚作假、行贿或有其他违法违规行为的。

3.3　资格预审申请文件的澄清

在审查过程中，审查委员会可以书面形式，要求申请人对所提交的资格预审申请文件中不明确的内容进行必要的澄清或说明。申请人的澄清或说明应采用书面形式，并不得改变资格预审申请文件的实质性内容。申请人的澄清和说明内容属于资格预审申请文件的组成部分。招标人和审查委员会不接受申请人主动提出的澄清或说明。

4. 审查结果

4.1　提交审查报告

审查委员会按照本章第 3 条规定的程序对资格预审申请文件完成审查后，确定通过资格预审的申请人名单，并向招标人提交书面审查报告。

4.2　重新进行资格预审或招标

通过资格预审申请人的数量不足 3 个的，招标人重新组织资格预审或不再组织资格预审而直接招标。

第四章　资格审查办法（有限数量制）

资格审查办法前附表

条款号		条款名称	编列内容
1		通过资格预审的人数	
2		审查因素	审查标准
2.1	初步审查标准	申请人名称	与营业执照、资质证书、安全生产许可证一致
		申请函签字盖章	有法定代表人或其委托代理人签字或加盖单位章
		申请文件格式	符合第四章"资格预审申请文件格式"的要求
		联合体申请人	提交联合体协议书，并明确联合体牵头人（如有）
		……	……

214

续表

条款号		条款名称	编列内容
2.2	详细审查标准	营业执照	具备有效的营业执照
		安全生产许可证	具备有效的安全生产许可证
		资质等级	符合第二章"申请人须知"第1.4.1项规定
		财务状况	符合第二章"申请人须知"第1.4.1项规定
		类似项目业绩	符合第二章"申请人须知"第1.4.1项规定
		信誉	符合第二章"申请人须知"第1.4.1项规定
		项目经理资格	符合第二章"申请人须知"第1.4.1项规定
		其他要求	符合第二章"申请人须知"第1.4.1项规定
		联合体申请人	符合第二章"申请人须知"第1.4.2项规定
		……	……
2.3	评分标准	评分因素	评分标准
		申请人资信证明	……
		申请人业绩及经验	……
		拟派项目经理经验	……
		拟派技术负责人经验	……
		财务状况	……
		设备配置、人员配备评价	……
		认证体系	……
		……	……

1. 审查方法

本次资格预审采用有限数量制。审查委员会依据本章规定的审查标准和程序，对通过初步审查和详细审查的资格预审申请文件进行量化打分，按得分由高到低的顺序确定通过资格预审的申请人。通过资格预审的申请人不超过资格审查办法前附表规定的数量。

2. 审查标准

2.1 初步审查标准

初步审查标准：见资格审查办法前附表。

2.2 详细审查标准

详细审查标准：见资格审查办法前附表。

2.3 评分标准

评分标准：见资格审查办法前附表。

3. 审查程序

3.1 初步审查

3.1.1 审查委员会依据本章第2.1款规定的标准，对资格预审申请文件进行初步审查。有一项因素不符合审查标准的，不能通过资格预审。

3.1.2 审查委员会可以要求申请人提交第二章"申请人须知"第3.2.3项至第3.2.7项规定的有关证明和证件的原件，以便核验。

3.2 详细审查

3.2.1 审查委员会依据本章第 2.2 款规定的标准，对通过初步审查的资格预审申请文件进行详细审查。有一项因素不符合审查标准的，不能通过资格预审。

3.2.2 通过详细审查的申请人，除应满足本章第 2.1 款、第 2.2 款规定的审查标准外，还不得存在下列任何一种情形：

（1）不按审查委员会要求澄清或说明的；

（2）有第二章"申请人须知"第 1.4.3 项规定的任何一种情形的；

（3）在资格预审过程中弄虚作假、行贿或有其他违法违规行为的。

3.3 资格预审申请文件的澄清

在审查过程中，审查委员会可以书面形式，要求申请人对所提交的资格预审申请文件中不明确的内容进行必要的澄清或说明。申请人的澄清或说明采用书面形式，并不得改变资格预审申请文件的实质性内容。申请人的澄清和说明内容属于资格预审申请文件的组成部分。招标人和审查委员会不接受申请人主动提出的澄清或说明。

3.4 评分

3.4.1 通过详细审查的申请人不少于 3 个且没有超过本章第 1 条规定数量的，均通过资格预审，不再进行评分。

3.4.2 通过详细审查的申请人数量超过本章第 1 条规定数量的，审查委员会依据本章第 2.3 款评分标准进行评分，按得分由高到低的顺序进行排序。

4. 审查结果

4.1 提交审查报告

审查委员会按照本章第 3 条规定的程序对资格预审申请文件完成审查后，确定通过资格预审的申请人名单，并向招标人提交书面审查报告。

4.2 重新进行资格预审或招标

通过详细审查申请人的数量不足 3 个的，招标人重新组织资格预审或不再组织资格预审而直接招标。

第五章 资格预审申请文件格式

_____（项目名称）_____标段施工招标

资格预审申请文件

申请人：_____（盖单位章）

法定代表人或其委托代理人：_____（签字）

_____年_____月_____日

目　　录

一、资格预审申请函

_____（招标人名称）：

1. 按照资格预审文件的要求，我方（申请人）递交的资格预审申请文件及有关资料，用于你方（招标人）审查我方参加_____（项目名称）_____标段施工招标的投标资格。

2. 我方的资格预审申请文件包含第二章"申请人须知"第 3.1.1 项规定的全部内容。

3. 我方接受你方的授权代表进行调查，以审核我方提交的文件和资料，并通过我方的客户，澄清资格预审申请文件中有关财务和技术方面的情况。

4. 你方授权代表可通过_____（联系人及联系方式）得到进一步的资料。

5. 我方在此声明，所递交的资格预审申请文件及有关资料内容完整、真实和准确，且不存在第二章"申请人须知"第 1.4.3 项规定的任何一种情形。

申请人：_____（盖单位章）
法定代表人或其委托代理人：_____（签字）
电　　话：_____
传　　真：_____
申请人地址：_____
邮政编码：_____
_____年_____月_____日

二、法定代表人身份证明

申请人名称：_____
单位性质：_____
成立时间：____年____月____日
经营期限：_____
姓名：____性别：____年龄：____职务：____
系_____（申请人名称）的法定代表人。
特此证明。

申请人：_____（盖单位章）
_____年_____月_____日

三、授权委托书

本人_____（姓名）系_____（申请人名称）的法定代表人，现委托_____（姓名）为我方代理人。代理人根据授权，以我方名义签署、澄清、递交、撤回、修改_____（项目名称）_____标段施工招标资格预审申请文件，其法律后果由我方承担。

委托期限：_____。

代理人无转委托权。

附：法定代表人身份证明

申请人：_____（盖单位章）

法定代表人：_____（签字）

身份证号码：_____

委托代理人：_____（签字）

身份证号码：_____

_____年_____月_____日

四、联合体协议书

_____（所有成员单位名称）自愿组成____（联合体名称）联合体，共同参加_____（项目名称）_____标段施工招标资格预审和投标。现就联合体投标事宜订立如下协议。

1. _____（某成员单位名称）为_____（联合体名称）牵头人。

2. 联合体牵头人合法代表联合体各成员负责本标段施工招标项目资格预审申请文件、投标文件编制和合同谈判活动，代表联合体提交和接收相关的资料、信息及指示，处理与之有关的一切事务，并负责合同实施阶段的主办、组织和协调工作。

3. 联合体将严格按照资格预审文件和招标文件的各项要求，递交资格预审申请文件和投标文件，履行合同，并对外承担连带责任。

4. 联合体各成员单位内部的职责分工如下：_____。

5. 本协议书自签署之日起生效，合同履行完毕后自动失效。

6. 本协议书一式_____份，联合体成员和招标人各执一份。

注：本协议书由委托代理人签字的，应附法定代表人签字的授权委托书。

牵头人名称：_____（盖单位章）

法定代表人或其委托代理人：_____（签字）

成员一名称：_____（盖单位章）

法定代表人或其委托代理人：_____（签字）

成员二名称：_____（盖单位章）

法定代表人或其委托代理人：_____（签字）

······

_____年_____月_____日

五、申请人基本情况表

申请人名称								
注册地址					邮政编码			
联系方式	联系人				电话			
	传真				网址			
组织结构								
法定代表人	姓名		技术职称				电话	
技术负责人	姓名		技术职称				电话	
成立时间				员工总人数：				
企业资质等级		其中		项目经理				
营业执照号			高级职称人员					
注册资金			中级职称人员					
开户银行			初级职称人员					
账号			技工					
经营范围								
备注								

附：项目经理简历表

项目经理应附项目经理证、身份证、职称证、学历证、养老保险复印件，管理过的项目业绩须附合同协议书复印件。

姓名		年龄		学历		
职称		职务		拟在本合同任职		
毕业学校		年毕业于		学校	专业	

主要工作经历			
时间	参加过的类似项目	担任职务	发包人及联系电话

六、近年财务状况表
七、近年完成的类似项目情况表

项目名称	
项目所在地	
发包人名称	
发包人地址	
发包人电话	
合同价格	
开工日期	
竣工日期	
承担的工作	
工程质量	
项目经理	
技术负责人	
总监理工程师及电话	
项目描述	
备注	

八、正在施工的和新承接的项目情况表

项目名称	
项目所在地	
发包人名称	
发包人地址	
发包人电话	
签约合同价	
开工日期	
计划竣工日期	
承担的工作	
工程质量	
项目经理	
技术负责人	
总监理工程师及电话	
项目描述	
备注	

九、近年发生的诉讼及仲裁情况

十、其他材料

第六章　项目建设概况

一、项目说明

二、建设条件

三、建设要求

四、其他需要说明的情况

附录 2

中华人民共和国

《简明标准施工招标文件》

（2012 年版）

使 用 说 明

一、《简明标准施工招标文件》适用于工期不超过 12 个月、技术相对简单且设计和施工不是由同一承包人承担的小型项目施工招标。

二、《简明标准施工招标文件》用相同序号标示的章、节、条、款、项、目，供招标人和投标人选择使用；以空格标示的由招标人填写的内容，招标人应根据招标项目具体特点和实际需要具体化，确实没有需要填写的，在空格中用"/"标示。

三、招标人按照《简明标准施工招标文件》第一章的格式发布招标公告或发出投标邀请书后，将实际发布的招标公告或实际发出的投标邀请书编入出售的招标文件中，作为投标邀请。其中，招标公告应同时注明发布所在的所有媒介名称。

四、《简明标准施工招标文件》第三章"评标办法"分别规定经评审的最低投标价法和综合评估法两种评标方法，供招标人根据招标项目具体特点和实际需要选择适用。招标人选择适用综合评估法的，各评审因素的评审标准、分值和权重等由招标人自主确定。国务院有关部门对各评审因素的评审标准、分值和权重等有规定的，从其规定。

第三章"评标办法"前附表应列明全部评审因素和评审标准，并在本章前附表标明投标人不满足要求即否决其投标的全部条款。

五、《简明标准施工招标文件》第五章"工程量清单"，由招标人根据工程量清单的国家标准、行业标准，以及招标项目具体特点和实际需要编制，并与"投标人须知"、"通用合同条款"、"专用合同条款"、"技术标准和要求"、"图纸"相衔接。本章所附表格可根据有关规定作相应的调整和补充。

六、《简明标准施工招标文件》第六章"图纸"，由招标人根据招标项目具体特点和实际需要编制，并与"投标人须知"、"通用合同条款"、"专用合同条款"、"技术标准和要求"相衔接。

七、《简明标准施工招标文件》第七章"技术标准和要求"由招标人根据招标项目具体特点和实际需要编制。"技术标准和要求"中的各项技术标准应符合国家强制性标准，不得要求或标明某一特定的专利、商标、名称、设计、原产地或生产供应者，不得含有倾向或者排斥潜在投标人的其他内容。如果必须引用某一生产供应者的技术标准才能准确或清楚地说明拟招标项目的技术标准时，则应当在参照后面加上"或相当于"字样。

八、招标人可根据招标项目具体特点和实际需要，参照《标准施工招标文件》、行业标准施工招标文件（如有），对《简明标准施工招标文件》做相应的补充和细化。

九、采用电子招标投标的，招标人应按照国家有关规定，结合项目具体情况，在招标文件中载明相应要求。

_____ （项目名称）　　　施工招标

招 标 文 件

招标人：_____（盖单位章）

_____年_____月_____日

目　　录

第一章　招标公告（适用于公开招标）

_____（项目名称）施工招标公告

1. 招标条件

本招标项目_____（项目名称）已由_____（项目审批、核准或备案机关名称）以_____（批文名称及编号）批准建设，项目业主为_____，建设资金来自_____（资金来源），项目出资比例为_____，招标人为_____。项目已具备招标条件，现对该项目施工进行公开招标。

2. 项目概况与招标范围

_____（说明本次招标项目的建设地点、规模、计划工期、招标范围等）。

3. 投标人资格要求

本次招标要求投标人须具备_____资质，并在人员、设备、资金等方面具有相应的施工能力。

4. 招标文件的获取

4.1　凡有意参加投标者，请于_____年_____月_____日至_____年_____月_____日，每日上午_____时至_____时，下午_____时至_____时（北京时间，下同），在_____（详细地址）持单位介绍信购买招标文件。

4.2　招标文件每套售价_____元，售后不退。图纸资料押金_____元，在退还图纸资料时退还（不计利息）。

4.3　邮购招标文件的，需另加手续费（含邮费）_____元。招标人在收到单位介绍信和邮购款（含手续费）后_____日内寄送。

5. 投标文件的递交

5.1　投标文件递交的截止时间（投标截止时间，下同）为_____年_____月_____日_____时_____分，地点为_____。

5.2　逾期送达的或者未送达指定地点的投标文件，招标人不予受理。

6. 发布公告的媒介

本次招标公告同时在_____（发布公告的媒介名称）上发布。

7. 联系方式

招 标 人：_____　招标代理机构：_____
地　　址：_____　地　　址：_____
邮　　编：_____　邮　　编：_____
联 系 人：_____　联 系 人：_____
电　　话：_____　电　　话：_____
传　　真：_____　传　　真：_____
电子邮件：_____　电子邮件：_____
网　　址：_____　网　　址：_____
开户银行：_____　开户银行：_____
账　　号：_____　账　　号：_____

_____年_____月_____日

第二章 投标邀请书（适用于邀请招标）

_____（项目名称）施工投标邀请书

_____（被邀请单位名称）：

1. 招标条件

本招标项目_____（项目名称）已由_____（项目审批、核准或备案机关名称）以_____（批文名称及编号）批准建设，项目业主为_____，建设资金来自_____（资金来源），出资比例为_____，招标人为_____。项目已具备招标条件，现邀请你单位参加该项目施工投标。

2. 项目概况与招标范围

_____（说明本次招标项目的建设地点、规模、计划工期、招标范围等）。

3. 投标人资格要求

本次招标要求投标人具备_____资质，并在人员、设备、资金等方面具有相应的施工能力。

4. 招标文件的获取

4.1 请于_____年_____月_____日至_____年_____月_____日，每日上午_____时至_____时，下午_____时至_____时（北京时间，下同），在_____（详细地址）持本投标邀请书购买招标文件。

4.2 招标文件每套售价_____元，售后不退。图纸资料押金_____元，在退还图纸资料时退还（不计利息）。

4.3 邮购招标文件的，需另加手续费（含邮费）_____元。招标人在收到邮购款（含手续费）后_____日内寄送。

5. 投标文件的递交

5.1 投标文件递交的截止时间（投标截止时间，下同）为_____年_____月_____日_____时分，地点为_____。

5.2 逾期送达的或者未送达指定地点的投标文件，招标人不予受理。

6. 确认

你单位收到本投标邀请书后，请于_____（具体时间）前以传真或快递方式予以确认是否参加投标。

7. 联系方式

招 标 人：_____	招标代理机构：_____
地 址：_____	地 址：_____
邮 编：_____	邮 编：_____
联 系 人：_____	联 系 人：_____
电 话：_____	电 话：_____
传 真：_____	传 真：_____

电子邮件：_____　　电 子 邮 件：_____
网　　址：_____　　网　　　　址：_____
开户银行：_____　　开 户 银 行：_____
账　　号：_____　　账　　　　号：_____

_____年_____月_____日

第三章　投标人须知

投标人须知前附表

条款号	条款名称	编列内容
1.1.2	招标人	名称： 地址： 联系人： 电话：
1.1.3	招标代理机构	名称： 地址： 联系人： 电话：
1.1.4	项目名称	
1.1.5	建设地点	
1.2.1	资金来源及比例	
1.2.2	资金落实情况	
1.3.1	招标范围	
1.3.2	计划工期	计划工期：_____日历天 计划开工日期：_____年_____月_____日 计划竣工日期：_____年_____月_____日
1.3.3	质量要求	
1.4.1	投标人资质条件、能力	资质条件： 项目经理(建造师,下同)资格： 财务要求： 业绩要求： 其他要求：
1.9.1	踏勘现场	□不组织 □组织,踏勘时间： 　　踏勘集中地点：
1.10.1	投标预备会	□不召开 □召开,召开时间： 　　召开地点：
1.10.2	投标人提出问题的截止时间	
1.10.3	招标人书面澄清的时间	
1.11	偏离	□不允许 □允许

续表

条款号	条款名称	编列内容
2.1	构成招标文件的其他材料	
2.2.1	投标人要求澄清招标文件的截止时间	
2.2.2	投标截止时间	_____年_____月_____日_____时_____分
2.2.3	投标人确认收到招标文件澄清的时间	
2.3.2	投标人确认收到招标文件修改的时间	
3.1.1	构成投标文件的其他材料	
3.2.3	最高投标限价或其计算方法	
3.3.1	投标有效期	
3.4.1	投标保证金	□不要求递交投标保证金 □要求递交投标保证金 投标保证金的形式： 投标保证金的金额：
3.5.2	近年财务状况的年份要求	_____年
3.5.3	近年完成的类似项目的年份要求	_____年
3.6.3	签字或盖章要求	
3.6.4	投标文件副本份数	_____份
3.6.5	装订要求	
4.1.2	封套上应载明的信息	招标人地址： 招标人名称： _____（项目名称）投标文件 在____年____月____日____时____分前不得开启
4.2.2	递交投标文件地点	
4.2.3	是否退还投标文件	□否 □是
5.1	开标时间和地点	开标时间：同投标截止时间 开标地点：
5.2	开标程序	密封情况检查： 开标顺序：
6.1.1	评标委员会的组建	评标委员会构成：_____人，其中招标人代表_____人，专家_____人； 评标专家确定方式：
7.1	是否授权评标委员会确定中标人	□是 □否，推荐的中标候选人数：
7.2	中标候选人公示媒介	
7.4.1	履约担保	履约担保的形式： 履约担保的金额：
9	需要补充的其他内容	
10	电子招标投标	□否 □是，具体要求：
……		……

1. 总则

1.1　项目概况

1.1.1　根据《中华人民共和国招标投标法》等有关法律、法规和规章的规定，本招标项目已具备招标条件，现对本项目施工进行招标。

1.1.2　本招标项目招标人：见投标人须知前附表。

1.1.3　本招标项目招标代理机构：见投标人须知前附表。

1.1.4　本招标项目名称：见投标人须知前附表。

1.1.5　本招标项目建设地点：见投标人须知前附表。

1.2　资金来源和落实情况

1.2.1　本招标项目的资金来源及出资比例：见投标人须知前附表。

1.2.2　本招标项目的资金落实情况：见投标人须知前附表。

1.3　招标范围、计划工期、质量要求

1.3.1　本次招标范围：见投标人须知前附表。

1.3.2　本招标项目的计划工期：见投标人须知前附表。

1.3.3　本招标项目的质量要求：见投标人须知前附表。

1.4　投标人资格要求

1.4.1　投标人应具备承担本项目施工的资质条件、能力和信誉。

（1）资质条件：见投标人须知前附表；

（2）项目经理资格：见投标人须知前附表；

（3）财务要求：见投标人须知前附表；

（4）业绩要求：见投标人须知前附表；

（5）其他要求：见投标人须知前附表。

1.4.2　投标人不得存在下列情形之一：

（1）为招标人不具有独立法人资格的附属机构（单位）；

（2）为本招标项目前期准备提供设计或咨询服务的；

（3）为本招标项目的监理人；

（4）为本招标项目的代建人；

（5）为本招标项目提供招标代理服务的；

（6）与本招标项目的监理人或代建人或招标代理机构同为一个法定代表人的；

（7）与本招标项目的监理人或代建人或招标代理机构相互控股或参股的；

（8）与本招标项目的监理人或代建人或招标代理机构相互任职或工作的；

（9）被责令停业的；

（10）被暂停或取消投标资格的；

（11）财产被接管或冻结的；

（12）在最近三年内有骗取中标或严重违约或重大工程质量问题的。

1.4.3　单位负责人为同一人或者存在控股、管理关系的不同单位，不得同时参加本招标项目投标。

1.5 费用承担

投标人准备和参加投标活动发生的费用自理。

1.6 保密

参与招标投标活动的各方应对招标文件和投标文件中的商业和技术等秘密保密,违者应对由此造成的后果承担法律责任。

1.7 语言文字

招标投标文件使用的语言文字为中文。专用术语使用外文的,应附有中文注释。

1.8 计量单位

所有计量均采用中华人民共和国法定计量单位。

1.9 踏勘现场

1.9.1 投标人须知前附表规定组织踏勘现场的,招标人按投标人须知前附表规定的时间、地点组织投标人踏勘项目现场。

1.9.2 投标人踏勘现场发生的费用自理。

1.9.3 除招标人的原因外,投标人自行负责在踏勘现场中所发生的人员伤亡和财产损失。

1.9.4 招标人在踏勘现场中介绍的工程场地和相关的周边环境情况,供投标人在编制投标文件时参考,招标人不对投标人据此作出的判断和决策负责。

1.10 投标预备会

1.10.1 投标人须知前附表规定召开投标预备会的,招标人按投标人须知前附表规定的时间和地点召开投标预备会,澄清投标人提出的问题。

1.10.2 投标人应在投标人须知前附表规定的时间前,以书面形式将提出的问题送达招标人,以便招标人在会议期间澄清。

1.10.3 投标预备会后,招标人在投标人须知前附表规定的时间内,将对投标人所提问题的澄清,以书面形式通知所有购买招标文件的投标人。该澄清内容为招标文件的组成部分。

1.11 偏离

投标人须知前附表允许投标文件偏离招标文件某些要求的,偏离应当符合招标文件规定的偏离范围和幅度。

2. 招标文件

2.1 招标文件的组成

2.1.1 本招标文件包括:

(1) 招标公告(或投标邀请书);

(2) 投标人须知;

(3) 评标办法;

(4) 合同条款及格式;

(5) 工程量清单;

(6) 图纸;

(7) 技术标准和要求;

(8) 投标文件格式；

(9) 投标人须知前附表规定的其他材料。

2.1.2 根据本章第 1.10 款、第 2.2 款和第 2.3 款对招标文件所作的澄清、修改，构成招标文件的组成部分。

2.2 招标文件的澄清

2.2.1 投标人应仔细阅读和检查招标文件的全部内容。如发现缺页或附件不全，应及时向招标人提出，以便补齐。如有疑问，应在投标人须知前附表规定的时间前以书面形式（包括信函、电报、传真等可以有形地表现所载内容的形式，下同），要求招标人对招标文件予以澄清。

2.2.2 招标文件的澄清将以书面形式发给所有购买招标文件的投标人，但不指明澄清问题的来源。如果澄清发出的时间距投标人须知前附表规定的投标截止时间不足 15 天，并且澄清内容影响投标文件编制的，将相应延长投标截止时间。

2.2.3 投标人在收到澄清后，应在投标人须知前附表规定的时间内以书面形式通知招标人，确认已收到该澄清。

2.3 招标文件的修改

2.3.1 招标人可以书面形式修改招标文件，并通知所有已购买招标文件的投标人。但如果修改招标文件的时间距投标截止时间不足 15 天，并且修改内容影响投标文件编制的，将相应延长投标截止时间。

2.3.2 投标人收到修改内容后，应在投标人须知前附表规定的时间内以书面形式通知招标人，确认已收到该修改。

3. 投标文件

3.1 投标文件的组成

投标文件应包括下列内容：

(1) 投标函及投标函附录；

(2) 法定代表人身份证明或附有法定代表人身份证明的授权委托书；

(3) 投标保证金；

(4) 已标价工程量清单；

(5) 施工组织设计；

(6) 项目管理机构；

(7) 资格审查资料；

(8) 投标人须知前附表规定的其他材料。

3.2 投标报价

3.2.1 投标人应按第五章"工程量清单"的要求填写相应表格。

3.2.2 投标人在投标截止时间前修改投标函中的投标报价总额，应同时修改"已标价工程量清单"中的相应报价，投标报价总额为各分项金额之和。此修改须符合本章第 4.3 款的有关要求。

3.2.3 招标人设有最高投标限价的，投标人的投标报价不得超过最高投标限价，最高投标限价或其计算方法在投标人须知前附表中载明。

3.3 投标有效期

3.3.1　除投标人须知前附表另有规定外，投标有效期为 60 天。

3.3.2　在投标有效期内，投标人撤销或修改其投标文件的，应承担招标文件和法律规定的责任。

3.3.3　出现特殊情况需要延长投标有效期的，招标人以书面形式通知所有投标人延长投标有效期。投标人同意延长的，应相应延长其投标保证金的有效期，但不得要求或被允许修改或撤销其投标文件；投标人拒绝延长的，其投标失效，但投标人有权收回其投标保证金。

3.4　投标保证金

3.4.1　投标人须知前附表规定递交投标保证金的，投标人在递交投标文件的同时，应按投标人须知前附表规定的金额、担保形式和第八章"投标文件格式"规定的或者事先经过招标人认可的投标保证金格式递交投标保证金，并作为其投标文件的组成部分。

3.4.2　投标人不按本章第 3.4.1 项要求提交投标保证金的，评标委员会将否决其投标。

3.4.3　招标人与中标人签订合同后 5 日内，向未中标的投标人和中标人退还投标保证金及同期银行存款利息。

3.4.4　有下列情形之一的，投标保证金将不予退还：

（1）投标人在规定的投标有效期内撤销或修改其投标文件；

（2）中标人在收到中标通知书后，无正当理由拒签合同协议书或未按招标文件规定提交履约担保。

3.5　资格审查资料

3.5.1　"投标人基本情况表"应附投标人营业执照及其年检合格的证明材料、资质证书副本和安全生产许可证等材料的复印件。

3.5.2　"近年财务状况表"应附经会计师事务所或审计机构审计的财务会计报表，包括资产负债表、现金流量表、利润表和财务情况说明书等复印件，具体年份要求见投标人须知前附表。

3.5.3　"近年完成的类似项目情况表"应附中标通知书和（或）合同协议书、工程接收证书（工程竣工验收证书）复印件，具体年份要求见投标人须知前附表。每张表格只填写一个项目，并标明序号。

3.5.4　"正在施工和新承接的项目情况表"应附中标通知书和（或）合同协议书复印件。每张表格只填写一个项目，并标明序号。

3.6　投标文件的编制

3.6.1　投标文件应按第八章"投标文件格式"进行编写，如有必要，可以增加附页，作为投标文件的组成部分。其中，投标函附录在满足招标文件实质性要求的基础上，可以提出比招标文件要求更有利于招标人的承诺。

3.6.2　投标文件应当对招标文件有关工期、投标有效期、质量要求、技术标准和要求、招标范围等实质性内容作出响应。

3.6.3　投标文件应用不褪色的材料书写或打印，并由投标人的法定代表人或其委托代理人签字或盖单位章。委托代理人签字的，投标文件应附法定代表人签署的授权委托书。投标文件应尽量避免涂改、行间插字或删除。如果出现上述情况，改动之处应加盖单位章或由投标人的法定代表人或其授权的代理人签字确认。签字或盖章的具体要求见投标人须知前附表。

3.6.4 投标文件正本一份，副本份数见投标人须知前附表。正本和副本的封面上应清楚地标记"正本"或"副本"的字样。当副本和正本不一致时，以正本为准。

3.6.5 投标文件的正本与副本应分别装订成册，具体装订要求见投标人须知前附表规定。

4. 投标

4.1 投标文件的密封和标记

4.1.1 投标文件应进行包装、加贴封条，并在封套的封口处加盖投标人单位章。

4.1.2 投标文件封套上应写明的内容见投标人须知前附表。

4.1.3 未按本章第 4.1.1 项或第 4.1.2 项要求密封和加写标记的投标文件，招标人应予拒收。

4.2 投标文件的递交

4.2.1 投标人应在本章第 2.2.2 项规定的投标截止时间前递交投标文件。

4.2.2 投标人递交投标文件的地点：见投标人须知前附表。

4.2.3 除投标人须知前附表另有规定外，投标人所递交的投标文件不予退还。

4.2.4 招标人收到投标文件后，向投标人出具签收凭证。

4.2.5 逾期送达的或者未送达指定地点的投标文件，招标人不予受理。

4.3 投标文件的修改与撤回

4.3.1 在本章第 2.2.2 项规定的投标截止时间前，投标人可以修改或撤回已递交的投标文件，但应以书面形式通知招标人。

4.3.2 投标人修改或撤回已递交投标文件的书面通知应按照本章第 3.6.3 项的要求签字或盖章。招标人收到书面通知后，向投标人出具签收凭证。

4.3.3 投标人撤回投标文件的，招标人自收到投标人书面撤回通知之日起 5 日内退还已收取的投标保证金。

4.3.4 修改的内容为投标文件的组成部分。修改的投标文件应按照本章第 3 条、第 4 条规定进行编制、密封、标记和递交，并标明"修改"字样。

5. 开标

5.1 开标时间和地点

招标人在本章第 2.2.2 项规定的投标截止时间（开标时间）和投标人须知前附表规定的地点公开开标，并邀请所有投标人的法定代表人或其委托代理人准时参加。

5.2 开标程序

主持人按下列程序进行开标：

（1）宣布开标纪律；

（2）公布在投标截止时间前递交投标文件的投标人名称，并点名确认投标人是否派人到场；

（3）宣布开标人、唱标人、记录人、监标人等有关人员姓名；

（4）按照投标人须知前附表规定检查投标文件的密封情况；

（5）按照投标人须知前附表的规定确定并宣布投标文件开标顺序；

（6）设有标底的，公布标底；

（7）按照宣布的开标顺序当众开标，公布投标人名称、投标保证金的递交情况、投标报价、质量目标、工期及其他内容，并记录在案；

（8）规定最高投标限价计算方法的，计算并公布最高投标限价；

（9）投标人代表、招标人代表、监标人、记录人等有关人员在开标记录上签字确认；

（10）开标结束。

5.3　开标异议

投标人对开标有异议的，应当在开标现场提出，招标人当场作出答复，并制作记录。

6. 评标

6.1　评标委员会

6.1.1　评标由招标人依法组建的评标委员会负责。评标委员会由招标人或其委托的招标代理机构熟悉相关业务的代表，以及有关技术、经济等方面的专家组成。评标委员会成员人数以及技术、经济等方面专家的确定方式见投标人须知前附表。

6.1.2　评标委员会成员有下列情形之一的，应当回避：

（1）投标人或投标人主要负责人的近亲属；

（2）项目主管部门或者行政监督部门的人员；

（3）与投标人有经济利益关系；

（4）曾因在招标、评标以及其他与招标投标有关活动中从事违法行为而受过行政处罚或刑事处罚的；

（5）与投标人有其他利害关系。

6.2　评标原则

评标活动遵循公平、公正、科学和择优的原则。

6.3　评标

评标委员会按照第三章"评标办法"规定的方法、评审因素、标准和程序对投标文件进行评审。第三章"评标办法"没有规定的方法、评审因素和标准，不作为评标依据。

7. 合同授予

7.1　定标方式

除投标人须知前附表规定评标委员会直接确定中标人外，招标人依据评标委员会推荐的中标候选人确定中标人，评标委员会推荐中标候选人的人数见投标人须知前附表。

7.2　中标候选人公示

招标人在投标人须知前附表规定的媒介公示中标候选人。

7.3　中标通知

在本章第 3.3 款规定的投标有效期内，招标人以书面形式向中标人发出中标通知书，同时将中标结果通知未中标的投标人。

7.4　履约担保

7.4.1　在签订合同前，中标人应按投标人须知前附表规定的担保形式和招标文件第四章"合同条款及格式"规定的或者事先经过招标人书面认可的履约担保格式向招标人提交履约担保。除投标人须知前附表另有规定外，履约担保金额为中标合同金额的 10%。

7.4.2 中标人不能按本章第 7.4.1 项要求提交履约担保的，视为放弃中标，其投标保证金不予退还，给招标人造成的损失超过投标保证金数额的，中标人还应当对超过部分予以赔偿。

7.5 签订合同

7.5.1 招标人和中标人应当自中标通知书发出之日起 30 天内，根据招标文件和中标人的投标文件订立书面合同。中标人无正当理由拒签合同的，招标人取消其中标资格，其投标保证金不予退还；给招标人造成的损失超过投标保证金数额的，中标人还应当对超过部分予以赔偿。

7.5.2 发出中标通知书后，招标人无正当理由拒签合同的，招标人向中标人退还投标保证金；给中标人造成损失的，还应当赔偿损失。

8. 纪律和监督

8.1 对招标人的纪律要求

招标人不得泄露招标投标活动中应当保密的情况和资料，不得与投标人串通损害国家利益、社会公共利益或者他人合法权益。

8.2 对投标人的纪律要求

投标人不得相互串通投标或者与招标人串通投标，不得向招标人或者评标委员会成员行贿谋取中标，不得以他人名义投标或者以其他方式弄虚作假骗取中标；投标人不得以任何方式干扰、影响评标工作。

8.3 对评标委员会成员的纪律要求

评标委员会成员不得收受他人的财物或者其他好处，不得向他人透漏对投标文件的评审和比较、中标候选人的推荐情况以及评标有关的其他情况。在评标活动中，评标委员会成员应当客观、公正地履行职责，遵守职业道德，不得擅离职守，影响评标程序正常进行，不得使用第三章"评标办法"没有规定的评审因素和标准进行评标。

8.4 对与评标活动有关的工作人员的纪律要求

与评标活动有关的工作人员不得收受他人的财物或者其他好处，不得向他人透漏对投标文件的评审和比较、中标候选人的推荐情况以及评标有关的其他情况。在评标活动中，与评标活动有关的工作人员不得擅离职守，影响评标程序正常进行。

8.5 投诉

投标人和其他利害关系人认为本次招标活动违反法律、法规和规章规定的，有权向有关行政监督部门投诉。

9. 需要补充的其他内容

需要补充的其他内容：见投标人须知前附表。

10. 电子招标投标

采用电子招标投标，对投标文件的编制、密封和标记、递交、开标、评标等的具体要求，见投标人须知前附表。

附件一：开标记录表

_____（项目名称）开标记录表

开标时间：_____年_____月_____日_____时_____分

序号	投标人	密封情况	投标保证金	投标报价(元)	质量标准	工期	备注	签名
招标人编制的标底/最高限价								

招标人代表：_____　记录人：_____　监标人：_____

_____年_____月_____日

附件二：问题澄清通知

问题澄清通知

编号：

＿＿＿＿＿＿＿＿＿＿（投标人名称）：

＿＿＿＿＿＿＿＿＿＿（项目名称）招标的评标委员会，对你方的投标文件进行了仔细的审查，现需你方对下列问题以书面形式予以澄清：

1.

2.

……

请将上述问题的澄清于＿＿＿＿＿＿＿年＿＿＿＿＿＿＿月＿＿＿＿＿＿＿日＿＿＿＿＿＿＿时前递交至＿＿＿＿＿＿＿＿＿＿＿＿＿＿＿＿＿＿＿＿＿（详细地址）或传真至＿＿＿＿＿＿＿＿（传真号码）。采用传真方式的，应在＿＿＿＿＿＿＿年＿＿＿＿＿＿＿月＿＿＿＿＿＿＿日＿＿＿＿＿＿＿时前将原件递交至＿＿＿＿＿＿＿＿＿＿＿＿＿＿＿＿＿＿＿＿＿（详细地址）。

招标人或招标代理机构：＿＿＿＿＿＿＿＿（签字或盖章）

＿＿＿＿＿＿＿年＿＿＿＿＿＿月＿＿＿＿＿＿日

附件三：问题的澄清

问题的澄清

编号：

＿＿＿＿＿＿＿＿＿＿（项目名称）招标评标委员会：

问题澄清通知（编号：＿＿＿＿＿＿）已收悉，现澄清如下：

1.

2.

……

投标人：＿＿＿＿＿＿＿＿＿（盖单位章）

法定代表人或其委托代理人：＿＿＿＿＿＿（签字）

＿＿＿＿＿年＿＿＿＿＿月＿＿＿＿＿日

附件四：中标通知书

中标通知书

_____（中标人名称）：

你方于_____（投标日期）所递交的_____（项目名称）投标文件已被我方接受，被确定为中标人。

中标价：_____元。

工期：_____日历天。

工程质量：符合_____标准。

项目经理：_____（姓名）。

请你方在接到本通知书后的_____日内到_____（指定地点）与我方签订承包合同，在此之前按招标文件第二章"投标人须知"第 7.4 款规定向我方提交履约担保。

随附的澄清、说明、补正事项纪要，是本中标通知书的组成部分。

特此通知。

附：澄清、说明、补正事项纪要

招标人：_____（盖单位章）

法定代表人：_____（签　　字）

_____年_____月_____日

第四章　评标办法（经评审的最低投标价法）

评标办法前附表

条款号		评审因素	评审标准
2.1.1	形式评审标准	投标人名称	与营业执照、资质证书、安全生产许可证一致
		投标函签字盖章	有法定代表人或其委托代理人签字或加盖单位章
		投标文件格式	符合第八章"投标文件格式"的要求
		报价唯一	只能有一个有效报价
		……	……
2.1.2	资格评审标准	营业执照	具备有效的营业执照
		安全生产许可证	具备有效的安全生产许可证
		资质等级	符合第二章"投标人须知"第1.4.1项规定
		项目经理	符合第二章"投标人须知"第1.4.1项规定
		财务要求	符合第二章"投标人须知"第1.4.1项规定
		业绩要求	符合第二章"投标人须知"第1.4.1项规定
		其他要求	符合第二章"投标人须知"第1.4.1项规定
		……	……
2.1.3	响应性评审标准	投标报价	符合第二章"投标人须知"第3.2.3项规定
		投标内容	符合第二章"投标人须知"第1.3.1项规定
		工期	符合第二章"投标人须知"第1.3.2项规定
		工程质量	符合第二章"投标人须知"第1.3.3项规定
		投标有效期	符合第二章"投标人须知"第3.3.1项规定
		投标保证金	符合第二章"投标人须知"第3.4.1项规定
		权利义务	符合第四章"合同条款及格式"规定
		已标价工程量清单	符合第五章"工程量清单"给出的范围及数量
		技术标准和要求	符合第七章"技术标准和要求"规定
		……	……
2.1.4	施工组织设计评审标准	质量管理体系与措施	……
		安全管理体系与措施	……
		环境保护管理体系与措施	……
		工程进度计划与措施	……
		资源配备计划	……
		……	……
条款号		量化因素	量化标准
2.2	详细评审标准	单价遗漏	……
		不平衡报价	……
		……	……

1. 评标方法

本次评标采用经评审的最低投标价法。评标委员会对满足招标文件实质要求的投标文件，根据本章第 2.2 款规定的量化因素及量化标准进行价格折算，按照经评审的投标价由低到高的顺序推荐中标候选人，或根据招标人授权直接确定中标人，但投标报价低于其成本的除外。经评审的投标价相等时，投标报价低的优先；投标报价也相等的，由招标人或其授权的评标委员会自行确定。

2. 评审标准

2.1 初步评审标准

2.1.1 形式评审标准：见评标办法前附表。

2.1.2 资格评审标准：见评标办法前附表。

2.1.3 响应性评审标准：见评标办法前附表。

2.1.4 施工组织设计评审标准：见评标办法前附表。

2.2 详细评审标准

详细评审标准：见评标办法前附表。

3. 评标程序

3.1 初步评审

3.1.1 评标委员会可以要求投标人提交第二章"投标人须知"第 3.5.1 项至第 3.5.4 项规定的有关证明和证件的原件，以便核验。评标委员会依据本章第 2.1 款规定的标准对投标文件进行初步评审。有一项不符合评审标准的，评标委员会应当否决其投标。

3.1.2 投标人有以下情形之一的，评标委员会应当否决其投标：

（1）第二章"投标人须知"第 1.4.2 项、第 1.4.3 项规定的任何一种情形的；

（2）串通投标或弄虚作假或有其他违法行为的；

（3）不按评标委员会要求澄清、说明或补正的。

3.1.3 投标报价有算术错误的，评标委员会按以下原则对投标报价进行修正，修正的价格经投标人书面确认后具有约束力。投标人不接受修正价格的，评标委员会应当否决其投标。

（1）投标文件中的大写金额与小写金额不一致的，以大写金额为准；

（2）总价金额与依据单价计算出的结果不一致的，以单价金额为准修正总价，但单价金额小数点有明显错误的除外。

3.2 详细评审

3.2.1 评标委员会按本章第 2.2 款规定的量化因素和标准进行价格折算，计算出评标价，并编制价格比较一览表。

3.2.2 评标委员会发现投标人的报价明显低于其他投标报价，或者在设有标底时明显低于标底，使得其投标报价可能低于其成本的，应当要求该投标人作出书面说明并提供相应的证明材料。投标人不能合理说明或者不能提供相应证明材料的，评标委员会应当认定该投标人以低于成本报价竞标，否决其投标。

3.3 投标文件的澄清和补正

3.3.1 在评标过程中，评标委员会可以书面形式要求投标人对所提交的投标文件中不明确的内容进行书面澄清或说明，或者对细微偏差进行补正。评标委员会不接受投标人主动提出的澄清、说明或补正。

　　3.3.2　澄清、说明和补正不得改变投标文件的实质性内容。投标人的书面澄清、说明和补正属于投标文件的组成部分。

　　3.3.3　评标委员会对投标人提交的澄清、说明或补正有疑问的，可以要求投标人进一步澄清、说明或补正，直至满足评标委员会的要求。

　　3.4　评标结果

　　3.4.1　除第二章"投标人须知"前附表授权直接确定中标人外，评标委员会按照经评审的价格由低到高的顺序推荐中标候选人。

　　3.4.2　评标委员会完成评标后，应当向招标人提交书面评标报告。

第五章　评标办法（综合评估法）

评标办法前附表

条款号		评审因素	评审标准
2.1.1	形式评审标准	投标人名称	与营业执照、资质证书、安全生产许可证一致
		投标函签字盖章	有法定代表人或其委托代理人签字或加盖单位章
		投标文件格式	符合第八章"投标文件格式"的要求
		报价唯一	只能有一个有效报价
		……	……
2.1.2	资格评审标准	营业执照	具备有效的营业执照
		安全生产许可证	具备有效的安全生产许可证
		资质等级	符合第二章"投标人须知"第 1.4.1 项规定
		项目经理	符合第二章"投标人须知"第 1.4.1 项规定
		财务要求	符合第二章"投标人须知"第 1.4.1 项规定
		业绩要求	符合第二章"投标人须知"第 1.4.1 项规定
		其他要求	符合第二章"投标人须知"第 1.4.1 项规定
		……	……
2.1.3	响应性评审标准	投标报价	符合第二章"投标人须知"第 3.2.3 项规定
		投标内容	符合第二章"投标人须知"第 1.3.1 项规定
		工期	符合第二章"投标人须知"第 1.3.2 项规定
		工程质量	符合第二章"投标人须知"第 1.3.3 项规定
		投标有效期	符合第二章"投标人须知"第 3.3.1 项规定
		投标保证金	符合第二章"投标人须知"第 3.4.1 项规定
		权利义务	符合第四章"合同条款及格式"规定
		已标价工程量清单	符合第五章"工程量清单"给出的范围及数量
		技术标准和要求	符合第七章"技术标准和要求"规定
		……	……

续表

条款号	条款内容	编列内容
2.2.1	分值构成 （总分 100 分）	施工组织设计：_____分 项目管理机构：_____分 投标报价：_____分 其他评分因素：_____分
2.2.2	评标基准价计算方法	
2.2.3	投标报价的偏差率计算公式	偏差率＝100%×（投标人报价-评标基准价）/评标基准价

条款号		评分因素	评分标准
2.2.4 （1）	施工组织设计评分标准	内容完整性和编制水平	……
		施工方案与技术措施	……
		质量管理体系与措施	……
		安全管理体系与措施	……
		环境保护管理体系与措施	……
		工程进度计划与措施	……
		资源配备计划	……
		……	……
2.2.4 （2）	项目管理机构评分标准	项目经理任职资格与业绩	……
		其他主要人员	……
		……	……
2.2.4 （3）	投标报价评分标准	偏差率	……
		……	……
2.2.4 （4）	其他因素评分标准	……	……

1. 评标方法

本次评标采用综合评估法。评标委员会对满足招标文件实质性要求的投标文件，按照本章第 2.2 款规定的评分标准进行打分，并按得分由高到低顺序推荐中标候选人，或根据招标人授权直接确定中标人，但投标报价低于其成本的除外。综合评分相等时，以投标报价低的优先；投标报价也相等的，由招标人或其授权的评标委员会自行确定。

2. 评审标准

2.1　初步评审标准

2.1.1　形式评审标准：见评标办法前附表。

2.1.2　资格评审标准：见评标办法前附表。

2.1.3　响应性评审标准：见评标办法前附表。

2.2　分值构成与评分标准

2.2.1　分值构成

（1）施工组织设计：见评标办法前附表；

（2）项目管理机构：见评标办法前附表；

249

（3）投标报价：见评标办法前附表；

（4）其他评分因素：见评标办法前附表。

2.2.2　评标基准价计算

评标基准价计算方法：见评标办法前附表。

2.2.3　投标报价的偏差率计算

投标报价的偏差率计算公式：见评标办法前附表。

2.2.4　评分标准

（1）施工组织设计评分标准：见评标办法前附表；

（2）项目管理机构评分标准：见评标办法前附表；

（3）投标报价评分标准：见评标办法前附表；

（4）其他因素评分标准：见评标办法前附表。

3. 评标程序

3.1　初步评审

3.1.1　评标委员会可以要求投标人提交第二章"投标人须知"第 3.5.1 项至第 3.5.4 项规定的有关证明和证件的原件，以便核验。评标委员会依据本章第 2.1 款规定的标准对投标文件进行初步评审。有一项不符合评审标准的，评标委员会应当否决其投标。

3.1.2　投标人有以下情形之一的，评标委员会应当否决其投标：

（1）第二章"投标人须知"第 1.4.2 项、第 1.4.3 项规定的任何一种情形的；

（2）串通投标或弄虚作假或有其他违法行为的；

（3）不按评标委员会要求澄清、说明或补正的。

3.1.3　投标报价有算术错误的，评标委员会按以下原则对投标报价进行修正，修正的价格经投标人书面确认后具有约束力。投标人不接受修正价格的，评标委员会应当否决其投标。

（1）投标文件中的大写金额与小写金额不一致的，以大写金额为准；

（2）总价金额与依据单价计算出的结果不一致的，以单价金额为准修正总价，但单价金额小数点有明显错误的除外。

3.2　详细评审

3.2.1　评标委员会按本章第 2.2 款规定的量化因素和分值进行打分，并计算出综合评估得分。

（1）按本章第 2.2.4（1）目规定的评审因素和分值对施工组织设计计算出得分 A；

（2）按本章第 2.2.4（2）目规定的评审因素和分值对项目管理机构计算出得分 B；

（3）按本章第 2.2.4（3）目规定的评审因素和分值对投标报价计算出得分 C；

（4）按本章第 2.2.4（4）目规定的评审因素和分值对其他部分计算出得分 D。

3.2.2　评分分值计算保留小数点后两位，小数点后第三位"四舍五入"。

3.2.3　投标人得分＝A＋B＋C＋D。

3.2.4　评标委员会发现投标人的报价明显低于其他投标报价，或者在设有标底时明显低于标底，使得其投标报价可能低于其个别成本的，应当要求该投标人作出书面说明并提供相应的证明材料。投标人不能合理说明或者不能提供相应证明材料的，评标委员会应当认定该投标人以低于成本报价竞标，否决其投标。

3.3　投标文件的澄清和补正

3.3.1　在评标过程中，评标委员会可以书面形式要求投标人对所提交投标文件中不明确的内容进行书面澄清或说明，或者对细微偏差进行补正。评标委员会不接受投标人主动提出的澄清、说明或补正。

3.3.2　澄清、说明和补正不得改变投标文件的实质性内容。投标人的书面澄清、说明和补正属于投标文件的组成部分。

3.3.3　评标委员会对投标人提交的澄清、说明或补正有疑问的，可以要求投标人进一步澄清、说明或补正，直至满足评标委员会的要求。

3.4　评标结果

3.4.1　除第二章"投标人须知"前附表授权直接确定中标人外，评标委员会按照得分由高到低的顺序推荐中标候选人。

3.4.2　评标委员会完成评标后，应当向招标人提交书面评标报告。

第六章　合同条款及格式

（略）

第七章　工程量清单

1. 工程量清单说明

1.1　本工程量清单是根据招标文件中包括的、有合同约束力的图纸以及有关工程量清单的国家标准、行业标准、合同条款中约定的工程量计算规则编制。约定计量规则中没有的子目，其工程量按照有合同约束力的图纸所标示尺寸的理论净量计算。计量采用中华人民共和国法定计量单位。

1.2　本工程量清单应与招标文件中的投标人须知、通用合同条款、专用合同条款、技术标准和要求及图纸等一起阅读和理解。

1.3　本工程量清单仅是投标报价的共同基础，实际工程计量和工程价款的支付应遵循合同条款的约定和第七章"技术标准和要求"的有关规定。

1.4　补充子目工程量计算规则及子目工作内容说明：_____。

2. 投标报价说明

2.1　工程量清单中的每一子目须填入单价或价格，且只允许有一个报价。

2.2　工程量清单中标价的单价或金额，应包括所需的人工费、材料和施工机具使用费和企业管理费、利润以及一定范围内的风险费用等。

2.3　工程量清单中投标人没有填入单价或价格的子目，其费用视为已分摊在工程量清单中其他相关子目的单价或价格之中。

2.4　暂列金额的数量及拟用子目的说明：

3. 其他说明

4. 工程量清单

第八章　图　　纸

1. 图纸目录

序号	图名	图号	版本	出图日期	备注

2. 图纸

第九章　技术标准和要求

（略）

第十章 投标文件格式

_____（项目名称）

投 标 文 件

投标人：_____（盖单位章）

法定代表人或其委托代理人：_____（签字）

_____年_____月_____日

目　录

一、投标函及投标函附录
(一) 投标函

_____ (招标人名称):

1. 我方已仔细研究了_____ (项目名称) 招标文件的全部内容,愿意以人民币 (大写) _____ (￥_____) 的投标总报价,工期_____ 日历天,按合同约定实施和完成承包工程,修补工程中的任何缺陷,工程质量达到_____。

2. 我方承诺在招标文件规定的投标有效期内不修改、撤销投标文件。

3. 随同本投标函提交投标保证金一份,金额为人民币 (大写) _____ (￥_____)。

4. 如我方中标:

(1) 我方承诺在收到中标通知书后,在中标通知书规定的期限内与你方签订合同。

(2) 随同本投标函递交的投标函附录属于合同文件的组成部分。

(3) 我方承诺按照招标文件规定向你方递交履约担保。

(4) 我方承诺在合同约定的期限内完成并移交全部合同工程。

5. 我方在此声明,所递交的投标文件及有关资料内容完整、真实和准确,且不存在第二章"投标人须知"第 1.4.2 项和第 1.4.3 项规定的任何一种情形。

6. _____ (其他补充说明)。

投标人:_____ (盖单位章)

法定代表人或其委托代理人:_____ (签字)

地址:_____

网址:_____

电话:_____

传真:_____

邮政编码:_____

_____年_____月_____日

（二）投标函附录

序号	条款名称	合同条款号	约定内容	备注
1	项目经理	1.1.2.4	姓名：	
2	工期	1.1.4.3	天数：_____日历天	
3	缺陷责任期	1.1.4.5		
......	......	......	......	
......	......	......	......	
......	......	......	......	
......	......	......	......	
......	......	......	......	

二、法定代表人身份证明

投标人名称：＿＿＿＿＿＿＿＿＿＿＿＿＿＿＿＿＿＿＿＿

单位性质：＿＿＿＿＿＿＿＿＿＿＿＿＿＿＿＿＿＿＿＿

地址：＿＿＿＿＿＿＿＿＿＿＿＿＿＿＿＿＿＿

成立时间：＿＿＿＿＿＿年＿＿＿＿＿＿月＿＿＿＿＿＿日

经营期限：＿＿＿＿＿＿＿＿＿＿＿＿＿＿＿＿

姓名：＿＿＿＿＿＿性别：＿＿＿＿＿年龄：＿＿＿＿＿职务：＿＿＿＿＿

系＿＿＿＿＿＿＿＿＿＿＿＿＿＿＿＿＿（投标人名称）的法定代表人。

特此证明。

投标人：＿＿＿＿＿＿＿＿＿＿＿＿＿＿＿＿＿＿＿＿＿（盖单位章）

＿＿＿＿＿＿年＿＿＿＿＿＿月＿＿＿＿＿＿日

三、授权委托书

　　本人_____（姓名）系_____（投标人名称）的法定代表人，现委托_____（姓名）为我方代理人。代理人根据授权，以我方名义签署、澄清、说明、补正、递交、撤回、修改_____（项目名称）投标文件、签订合同和处理有关事宜，其法律后果由我方承担。

　　委托期限：_____。

　　代理人无转委托权。

　　附：法定代表人身份证明

投标人：_____（盖单位章）

法定代表人：_____（签字）

身份证号码：_____

委托代理人：_____（签字）

身份证号码：_____

_____年_____月_____日

四、投标保证金

_____（招标人名称）：

　　鉴于_____（投标人名称）（以下称"投标人"）于_____年_____月_____日参加_____（项目名称）的投标，_____（担保人名称，以下简称"我方"）保证：投标人在规定的投标文件有效期内撤销或修改其投标文件的，或者投标人在收到中标通知书后无正当理由拒签合同或拒交规定履约担保的，我方承担保证责任。收到你方书面通知后，在 7 日内向你方支付人民币（大写）_____。

　　本保函在投标有效期内保持有效。要求我方承担保证责任的通知应在投标有效期内送达我方。

　　　　　　担保人名称：_____（盖单位章）

　　　　　　法定代表人或其委托代理人：_____（签字）

　　　　　　地址：_____

　　　　　　邮政编码：_____

　　　　　　电话：_____

　　　　　　传真：_____

　　　　　　　　　　　　　　　　　　_____年_____月_____日

五、已标价工程量清单

（略）

六、施工组织设计

1. 投标人编制施工组织设计的要求：编制时应简明扼要地说明施工方法，工程质量、安全生产、文明施工、环境保护、冬雨期施工、工程进度、技术组织等主要措施。用图表形式阐明本项目的施工总平面、进度计划以及拟投入主要施工设备、劳动力、项目管理机构等。

2. 图表及格式要求：

附表一　拟投入本项目的主要施工设备表

附表二　劳动力计划表

附表三　进度计划

附表四　施工总平面图

附表一：拟投入本项目的主要施工设备表

序号	设备名称	型号规格	数量	国别产地	制造年份	额定功率（kW）	生产能力	用于施工部位	备注

附表二：劳动力计划表

单位：人

工种	按工程施工阶段投入劳动力情况						

附表三：进度计划

1. 投标人应递交施工进度网络图或施工进度表，说明按招标文件要求的计划工期进行施工的各个关键日期。

2. 施工进度表可采用网络图或横道图表示。

附表四：施工总平面图

投标人应递交一份施工总平面图，绘出现场临时设施布置图表，并注明临时设施、加工车间、现场办公、设备及仓储、供电、供水、卫生、生活、道路、消防等设施的情况和布置。

七、项目管理机构

（一）项目管理机构组成表

职务	姓名	职称	执业或职业资格证明					备注
			证书名称	级别	证号	专业	养老保险	

（二）项目经理简历表

应附注册建造师执业资格证书、身份证、职称证、学历证、养老保险复印件，管理过的项目业绩须附合同协议书复印件。

姓名		年龄		学历	
职称		职务		拟在本合同任职	
毕业学校		年毕业于　　　学校　　　专业			

主要工作经历

时间	参加过的类似项目	担任职务	发包人及联系电话

八、资格审查资料

（一）投标人基本情况表

投标人名称						
注册地址				邮政编码		
联系方式	联系人			电话		
	传真			网址		
组织结构						
法定代表人	姓名		技术职称		电话	
技术负责人	姓名		技术职称		电话	
成立时间			员工总人数：			
企业资质等级		其中	项目经理			
营业执照号			高级职称人员			
注册资金			中级职称人员			
开户银行			初级职称人员			
账号			技工			
经营范围						
备注						

（二）近年财务状况表
（略）
（三）近年完成的类似项目情况表

项目名称	
项目所在地	
发包人名称	
发包人地址	
发包人电话	
合同价格	
开工日期	
竣工日期	
承担的工作	
工程质量	
项目经理	
技术负责人	
项目描述	
备注	

(四) 正在实施的和新承接的项目情况表

项目名称	
项目所在地	
发包人名称	
发包人地址	
发包人电话	
签约合同价	
开工日期	
计划竣工日期	
承担的工作	
工程质量	
项目经理	
技术负责人	
项目描述	
备注	

（五）其他资格审查资料

（略）

参 考 文 献

[1] 全国招标师职业水平考试辅导教材指导委员会编. 招标采购法律法规与政策、招标采购专业实务［M］. 北京：中国计划出版社，2015.

[2] 全国招标师职业水平考试辅导教材编写组编. 招标采购案例分析、招标采购专业实务［M］. 北京：中国建材出版社，2010.

[3] 全国招标师职业水平考试试题研究小组编. 招标采购法律法规与政策、招标采购专业实务（第2版）［M］. 北京：机械工业出版社，2010.

[4] 中国建设监理协会组织编写. 建设工程合同管理、建设工程投资控制（第2版）［M］. 北京：知识产权出版社，2006.

[5] 范宏，杨松森. 建设工程招投标实务［M］. 北京：化学工业出版社，2008.

[6] 李洪军，源军. 工程项目招投标与合同管理［M］. 北京：北京大学出版社，2009.

[7] 张明月等. 工程量清单计价范例［M］. 北京：中国建筑工业出版社，2009.

[8] 苗曙光. 建筑工程竣工结算编制与筹划指南［M］. 北京：中国电力出版社，2006.

[9] 建筑工程定额与预算［M］. 北京：高等教育出版社，2009.

[10] 刘宝生. 建筑工程概预算［M］. 北京：机械工业出版社，2009.

[11] 田恒久. 工程招标投标与合同管理［M］. 北京：中国电力出版社，2009.

[12] 国家计委政策法规司、国务院法制办财政金融法制司. 中华人民共和国招标投标法释义. 北京：中国计划出版社，1999.

[13] 宁素莹. 建筑工程招投标与合同管理［M］. 北京：中国建材工业出版社，2003.

[14] 卢谦. 建筑工程招投标与合同管理（第2版）［M］. 北京：中国水利水电出版社，2005.

[15] 王平，李克坚. 招投标·合同管理·索赔［M］. 北京：中国电力出版社，2006.

[16] 刘钦. 工程招投标与合同管理［M］. 北京：高等教育出版社，2003.

[17] 黄景瑷. 土木工程施工招投标与合同管理［M］. 北京：知识产权出版社，2002.

[18] 常振亮. 建设工程合同管理［M］. 北京：化学工业出版社，2007.

[19] 《标准招投标（示范文本）》、《标准建筑工程施工合同（示范文本）》

[20] 生青杰. 工程建设法规［M］. 北京：科学出版社，2004.